国家精品课程配套教材

普通高等教育"十一五"国家级规划教材

21世纪高等教育计算机规划教材

大学计算机基础——计算机操作实践（第3版）

The Fundamental of Computer ——Practice of Computer Operation

赵欢 陈娟 吴蓉晖 编著

U0292135

人民邮电出版社

北京

图书在版编目（CIP）数据

大学计算机基础：计算机操作实践 / 赵欢，陈娟，吴蓉晖编著. -- 3版. -- 北京：人民邮电出版社，2012.11（2015.8 重印）
21世纪高等教育计算机规划教材
ISBN 978-7-115-29620-7

Ⅰ. ①大… Ⅱ. ①赵… ②陈… ③吴… Ⅲ. ①电子计算机－高等学校－教材 Ⅳ. ①TP3

中国版本图书馆CIP数据核字(2012)第244800号

内 容 提 要

本书是湖南大学国家级精品课程"大学信息技术基础"的配套教材，也是普通高等教育"十一五"国家级规划教材。

本书循序渐进地介绍 Windows 7 操作系统、Word 2007 文字处理软件、Excel 2007 电子表格软件、PowerPoint 2007 演示文稿软件、IE 浏览器和网页制作软件 Dreamweaver 的应用。

全书共分为 6 章，每章安排了具有代表性的案例。案例中每一个任务设置，都体现出一个操作要点，具有针对性。本书详细描述了完成每个任务的具体步骤，同时引申出相关的知识点和操作技巧，具有很强的实用性。每章的案例之间环环相扣、循序渐进、由易到难，具有层次性。每章配有操作题，其操作要点既与本阶段的案例紧密关联，又有所提高，有利于读者复习和巩固所学知识，掌握综合应用技能。

本书配套的电子课件、原始素材、案例演示、模拟试卷均由作者提供在 http://www.teacherchen.cn/czsj。

本书可作为本科和大专院校计算机基础课程的教材，也可作为计算机实用技术培训教材。

21 世纪高等教育计算机规划教材

大学计算机基础——计算机操作实践（第 3 版）

◆ 编　　著　赵　欢　陈　娟　吴蓉晖
　　责任编辑　邹文波

◆ 人民邮电出版社出版发行　　北京市丰台区成寿寺路 11 号
　　邮编　100164　　电子邮件　315@ptpress.com.cn
　　网址　http://www.ptpress.com.cn
　　三河市潮河印业有限公司印刷

◆ 开本：787×1092　1/16
　　印张：19.75　　　　　　　2012 年 11 月第 3 版
　　字数：513 千字　　　　　 2015 年 8 月河北第 7 次印刷

ISBN 978-7-115-29620-7

定价：39.00 元

读者服务热线：(010)81055256　印装质量热线：(010)81055316
反盗版热线：(010)81055315

前　言

电子计算机是人类历史上最伟大的发明之一，它使人类社会进入了信息时代。从第一台现代电子计算机诞生至今 60 余年来，计算机技术以不可思议的速度发展，迅速改变着人类生活。如今，计算机已经"无所不在"，计算机与其他设备（甚至是生活用品）之间的界限日益淡化，现代社会的每个人都要与计算机打交道，每个家庭每天也在不经意间使用了很多"计算机"设备。数字化社会悄然到来，社会对人们掌握计算机技术的程度要求已远远超过以往任何时期，走在时代前列的大学生，有必要了解计算机科学与技术的基本概念、一般方法和新技术，熟练掌握计算机基本操作，以便更好地使用计算机及计算机技术为本专业服务。另外，日益创新的中小学信息技术教育也向大学计算机基础教育提出了更高要求。

近几年来，各高校都在逐步进行顺应时代的教育教学创新改革，大学计算机基础教育在课程体系、教学内容、教学理念和教学方法上都有了较大提升，本教材正是这项改革的产物。

本书主要侧重计算机基本操作能力的训练，采取操作要点+操作案例方式撰写，特点如下。

● 每章选用具有代表性的案例，案例中每一个任务设置，都体现出一个操作要点，具有针对性。

● 本书详细地描述了完成每个任务的具体步骤，同时引出相关的知识点和操作技巧，具有很强的实用性。

● 每章的案例之间环环相扣、循序渐进、由易到难，具有层次性。

● 每章配有操作题，其操作要点既与本阶段的案例紧密关联，又有所提高。有利于读者复习和巩固所学知识，掌握综合应用技能。

全书共分为 6 章，循序渐进地介绍 Windows 7 操作系统、文字处理软件 Word 2007、电子表格软件 Excel 2007、多媒体演示文稿软件 PowerPoint 2007、IE 浏览器和网页制作软件 Dreamweaver 的应用。

学时安排及教学方法建议。

本书适合采用任务驱动式的案例教学模式，建议有条件的高校在交互式教室进行教学。

在安排教学时，可参照以下课时分配表。

内　　容	课　　时	实　验　内　容	备　　注
Windows 7 的基本操作	1	1.2 节	
Windows 7 的磁盘和文件管理	2	1.3 节	
Windows 7 的控制面板	2	1.4 节	自选
Word 文档的建立与编辑	1	2.2 节	
Word 文档排版与图文混排	3	2.3 节	
Word 表格编辑、制作公式、绘制图形	2	2.4 节	

续表

内　　容	课　　时	实验内容	备　　注
Word 长文档的编辑	2	2.5 节	
Word 综合案例	2	2.6 节	自选
Excel 电子表格的编辑与格式化	2	3.2 节	
Excel 电子表格的数据处理	3	3.3 节	
Excel 电子表格的图形化和打印	1	3.4 节	
Excel 综合案例	2	3.5 节	自选
PowerPoint 演示文稿的建立与编辑	1	4.2 节	
PowerPoint 演示文稿的修饰	2	4.3 节	
PowerPoint 演示文稿的放映与打印	2	4.4 节	
PowerPoint 综合案例	2	4.5 节	自选
局域网应用基础	1	5.1 节	自选
IE 浏览器的使用	1	5.2 节	自选
收发电子邮件	1	5.3 节	自选
常用网络工具	1	5.4 节	自选
Dreamweaver 网页基本制作	2	6.2 节	自选
网页制作高级技术	4	6.3 节	自选

网站资源

有如下 3 种途径可获取 PPT 教案、素材文件、案例演示、模拟试卷等教学资源。

（1）通过人民邮电出版社教学服务与资源网站：http://www.ptpedu.com.cn。

（2）通过作者个人网站：http://www.teacherchen.cn\czsj。

（3）通过湖南大学国家精品课程"大学信息技术基础"网站。

http://jpkc.hnu.cn/dxxxjsjc/website/index.html

如果读者有问题需要咨询，可发送电子邮件至 cj7428@vip.163.com。

致谢

感谢湖南大学计算机与通信学院院长李仁发教授对本书提出的指导性建议；感谢刘海莎、银红霞、杨小林、何英、李小英、杨磊、蒋斌，他们或参与了本书大纲的讨论，或提供了素材；同时感谢湖南大学计算机与通信学院计算机应用系全体教师的大力支持。

赵　欢
于湖南长沙岳麓山
2012 年 9 月

目　录

第 1 章
Windows 7 操作

1.1 基 本 概 念

操作系统是计算机最基本的系统软件，是控制和管理计算机中所有软硬件资源的一组程序。它为用户提供了一个方便、有效、友好的使用环境。据统计，全世界超过 80%的个人计算机上安装了 Microsoft Windows 操作系统。

Windows 发展历史

1985 年 11 月，微软公司宣告了 Windows1.0 诞生，1987 年又发布了 Windows 2.0。由于产品本身的缺陷和当时硬件条件的制约，Windows 并没有获得用户的青睐。

1990 年 5 月，Windows 3.0 正式发布。由于在界面人性化和内存管理多方面的巨大改进，它获得了用户的认同，6 周的时间便卖出了 50 万份拷贝。而 1992 发布的 Windows 3.1，在 2 个月内销售量就超过了 100 万份。至此，Windows 奠定了其在操作系统软件上的垄断地位。1994 年，微软公司发布了针对中国市场专门开发的产品 Windows 3.2 中文版。Windows 2.x 和 Windows 3.x 都不是独立的操作系统，而是基于 MS-DOS 的内核。1993 年微软公司发布了为服务器市场开发的 Windows NT 3.1（NT 为 New Technology 的缩写），由于完全重写了纯 32 位内核，其稳定性比 Windows 3.x 系列更为出色。

1995 年 8 月，Windows 95 正式发行。它是一个 16 位/32 位混合模式的系统，可以完全独立于 MS-DOS 运行。大量的组件和新概念被引入，如开始菜单和任务栏、高性能的抢占式多任务和多线程技术、即插即用技术、丰富的多媒体程序等。在强大的宣传攻势和 Windows 的良好口碑下，Windows 95 获得空前成功。1996 年 6 月，Windows NT 4.0 正式发布。这个版本使用了 Windows 95 的桌面外观，增加了许多实用的服务管理工具，NT 系列产品终于开始走向成熟。借着 Windows 95 的成功，微软公司于 1998 年 6 月推出了 Windows 98，2000 年 9 月推出了 Windows Me。

2000 年 2 月，微软公司将 Windows NT 的先进技术与 Windows 95/98 的优点集合在一起，推出了 Windows 2000。针对不同的用户，共发布了 Professional（专业版）、Server（服务器版）、Advanced Server（高级服务器版）及 Datacenter Server（数据中心服务器版）4 个版本。

Windows XP 于 2001 年 8 月正式发布，字母 XP 的意思是"体验"（experience）。Windows XP 对 Windows 2000 进行了很多人性化的更新，使其更适应家庭用户。它拥有全新设计的用户界面，继承并升级了 Windows Me 中的很多组件，包括 Media Player、Movie Maker、Windows Messenger、

帮助中心、系统还原等。此外，Windows XP 还捆绑了 IE 6.0 和一个简单的防火墙。微软公司为 Windows XP 编写了大量的硬件驱动程序，使其兼容性有了进一步的提升。而内置的 DirectX 8.1 更是大大提高了对游戏的支持程度。

2003 年 4 月，Windows Server 2003 发布，包括 Web 版、标准版、企业版和数据中心版 4 个版本。在对众多服务器组件作了较大改进后，Windows Server 2003 在稳定性和安全性上有了实质性的飞跃。微软公司在高端服务器市场真正拥有了一款具备足够竞争力的产品。

2007 年 1 月，微软公司在中国与全球同步向消费者发售 Windows Vista。它突破性的界面设计改进了桌面效果，搜索的特性得到了前所未有的强化。在系统安全方面，Windows Vista 也有了明显的提升。在互连互通、不同用户之间交流方面，设计也更为人性化。

2009 年 10 月，微软公司发布了 Windows 7。它拥有更个性化的桌面、革命性的工具栏设计、智能化的窗口缩放、快速的启动和关闭、更高级别的安全控制等优点，可以使用户获得更新奇的体验和更高的工作效率。

Windows 7 包含 6 个版本，分别为 Windows 7 Starter（初级版）、Windows 7 Home Basic（家庭普通版）、Windows 7 Home Premium（家庭高级版）、Windows 7 Professional（专业版）、Windows 7 Enterprise（企业版）和 Windows 7 Ultimate（旗舰版）。其中，旗舰版主要面向高端用户以及软件开发者，具有 Windows 7 的所有功能。与此相应，其对资源的占用和消耗也很大。本书以旗舰版作为标准来介绍 Windows 的操作。

Windows 7 的启动和退出

每次启动计算机，系统会自动出现"登录到 Windows"对话框，用户选择账户并输入密码，如图 1.1 所示，便可进入 Windows。如果用户只设置了一个账户并且没有设置密码，将不会出现登录界面，而是直接进入 Windows。

 在系统进入 Windows 启动画面前，按下 F8 键，出现启动选项菜单，用户可以选择安全模式启动计算机。安全模式只使用最小的设备驱动程序和服务集来启动 Windows。

在关闭计算机时，一定要先退出 Windows 系统，不能直接关闭电源。

首先，关闭所有打开的应用程序。单击"开始"菜单中的"关闭计算机"按钮，即可安全地关闭计算机。

如果用户要选择其他选项，可以单击"关机"按钮右边的 ▶，弹出菜单如图 1.2 所示。

图 1.1　输入密码进入 windows

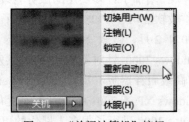

图 1.2　"关闭计算机"按钮

其中，"切换用户"是将当前用户的工作转向后台，切换至 Windows 登录界面。当其他用户登录使用完毕后，可切换回原来的用户，继续之前的工作。

"注销"是关闭当前用户运行的所有程序，切换至 Windows 登录界面。

"锁定"是将当前状态保存到内存中，切换至登录界面。若用户设置了登录密码，必须要输入正确的密码后，才能登录 Windows，恢复锁定前的工作状态。

"重新启动"是指将当前运行的所有程序全部关闭，退出 Windows，然后让计算机重新启动。

启动"睡眠"状态，是将当前状态保存到内存中，设置 CPU、硬盘、光驱等设备处于低耗能状态。当需要再次使用计算机时，只需单击鼠标左键或者按回车键，计算机就会恢复到睡眠前的工作状态。

Windows 7 的桌面

Windows 启动完成后，呈现在用户面前的整个屏幕背景区域称为桌面，如图 1.3 所示。

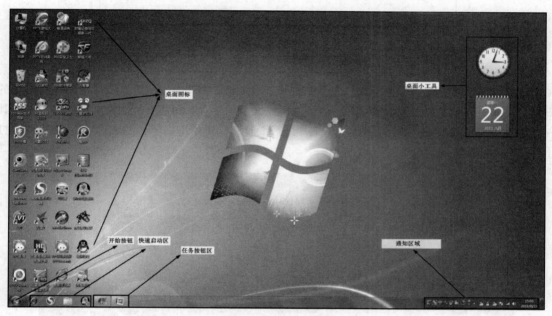

图 1.3　Windows 桌面

默认情况下，桌面上只有"回收站"图标。为了操作方便，可以设置在桌面上显示"计算机"、"网络"图标。在桌面的空白处右击鼠标，在弹出的快捷菜单中选择"个性化"命令，打开"个性化"窗口。单击其中的"更改桌面图标"链接，打开"桌面图标设置"对话框，如图 1.4 所示。将那些要放置在桌面上的图标标记为选中状态☑，单击"确定"按钮。

在安装一些应用程序时，通常也会在桌面上建立相应的快捷方式图标。此外，用户还可根据需要，为不同的对象建立桌面快捷方式。

桌面底部为任务栏，通常由"开始"按钮、快速启动区、任务按钮区和通知区域组成。

 ➢ "开始"按钮：用于打开"开始"菜单。

 ➢ 快速启动区：便于快速启动常用的程序。

 ➢ 任务按钮区：用户每打开一个窗口，任务按钮区就会出现一个代表该窗口的按钮。

 ➢ 通知区域：包括语言指示器、音量控制、时钟显示等按钮及长驻内存的程序的图标。

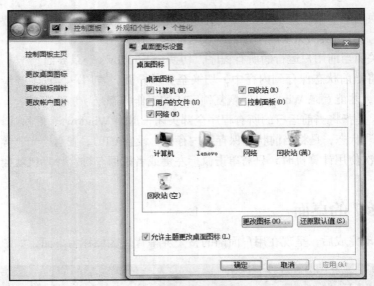

图 1.4　"桌面图标设置"对话框

在 Windows 7 中，用户可以将时钟、日历等小工具添加到桌面上。在桌面的空白处右击鼠标，在弹出的快捷菜单中选择"小工具"命令，打开"小工具"窗口，如图 1.5 所示。双击窗口中的图标，就可在桌面的右侧显示该组件。若要关闭桌面上的工具，只需将鼠标指向该工具，单击其右上角的"关闭"按钮 X 即可。若要对工具进行设置，则可单击右上角的"选项"按钮，打开对话框设置其属性。

图 1.5　桌面小工具窗口

1.2　Windows 7 的基本操作

1.2.1　案例分析

本实例示范鼠标的基本操作，描述了窗口和对话框的组成和使用，介绍设置"开始"菜单和任务栏属性的方法。

设计要求：

（1）鼠标的基本操作；

（2）启动应用程序；

（3）窗口的组成；

（4）窗口的基本操作；

（5）窗口的切换和排列；

（6）对桌面和窗口进行截图；

（7）设置桌面背景；

（8）设置屏幕保护程序；

（9）设置开始菜单属性；

（10）设置任务栏属性。

1.2.2　设计步骤

1. 鼠标的基本操作

具体要求：选定桌面上的"计算机"图标，对其执行打开窗口、移动、打开快捷菜单操作。鼠标的基本操作如下。

➢　指向：移动鼠标，把指针移到某一操作对象上。

➢　单击：按下鼠标左键再释放，通常用于选定对象、激活窗口、打开菜单等操作。

➢　双击：连续快速地按两次左键再释放，通常用于执行程序或打开窗口。

➢　拖曳：选中对象后，按住鼠标左键并移动鼠标，到目标位置后释放鼠标。通常用于对象的移动、复制、改变大小等操作。

➢　右击：按下鼠标右键再释放，通常用于打开所选对象的快捷菜单。

步骤 1　将鼠标指向"计算机"的图标，单击鼠标，选定后其外观如图 1.6 所示。

步骤 2　双击鼠标，打开"计算机"窗口。

步骤 3　选定"计算机"的图标，拖动到其他位置，如图 1.7 所示。

步骤 4　在"计算机"的图标上右击鼠标，打开快捷菜单，如图 1.8 所示。

图 1.6　选定对象

图 1.7　拖动对象

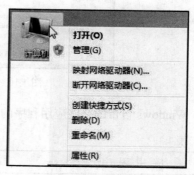

图 1.8　打开快捷菜单

2. 启动应用程序

具体要求：打开 Windows 附件中的记事本应用程序。

用户可以通过下列方式启动记事本程序。

● 通过"开始"菜单启动，如图 1.9 所示。

步骤1 单击"开始"按钮，单击"开始"菜单中的"所有程序"，出现下一级菜单。

步骤2 通过滚动条向下滚动菜单，单击菜单中的"附件"，出现下一级菜单。

步骤3 选择"附件"子菜单的"记事本"菜单项。

- 从"计算机"启动

应用程序实际上是存放在硬盘上的可执行文件。其中记事本为 C 盘 Windows 文件夹下的 notepad.exe 文件。从"计算机"窗口中可以打开此文件。

步骤1 双击桌面上的"计算机"的图标，打开"计算机"窗口。

步骤2 选定"计算机"窗口中磁盘 C 的图标，打开"本地磁盘（C:）"窗口。

步骤3 在"本地磁盘（C:）"窗口双击"Windows"文件夹图标，打开"Windows"窗口。

步骤4 在"Windows"窗口中，如图 1.10 所示，双击"notepad.exe"文件图标。

图 1.9 从"开始"菜单启动记事本程序

图 1.10 从"计算机"窗口启动记事本程序

Windows 自带的一些应用程序的文件名如表 1.1 所示。

表 1.1   Windows 自带程序的文件名

应 用 程 序	文 件 名
画图	C:\windows\system32\mspaint.exe
计算器	C:\windows\system32\calc.exe
资源管理器	C:\windows\explorer.exe
Internet Explorer	C:\Program Files\Internet Explorer\iexplore
Windows Media Player	C:\Program Files\ Windows Media Player \wmplayer

- 从桌面快捷方式启动

知识点

快捷方式

快捷方式是一种特殊类型的文件，它是指向对象的指针，对象可以是程序文件、文档、文件夹或设备。打开快捷方式，意味着打开了其指向的对象。删除快捷方式，它所指向的对象却不会被删除。

快捷方式可以存放在任何位置，一般存放在桌面上或"开始"菜单中。

步骤 1　首先，需要为"记事本"创建一个桌面快捷方式。

在 notepad.exe 的文件图标上右击鼠标，在快捷菜单中选择"发送到" | "桌面快捷方式"，如图 1.11 所示，则桌面上将出现"notepad.exe"的快捷方式。

步骤 2　在桌面上选定"notepad.exe"的快捷方式，双击鼠标，即可执行记事本程序。

若用户不再需要此快捷方式，选中桌面上快捷方式的图标，按键盘上的 Delete 键即可。

图 1.11　建立桌面快捷方式

此外，在"开始"菜单的"记事本"图标上右击鼠标，如图 1.12 所示，在快捷菜单中选择"发送到" | "桌面快捷方式"，也可为其创建桌面快捷方式。

3. 窗口的组成

具体要求：打开 Windows 附件中写字板应用程序，观察窗口的组成。

选择"开始" | "所有程序" | "附件" | "写字板"命令，打开写字板程序，窗口的各个组成部分如图 1.13 所示。

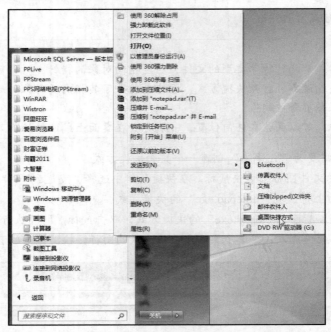

图 1.12　为"开始"菜单中的程序创建桌面快捷方式

➢ 标题栏：显示窗口的名称。标题栏的最左边是控制菜单图标，单击此图标则弹出控制菜单，可以对窗口进行移动、改变大小、关闭等操作。标题栏最右边依次为"最小化"按钮、"最大化"/"还原"按钮和"关闭"按钮。

➢ 快速访问工具栏：用于放置命令按钮，使用户快速启动经常使用的命令。

➢ 工作区：窗口的主体部分，放置窗口的操作对象。

➢ 状态栏：位于窗口最下面，用来显示该窗口的状态以及进行某些操作时的提示信息。

➢ 滚动条：当窗口的内容超出窗口的显示空间时，会在窗口的底部出现水平滚动条，右边出现垂直滚动条。

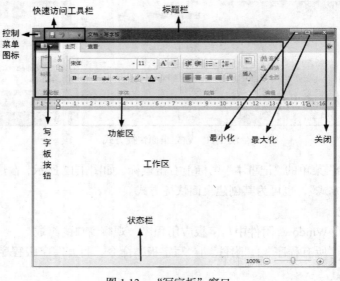

图 1.13　"写字板"窗口

4. 窗口的基本操作

具体要求：对写字板窗口执行操作：移动窗口，改变窗口大小，最大化、最小化、还原窗口，关闭窗口。

- 移动窗口

  鼠标指向窗口的标题栏，然后拖动鼠标。

- 改变窗口的大小

  ➢ 鼠标指向窗口四周的角上，当鼠标指针变为↖形，拖动鼠标，按窗口目前的长宽比例，改变窗口的大小。

  ➢ 鼠标指向窗口的垂直边框上，当鼠标指针变为↔形，拖动鼠标，改变窗口的宽度。

  ➢ 鼠标指向窗口的水平边框上，当鼠标指针变为↕形，拖动鼠标，改变窗口的高度。

- 最大化、最小化、还原窗口

  ➢ 单击"最大化"按钮□，整个屏幕显示此窗口，最大化按钮变为还原按钮。

  ➢ 单击"还原"按钮❐，窗口还原为原来的大小，还原按钮变为最大化按钮。

  ➢ 单击"最小化"按钮▬，窗口不显示在桌面上，但并未关闭。单击任务栏中此窗口的图标可还原窗口。

- 滚动窗口

  ➢ 单击滚动条两端的三角箭头▲，可以一行一行地滚动窗口中的内容。

  ➢ 拖动滚动栏中间的滚动滑块，可自由滚动窗口中的内容。

- 关闭窗口

  ➢ 单击"关闭"按钮✖

  ➢ 双击窗口左上角的控制菜单图标。

5. 窗口的切换和排列

具体要求：打开附件中的写字板、记事本和画图程序，切换 3 个窗口。

将 3 个窗口以不同方式排列在桌面上。

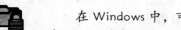

当前窗口

　　在 Windows 中，可同时打开多个窗口，但只有一个窗口处于激活状态，称为当前窗口。当前窗口的标题栏为深蓝色，覆盖在其他窗口之上，而其他窗口的标题栏都是灰色的。

知识点

- 切换窗口

  ➢ 如果要切换的窗口显示在桌面上，可直接单击该窗口的任何位置。

  ➢ 每当用户打开一个新窗口时，系统就会在任务栏上自动生成一个以该窗口名命名的任务栏按钮。将鼠标指针移动到该按钮上，系统会显示对应窗口的缩略图。单击该按钮即可打开相应的窗口。如果相同类型的按钮太多，系统则会自动合并相同类型的按钮。

  ➢ 按下 Alt+Tab 组合键，出现当前打开的全部窗口的按钮，蓝色的方框框在当前窗口上。按住 Alt 键不动，每按一次 Tab 键，蓝色的方框将框在下一个窗口上，表示切换到了对应的窗口。当方框框在需要切换的窗口时，松开 Alt 键。

- 排列窗口

步骤 1　鼠标指向任务栏的空白处，右击鼠标，打开快捷菜单，如图 1.14 所示。

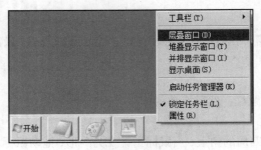

图 1.14　排列窗口

步骤 2　选择"层叠窗口"命令，则 3 个窗口层叠在桌面上，如图 1.15 所示。窗口按一定的顺序依次排列在桌面上，最前面的窗口完全可见。

步骤 3　选择"并排显示窗口"命令，则 3 个窗口纵向平铺在桌面上，每个窗口都可见，如图 1.16 所示。选择"堆叠显示窗口"命令，则 3 个窗口横向平铺在桌面上。

图 1.15　层叠窗口

图 1.16　并排显示窗口

6. 对桌面和窗口进行截图

具体要求：对桌面和活动窗口进行截图。

知识点

剪贴板

剪贴板是 Windows 在内存中开辟的一块专门的存储区域，可以实现不同窗口之间信息的传递与交换。剪贴板可存储文字、图像、文件等各种信息。

先将选定信息"复制"或"剪切"到剪贴板上，然后切换到需要粘贴信息的窗口，选择"编辑"菜单中的"粘贴"命令，把剪贴板中的内容粘贴过来。粘贴以后，剪贴板里的信息并没有消失，还可以继续粘贴。当执行下一次剪切或复制时，剪贴板里的信息才会改变。

通过"剪贴板查看器"程序（C:\windows\system32\clipbrd.exe）可以查看剪贴板的内容。

步骤 1　按下键盘上的 PrintScreen 键将整个屏幕的图像复制到剪贴板。

如果要对活动窗口截图，则按下 Alt 键不动，再按下 PrintScreen 键。

步骤 2　切换到画图程序，选择"主页"选项卡中"剪贴板"选项组的"粘贴"命令，将剪贴板的内容复制过来。

步骤 3　单击快速访问工具栏中的"保存"按钮，打开"保存为"对话框，如图 1.17 所示，在"保存位置"下拉列表中选择合适的保存目录，在"文件名"文本框输入要保存的文件名，单击"保存"按钮。

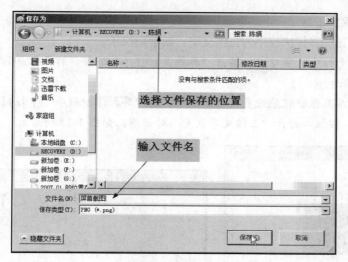

图 1.17　保存文件

7. 设置桌面背景

具体要求：设置桌面背景为几张图片进行幻灯片播放。

步骤 1　在桌面任意空白处单击鼠标右键，打开快捷菜单，选择"个性化"命令，打开"个性化"窗口，如图 1.18 所示。

步骤 2　在"个性化"窗口中，单击"桌面背景"链接，打开"桌面背景"窗口，如图 1.19 所示。

步骤 3　在"桌面背景"窗口中，单击"浏览"按钮，打开"浏览文件夹"窗口，选择图片文件所在的文件夹。该文件下所有的图片文件将出现在列表中，在"图片位置"的下拉列表中选择"适应"，在"更改图片时间间隔"的下拉列表中选择"10 秒"，单击"保存修改"按钮。

设置完成后，桌面背景将变为列表中的图片，每隔 10 秒钟切换一次，图片将自动调整大小以适应屏幕尺寸。

图 1.18　"个性化"窗口

图 1.19　"桌面背景"窗口

8. 设置屏幕保护程序

具体要求：设置屏幕保护程序为三维文字：新学期快乐。

步骤 1 在"个性化"窗口中，单击"屏幕保护程序"链接，打开"屏幕保护程序设置"对话框，如图1-20所示。

步骤 2 在"屏幕保护程序设置"对话框中，的"屏幕保护程序"下拉列表中选择"三维文字"。单击"设置"按钮，打开"三维文字设置"对话框，如图1-21所示。

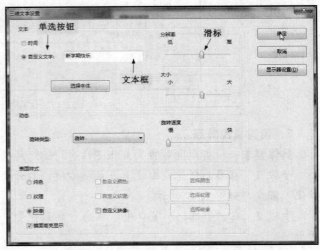

图 1.20 "屏幕保护程序"对话框　　　　图 1.21 "三维字幕设置"对话框

步骤 3 在"三维文字设置"对话框中，单击"自定义文字"单选按钮，在后面的文本框中输入"新学期快乐"，将"大小"滑标调整为中间位置，单击"确定"按钮。

步骤 4 在"屏幕保护程序设置"对话框中，在"等待"数值框中直接输入数字2。
选中"在恢复时返回到欢迎屏幕"复选框，使之出现"√"符号。

步骤 5 单击"确定"按钮，关闭"屏幕保护程序设置"对话框。

此时，如果停止一切计算机操作，闲置2分钟之后，就会进入屏幕保护状态。直到用户敲击键盘或移动鼠标，才会返回到登录界面。如果用户设置了登录密码，只有输入正确的密码后，才能结束屏幕保护状态。

对话框的组成

在对话框中，通常包含下列元素。

➤ 标题栏：位于对话框的顶部，左端为对话框的名称，右端有"关闭"按钮。用鼠标拖动标题栏可以移动对话框。

知识点

➤ 选项卡：位于标题栏的下方，用于将对话框的功能详细地分类。
通过单击选项卡标签，可以切换到相应页面，设置相关的控件。

➤ 列表框：显示多个选项供用户选择。
当选项很多时，可使用右侧的滚动条来显示隐藏的选项。

➤ 下拉列表框：单击该框右侧的箭头▼，向下拉出一个列表供用户选择。

> ➢ 文本框：单击该框后，框内出现一个闪烁的光标（插入点），可在其中输入文字。
> ➢ 数值框：可以直接在该框中输入数据，也可以单击其右边向上的按钮 ▲ 增加数值，或向下的按钮 ▼ 减少数值。
> ➢ 单选按钮：以一组圆框的形式出现，用户只能选择其中的一项。

被选中的选项前会出现一个圆点⊙，同时其他选项的选择将被取消。

> ➢ 复选框：以方框的形式出现。单击该框，方框中出现✔时，表明该框被选中；

再次单击该框，则取消选中。

> ➢ 命令按钮：带文字的矩形按钮，单击该按钮可执行相应的操作。

若命令按钮呈灰色，表示该按钮的功能此时无法执行。

若命令按钮后带省略号（…），表示单击该按钮后将打开另一个对话框。

---

9. 设置"开始"菜单属性

具体要求： 自定义"开始"菜单，设置显示 5 个最近打开过的程序，将游戏以菜单的方式显示。

所有的 Windows 操作都可以从"开始"菜单启动，单击任务栏左侧的 按钮或键盘上的 键，可打开"开始"菜单，如图 1.22 所示。

当鼠标指向开始菜单某个程序的图标，如图 1.23 所示，系统将打开列表显示该程序最近曾打开的文档，用户可通过选择文档的图标来直接打开文档。

在程序图标上单击鼠标右键，如图 1.23 所示，打开快捷菜单。选择"附到「开始」菜单"，则该程序图标将固定地显示在"开始"菜单的最上面。选择"锁定到任务栏"，则该程序图标将固定地显示在任务栏。选择"从列表中删除"，则该程序图标将不会显示在"开始"菜单中。对于锁定到"开始"菜单的程序，在其快捷菜单中选择"从开始菜单解锁"，就可删除其在"开始"菜单的快捷方式。

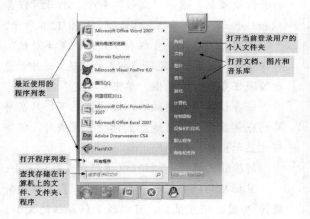
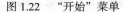

图 1.22　"开始"菜单

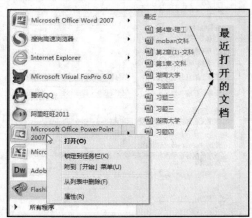

图 1.23　程序图标

用户可以通过下列步骤定义"开始"菜单的属性。

步骤 1　在"开始"菜单上单击鼠标右键，弹出快捷菜单，选择"属性"命令，打开"任务栏和「开始」菜单属性"对话框，如图 1.24 所示。

步骤 2　在"任务栏和「开始」菜单属性"对话框中，单击"自定义..."按钮，打开"自定义「开始」菜单"对话框，如图 1.25 所示。

步骤 3　在"自定义「开始」菜单"对话框中，设置"要显示的最近打开过的程序的数目"数值框为"5"，在游戏选项下选择"显示为菜单"单选按钮，单击"确定"按钮。

设置完成后，打开"开始"菜单，观察设置前后的变化。

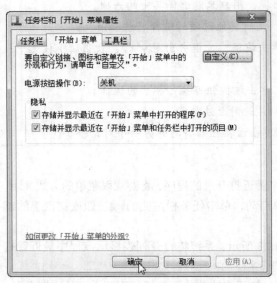

图 1.24　"任务栏和「开始」菜单属性"对话框

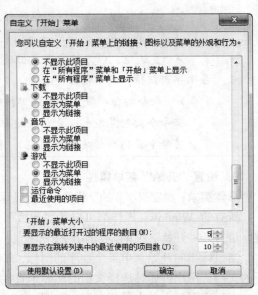

图 1.25　"自定义「开始」菜单"对话框

10. 设置任务栏属性

具体要求： 解除任务栏的锁定并设置任务栏自动隐藏，设置在通知区域不显示声音的图标。

图 1.26　"任务栏和开始菜单属性"对话框

步骤 1　在任务栏的空白处单击鼠标右键，打开快捷菜单，选择"属性"命令，打开"任务栏和「开始」菜单属性"对话框，如图 1.26 所示。

步骤 2　在"任务栏和「开始」菜单属性"对话框中，取消"锁定任务栏"的勾选，选中"自动隐藏任务栏"复选框，单击"确定"按钮。

任务栏被自动隐藏后，通常情况下，只在屏幕的底部显示一条蓝线。鼠标指向蓝线时，任务栏才显示出来。

解除锁定后，任务栏可以被移动或改变大小。

鼠标指向任务栏与桌面交界处，当鼠标指针变为↕形时，拖曳鼠标，可以改变任务栏的大小。鼠标指向任务栏的空白处，拖曳鼠标，可拖动任务栏到桌面的底部、顶部和左右两侧。

步骤 3　在"任务栏和「开始」菜单属性"对话框中，单击"通知区域"的"自定义"按钮，打开"选择在任务栏上出现的图标和通知"窗口。如图 1.27 所示，在"音量"的下拉列表中选择"隐藏图标和通知"选项，单击"确定"按钮。

设置完成后，在通知区域不显示声音图标。单击通知区域旁的箭头"显示隐藏的图标"按钮▲，才会显示此图标。

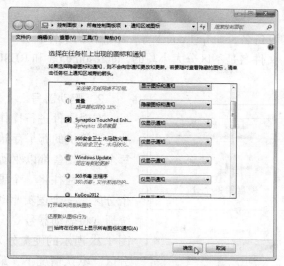

图 1.27　"任务栏的图标和通知"对话框

1.3　Windows 7 的磁盘和文件管理

1.3.1　文件的基本概念

1. 文件

计算机中的任何信息都是以文件的形式存储在外存储器中。一个可执行的程序，一篇文档、一首歌曲，一幅图片等，都是计算机中的文件，它们存储在计算机的硬盘、软盘、光盘或 U 盘等存储介质上。

每一个文件都有一个文件名，一般由主名和扩展名组成，中间由圆点分隔。文件的主名一般用来描述文件的内容，扩展名用来标识文件的类型。例如，名为简历.docx 的文件，主名为简历，说明文件内容是描述某人的简历，扩展名为 docx，说明此文件是个 Word 文档。

表 1.2 列出了一些常见的扩展名及所代表的文件类型，有些类型的文件有多种格式，所以有多种扩展名。

表 1.2　　　　　　　　　　　　常见的扩展名和文件类型

扩 展 名	文件类型	扩 展 名	文件类型	扩 展 名	文件类型
exe、com	可执行程序	txt	文本文件	htm、html	静态网页文件
bmp、Jpg、gif、png	位图文件	docx	Word 文档	asp、jsp	动态网页文件
wav、mp3、wma	音频文件	xlsx	Excel 电子表格	swf、flv	Flash 动画
avi、mpeg、rmvb	影像文件	pptx	PowerPoint 演示文稿	rar、zip	压缩文件

关于文件命名，有以下规定。

➢ 可采用长达 255 个字符的文件名称。

➢ 可在文件名中使用英文字符、数字、汉字、标点符号，但不能使用以下字符：/ : * ? " <

> | \。

➢ 有些系统保留的设备名，如 lpt1,com1 等，不能作为文件名。

➢ 在 Windows 中，文件名是不区分大小写的，即 resume.txt 和 RESUME.TXT 系统会认为是相同的文件名。

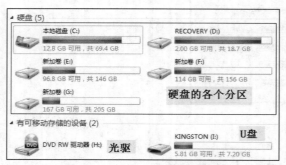

图 1.28　计算机的各驱动器

2. 驱动器号

在对文件进行操作时，必须知道此文件存放在计算机的哪个存储设备上。如图 1.28 所示，每个存储设备都以驱动器号来标识。

用户往往将一个硬盘划分为几个分区，每个分区是一个逻辑驱动器，它们各有盘符。系统通常将驱动器号 C 分配给硬盘主分区。例如，图 1.28 所示的硬盘分为 C、D、E、F、G 5 个分区。默认情况下，最后一个硬盘分区的下一个驱动器号分给光盘驱动器，再下一个驱动器号分给 U 盘。图 1.28 所示的光盘驱动器号为 H，U 盘驱动器号为 I。

3. 文件夹

磁盘上存有大量文件，为了便于将文件分门别类地进行管理，Windows 采用树形结构的文件夹形式组织文件。

每个磁盘在格式化时都自动产生一个根文件夹，在根文件夹下可建立多个文件夹，也可直接存放文件。每个文件夹下又可以建立子文件夹，也可直接存放文件。子文件夹下又可建立下一级的子文件夹……

可以用一棵倒置的树来形象化地描述文件结构，树根相当于根文件夹，树枝相当于文件夹，而树叶相当于文件。文件可以存放在根文件夹下，也可以存放在任一级的文件夹下。

文件夹的命名规定与文件名相同，但一般没有扩展名。

4. 路径

文件在磁盘上的位置可以用路径描述，它由驱动器号、文件夹和文件名组成。各级文件夹之间及文件夹与文件名之间用反斜杠隔开。

例如，画图程序对应的路径是 C:\Windows\system32\mspaint.exe。其中，C:\是驱动器号，Windows 是根文件夹的下一级文件夹的名称，system32 是 windows 文件夹的下一级文件夹的名称，mspaint.exe 是文件名，即 mspaint.exe 文件存放在 C 盘的 Windows 文件夹的 system32 子文件夹中。

1.3.2　案例分析

本实例示范在"计算机"中查看和排列文件，对文件和文件夹进行创建、移动、复制、删除、改名、设置属性等操作。介绍在"计算机"中修改文件夹选项，搜索文件，创建文件的快捷方式，修改文件的打开方式等操作。讲解如何对磁盘进行格式化、清理和碎片整理等操作。

设计要求：

（1）打开"计算机"窗口；

（2）建立文件夹；

（3）在应用程序中建立文件；

（4）在"计算机"窗口中建立文件；

（5）复制文件；

（6）查看文件；

（7）排列文件；

（8）移动文件；

（9）删除文件；

（10）从回收站还原和删除文件；

（11）重命名文件；

（12）设置文件属性；

（13）修改文件夹选项；

（14）搜索文件；

（15）创建桌面快捷方式；

（16）创建「开始」菜单中的快捷方式；

（17）撤销错误操作；

（18）修改文件的打开方式；

（19）磁盘清理；

（20）磁盘碎片整理；

（21）磁盘格式化；

（22）使用 USB 移动存储。

1.3.3　设计步骤

1. 打开"计算机"窗口

具体要求：打开计算机窗口，观察本机资源。

用户可以通过桌面快捷方式和「开始」菜单中的"计算机"来打开"计算机"窗口。

➢ "计算机"窗口分为左右两个窗格，如图 1.29 所示。左窗格为导航窗格，显示计算机的所有驱动器及包含的各级文件夹。单击左窗格的磁盘或文件夹图标，在右窗格中（细节窗格）显示出左窗格选定对象中所包含的文件夹和文件。

图 1.29　"计算机"窗口

在导航窗格中，磁盘或文件夹的图标前面带有 ▷ 号，表示其含有下一级文件夹。单击三角形，▷ 号变为 ◢ 号，导航窗格中展开其下一级子文件夹。

磁盘或文件夹图标前有 ◢ 号，表示其下一级文件夹已经展开。单击 ◢ 号，它就会变成 ▷ 号，子文件夹将被折叠起来。图标前不含 ▷ 和 ◢ 时，表示其没有下一级文件夹。

 单击符号只会展开或折叠导航窗格的文件夹，不会改变当前所选定的对象，即细节窗格的内容不会变化。

➢ 地址栏显示了在导航窗格中所选对象的位置。

使用鼠标单击地址栏中的某个盘符或文件夹，可将当前对象切换到该位置。

单击某个盘符或文件夹右边的三角形 ▶，如图1.30左图所示，可显示该位置下的子文件夹。

单击地址栏左边的 ▼ 图标，如图1.30右图所示，可跳转到以前所访问的位置。

图1.30　地址栏

➢ 菜单栏。默认情况下，计算机窗口不显示菜单栏。单击任务窗格的组织按钮，在其下拉菜单中选择"布局"子菜单中的"菜单栏"命令，使其前面出现勾号。这样，"计算机"窗口中将出现菜单栏。

2．建立文件夹

具体要求：在D盘根文件夹下建立文件夹，名称为自己的姓名。

步骤1　在计算机的左窗格中选择D盘 ▷ ➡ 本地磁盘 (D:) 。

步骤2　选择"文件"|"新建"|"文件夹"命令，或在细节窗格的空白处单击鼠标右键，在快捷菜单中选择"新建"|"文件夹"命令。

步骤3　在右窗格出现新建文件夹的图标 📁 新建文件夹 ，其默认的名称为"新建文件夹"。

文件夹名称此时为反白显示，输入自己的姓名代替默认的文件夹名，按回车键或用鼠标单击名称以外的地方，即可建立文件夹 📁 陈娟 。

3．在应用程序中建立文件

具体要求：打开画图程序，绘制一幅图片，以文件名"我的图画"保存在D盘下自己姓名的文件夹中。

步骤1　选择"开始"|"所有程序"|"附件"|"画图"命令，打开画图程序。

步骤2　画图程序中已自动新建了一个图片文件，可直接在上面绘制图形。

步骤3　单击快速访问工具栏的"保存"按钮，打开"保存为"对话框，如图1.31所示。

步骤4　在"保存为"对话框中，在地址栏中选择D盘下新建的文件夹，在文件名文本框中输入"我的图画"，单击"保存"按钮。

此时，用户在 D 盘自己姓名的文件夹下建立了一个图片文件，其完整路径为 D:\陈娟\我的图画.png。

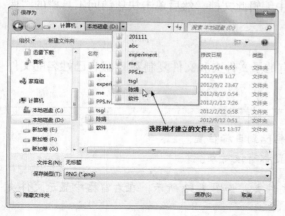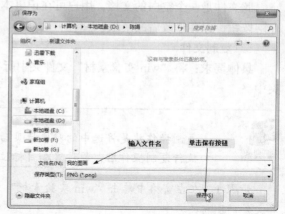

图 1.31　保存为对话框

4. 在"计算机"窗口中建立文件

具体要求：在 D 盘自己姓名的文件夹中，建立文本文档"我的资料"，编辑此文件。

步骤 1　在左窗格中单击自己姓名的文件夹，或在右窗格双击自己姓名的文件夹，打开文件夹。如图 1.32 所示，右窗格显示出刚才所建的"我的图画"的文件图标。

步骤 2　如图 1.32 所示，在右窗格的空白处单击鼠标右键，在快捷菜单中选择"新建" | "文本文档"命令，或者选择"文件" | "新建" | "文本文档"命令。

步骤 3　在右窗格出现新建的文件图标　，其默认的名字为"新建文本文档"，文件名称此时为反白显示。

输入新的文件名"我的资料"，按回车键或用鼠标单击文本以外的地方，即建立了新的文本文件　。

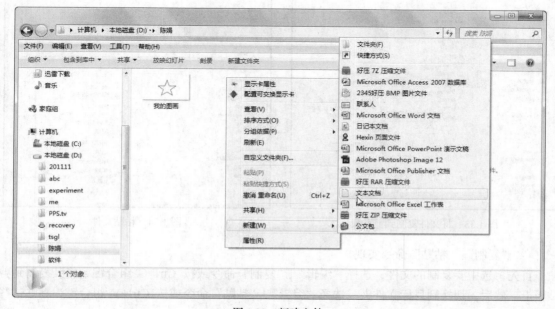

图 1.32　新建文件

步骤 4　双击"我的资料"的文件图标，或在此图标上右击鼠标，在快捷菜单中选择"打开"命令，系统将运行"记事本"程序，并打开此文件。

此文件是一个空白的文档，用户可在记事本中编辑此文档，然后单击快速访问工具栏的"保存"按钮，保存修改后的结果。

5. 复制文件

具体要求：将"win实验素材"文件夹中所有的子文件夹和文件复制到D盘自己姓名的文件夹中。

知识点

复制

复制操作就是将选中的对象拷贝后粘贴到目标位置。

执行复制操作后，原位置和目标位置都有该对象。

步骤 1　在左窗格中单击"win实验素材"文件夹，如图 1.33 所示，在右窗格中显示文件夹和文件的图标。

步骤 2　选择菜单"编辑"|"全选"命令或按Ctrl+A组合键，选中右窗格所有的对象。

选中文件后，用户可以通过以下方式实现文件的复制。

- 快捷菜单实现

步骤 1　在右窗格所选定的图标上单击鼠标右键，在快捷菜单中选择"复制"命令，如图 1.33 所示，将选中的内容复制到剪贴板上。

步骤 2　在左窗格中，单击D盘自己姓名的文件夹，切换到目标位置。

步骤 3　如图 1.34 所示，在右窗格的空白处单击鼠标右键，在快捷菜单中选择"粘贴"命令，将剪贴板中的内容粘贴过来。

图 1.33　将文件复制到剪贴板

图 1.34　粘贴文件

- "复制"、"粘贴"命令实现

首先，选中要复制的文件，选择"编辑"|"复制"命令或按 Ctrl+C 组合键，将其复制到剪贴板上。然后，切换到目标文件夹，选择"编辑"|"粘贴"命令或按 Ctrl+V 组合键，粘贴这些文件。

- "复制到"命令实现

首先，选中要复制的文件，选择"编辑"|"复制到文件夹"命令，打开"复制项目"对话框。在"复制项目"对话框中，选择要复制的目标文件夹，单击"复制"按钮。

- 拖曳鼠标实现

选中所有要复制的文件后，直接将其拖曳到目标位置。

对于要复制的文件，如果原位置与目标位置是不同的驱动器，如要将 C 盘的文件复制到 D 盘。则直接将其拖曳到目标位置。

如果原位置与目标位置是相同的驱动器，在拖曳时按住 Ctrl 键，实现文件的复制。

- 拖曳鼠标右键实现

选中要复制的文件后，按下鼠标右键，将其拖曳到目标位置后释放鼠标。系统弹出一个菜单，选择"复制到当前位置"命令，将选中的文件复制过来。

选择文件或文件夹

在对文件或文件夹进行移动、复制、删除等操作之前，必须先选择它。在"计算机"的右窗格中，采取以下方法可选择文件或文件夹。

➢ 选择一个文件

用鼠标单击文件名字。

➢ 选择连续排列的文件

单击要选择的第一个文件，按住 Shift 键再单击要选择的最后一个文件。

或者在空白处拖曳鼠标，出现一个方框，用方框框住需要选择的文件。

➢ 选择不连续排列的文件

按住 Ctrl 键，用鼠标逐个单击要选择的文件。

➢ 选择所有文件

选择"编辑"菜单的"全部选定"命令或按 Ctrl + A 组合键。

➢ 取消文件的选择

选择了多个文件后，要取消对个别文件的选择，按住 Ctrl 键，单击要取消选择的文件。

如果要取消对全部文件的选择，将鼠标定位到空白处，单击鼠标。

6. 查看文件

具体要求：在 D 盘自己姓名的文件夹中，以详细资料的方式查看文件夹和文件。

用户可通过下列方式设置文件的查看方式。

➢ 选择"查看"菜单的"详细信息"命令。

➢ 在右窗格的空白处右击鼠标，在快捷菜单的"查看"子菜单中选择"详细信息"命令。

➢ 单击任务窗格中"视图"按钮右边的小三角形，在下拉列表中选择"详细信息"，如图 1.35 所示，右窗格显示出文件的名称、修改日期、类型和大小信息。

右窗格中文件夹和文件的查看方式有 8 种："超大图标"、"大图标"、"中等图标"、"小图标"、"列表"、"详细信息"、"平铺"和"内容"。图 1.36 中，列举了不同查看方式时图标显示的外观。

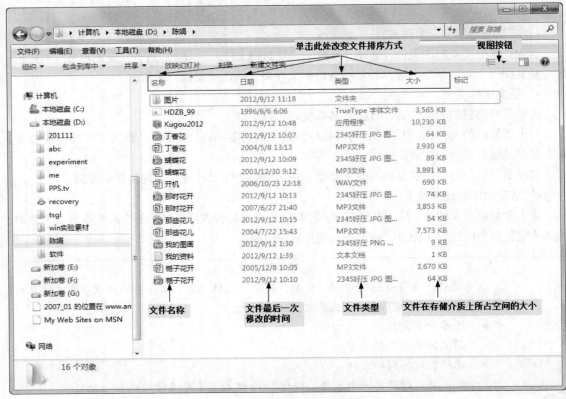

图 1.35　以详细资料的方式显示文件

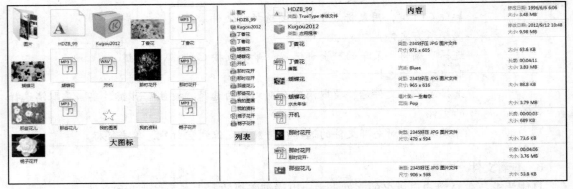

图 1.36　不同查看方式时显示的文件图标

7. 排列文件

具体要求：在 D 盘自己姓名的文件夹中，按类型的顺序排列文件夹和文件。

用户采取以下方法可改变文件的排列方式。

➢ 选择"查看"菜单"排序方式"子菜单下"类型"命令。

➢ 在右窗格的空白处右击鼠标，选择快捷菜单中"排序方式"子菜单下的"类型"命令。

➢ 当显示方式为详细信息时，单击"类型"的列标题，如图 1.35 所示。

第一次单击列标题时，按选定列的升序排列；再次单击，则按逆序排列。

文件排列方式

右窗格中文件夹和文件的排列方式通常有以下 4 种：按名称、按大小、按类型和按日期。

> 当选择按名称排列时，按文件名的编码顺序来排列，西文文件名按 ASCII 的编码顺序来排列，中文文件名按汉字的编码顺序来排列。

> 当选择按类型排列时，同一类型的文件将排列在一起，各种文件类型按名称顺序来排列。

> 当选择按大小排列时，按文件所占磁盘空间的大小来排列，占磁盘空间小的将排在前面。

> 当选择按日期排列时，按文件最后一次被修改的时间来排列，修改时间最近的排在前面。

各种排列效果如图 1.37 所示。无论采取哪种方式，文件夹排在文件的前面。

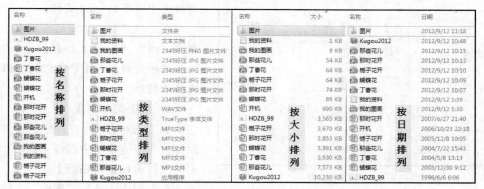

图 1.37　按不同排列方式显示文件

在排列方式子菜单下选择"更多"命令，打开"选择详细信息"对话框，如图 1.38 所示。可通过复选框来设置以详细信息方式查看时所显示的文件信息，以及排序的方式。

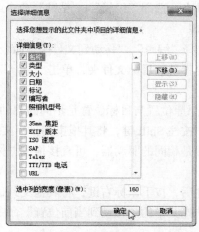

图 1.38　"选择详细信息"对话框

8. 移动文件

具体要求：在 D 盘自己姓名文件夹中建立歌曲文件夹，将自己姓名文件夹中所有的 mp3 文件移动到歌曲文件夹。

知识点

移动

移动操作就是将选中的对象剪切后粘贴到目标位置。

执行移动操作后，原位置没有该对象，只有目标位置有该对象。

步骤 1　在左窗格选择自己姓名的文件夹，选择菜单"文件"|"新建"|"文件夹"命令，在右窗格出现新建文件夹的图标，输入"歌曲"，按回车键确认。

图 1.39　移动文件

步骤 2　在左窗格中单击自己姓名的文件夹，如图 1.39 所示，在右窗格以详细信息的方式按类型的顺序排列文件图标。

步骤 3　单击第一个 mp3 文件图标，按住 Shift 键不动，再单击最后一个 mp3 文件图标，同时选中所有的 mp3 文件。

或者用鼠标在右窗格中拖曳，出现一个方框，将所有的 mp3 文件框在方框内。

选中文件后，用户可以通过以下方式实现文件的移动。

- 快捷菜单实现

如图 1.39 所示，在选中的文件图标上右击鼠标，在快捷菜单中选择"剪切"命令，将选中的文件剪切到剪贴板上。

在左窗格中选择"歌曲"文件夹，在右窗格的空白处右击鼠标，在快捷菜单中选择"粘贴"命令，将剪贴板中的内容粘贴过来。

- "剪切"、"粘贴"命令实现

首先选中要移动的文件，选择"编辑"|"剪切"命令或按 Ctrl+X 组合键，将其剪切到剪贴板上。然后切换到目标文件夹，选择"编辑"|"粘贴"命令或按 Ctrl+V 组合键，粘贴这些文件。

- "移动到"命令实现

选中要移动的文件，选择"编辑"|"移动到文件夹"命令，打开"移动项目"对话框。在"移动项目"对话框中，选择要移动的目标文件夹，单击"移动"按钮。

- 拖曳鼠标实现

对于要移动的文件，如果原位置与目标位置是不同的驱动器，如要将 C 盘的文件移动到 D 盘，则在选中要移动的文件后，按住 Shift 键，将其拖曳到目标文件夹。

如果原位置与目标位置是相同的驱动器，可直接拖曳图标，实现文件的移动。

- 拖曳鼠标右键实现

选中所有要移动的文件后，按下鼠标右键，将其拖曳到目标位置，释放鼠标。

系统弹出一个菜单，选择其中的"移动到当前位置"命令，将选中的文件移动过来。

9. 删除文件

具体要求：删除图片文件"我的图画"和文本文件"我的资料"。

步骤 1　单击"我的图画"文件的图标，按住 Ctrl 键，再单击"我的资料"文件的图标，选中两个文件。

步骤 2　如图 1.40 所示，在选中的文件图标上右击鼠标，在快捷菜单中选择"删除"命令，打开"删除多个项目"对话框，如图 1.41 所示。

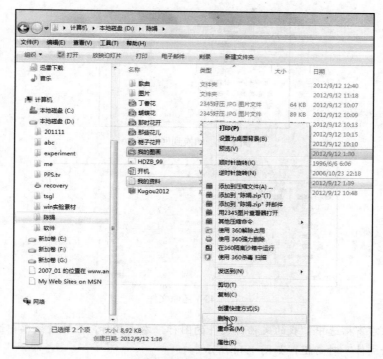

图 1.40　删除文件

图 1.41　删除多个项目对话框

步骤 3　在"删除多个项目"对话框中选择"是"按钮，则删除选定的文件。

此外，选中文件后，按下键盘的 Delete 键或选择"文件"|"删除"命令，也可删除文件。

10. 从回收站还原和删除文件

具体要求： 从回收站还原文件"我的图画"，删除文件"我的文档"。

回收站

从硬盘上删除的文件及文件夹暂时存放在回收站中。用户若需要这些文件，可将其还原；若确认不再需要，可将其从回收站再次删除，此时删除的文件再也无法还原。

只有硬盘上删除的文件才会进入回收站，软盘或可移动磁盘上删除的文件不会进入回收站。

步骤 1　单击地址栏中"计算机"前的箭头，如图 1.42 所示，在列表中选择"回收站"。当前位置切换到"回收站"。

步骤 2　在右窗格中显示被删除的文件"我的图画"和"我的文档"，如图 1.43 所示，选中

"我的图画"文件的图标，右击鼠标，在快捷菜单中选择"还原"命令，此文件被还原到原来的位置。

图 1.42　切换到回收站

图 1.43　还原文件

　　步骤 3　在右窗格选中"我的文档"文件的图标，右击鼠标，在快捷菜单中选择"删除"命令，出现"删除文件"对话框，如图 1.44 所示。

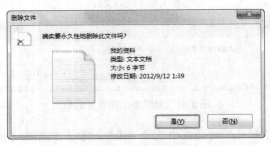

图 1.44　删除文件

　　步骤 4　在"删除文件"对话框中选择"是"按钮，则此文件从回收站删除，再也无法还原。

　　　　　　　　　　　　　　　　彻底删除文件

　　在删除硬盘上的文件时按下 Shift 键，则文件直接清除，不会进入回收站。

　　选择"文件"|"清空回收站"命令，或在快捷菜单中选择"清空回收站"命令，可将回收站中所有的文件都删除。

---

11. 重命名文件

　　具体要求：将图片文件"我的图画"重命名为"my picture"。

　　选择文件"我的图画"，如图 1.45 所示，单击鼠标右键，在快捷菜单中选择"重命名"命令，文件名称此时为反白显示 我的图画 ，输入"my picture"，按回车键，文件名称修改为 my picture 。此外，选择"文件"|"重命名"命令或直接单击文件名称，也可重新命名文件。

图 1.45　重命名文件

注意

用户对文件改名时，不能改变其扩展名，否则系统将无法识别此文件。

12. 设置文件属性

具体要求：将文件"my picture"设为只读和隐藏属性。

文件属性

文件属性是指文件的类型、位置、大小、创建时间等信息。

如图 1.46 所示，用户可以设置文件的只读和隐藏属性。

知识点

图 1.46　文件属性对话框

　　　　设置只读属性后，用户可以打开文件查看，但不能保存对文件的修改。

　　　　设置隐藏属性后，一般情况下，"计算机"中不会显示出文件的图标。但通过"文件夹选项"对话框，可设置是否显示隐含属性的文件。（参见本节设计步骤13）

　　步骤1　选择文件"my picture"，选择"文件"|"属性"命令，或在文件图标上右击鼠标，在快捷菜单中选择"属性"命令，打开"属性"对话框，如图1.46所示。

　　步骤2　在"属性"对话框中，可看到文件类型、位置、大小、创建时间等属性。选中"只读"和"隐藏"复选框，单击"确定"按钮。

技巧

文件的详细信息

　　对于某些类型的文件，选择"属性"对话框的"详细信息"选项卡，可查看文件的一些其他属性。

　　对于图片文件，其摘要属性显示宽度、高度、位深度等信息，如图1.47所示。

　　对于mp3音乐文件，其摘要属性显示艺术家、持续时间等信息，如图1.48所示。

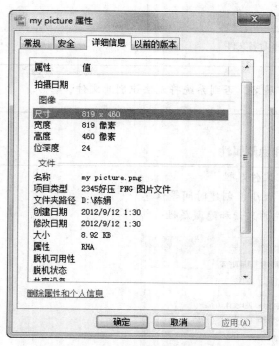

图1.47　图片文件的详细信息选项

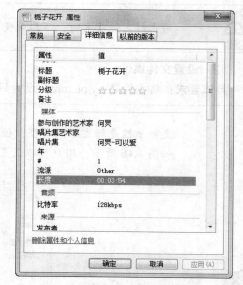

图1.48　mp3文件的详细信息选项

13. 修改文件夹选项

具体要求： 修改文件夹选项，设置计算机显示具有隐含属性的文件，并显示文件的扩展名。

默认情况下（见图1.50），在计算机窗口中不会显示具有隐含属性的文件。并且，在显示文件时，只会显示出文件的主名，不会显示文件的扩展名。

操作步骤： 选择"工具"|"文件夹选项"命令，打开"文件夹选项"对话框。

选择"查看"选项卡，如图1.49所示，在"高级设置"列表框中，选中"显示隐藏的文件、文件夹和驱动器"单选按钮，去掉"隐藏已知文件类型的扩展名"复选框前的勾号。

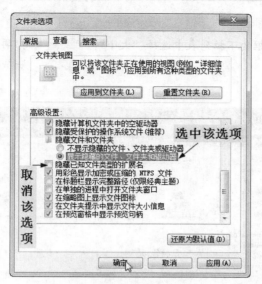

图 1.49　"文件夹选项"对话框

设置完成后，在"计算机"的右窗口中，如图 4.51 所示，具有隐含属性文件的图标显示出来，但其颜色较淡，并且文件都显示出主名和扩展名。

图 1.50　默认情况下文件列表的显示

图 1.51　修改文件夹选项后文件列表的显示

14. 搜索文件

具体要求： 搜索 C 盘 Windows 文件夹中文件名以 w 开头，文件大小在 10 ~ 100KB 的 jpg 文件，将其复制到 D 盘自己姓名的文件夹中。

如果忘记了文件保存在哪一个文件夹，或者希望查找满足某一条件的文件或文件夹，可以借助搜索功能。

在"计算机"窗口的搜索框中，如图 1.52 所示，可以设置不同的搜索条件。

在搜索框中，用户可输入要查找的文件或文件夹的名称。输入名称时，可使用通配符"？"和"*"。其中"？"代替任意一个字符，而"*"代替任意多个字符。

此外，用户还可指定要查找文件的修改日期的范围、文件大小等条件。

输入搜索条件后，在右窗格中显示出搜索的结果。

用户可以对这些文件及文件夹执行删除、复制、移动、改名等操作。

步骤 1　在"计算机"窗口的左窗格中，选择 C 盘的 Windows 文件夹。

步骤 2　在"搜索"框中输入"w*.jpg"，表示设置搜索条件为文件名以 w 开头的 jpg 文件。

步骤 3　在"搜索"框的下拉列表中选择"大小"，　再在弹出的列表中选择"小

（10~100KB）"。

图 1.52　搜索文件

步骤 4　设置搜索条件后，搜索的结果显示在右窗格中。

步骤 5　选择"编辑"|"全选"命令，选中所有搜索到的文件。

步骤 6　选择"编辑"|"复制到文件夹"命令，打开"复制项目"对话框，选择要复制的目标地址为 D 盘自己姓名的文件夹，单击对话框上的"复制"按钮。

也可利用剪贴板进行文件的复制。

15. 创建桌面快捷方式

具体要求：为"歌曲"文件夹创建桌面快捷方式。

在右窗口选择"歌曲"文件夹，以下 3 种方式可建立桌面快捷方式。

➢ 选择"文件"|"发送到"|"桌面快捷方式"命令。

➢ 右击鼠标，在快捷菜单中选择"发送到"|"桌面快捷方式"命令。

➢ 右击鼠标，在快捷菜单中选择"创建快捷方式"命令，再将快捷方式图标移动到桌面上。

桌面上出现了此文件夹的快捷方式。双击此快捷方式，打开的是 D 盘自己姓名文件夹下的"歌曲"文件夹。

16. 创建"开始"菜单中的快捷方式

具体要求：在"开始"菜单的所有程序中，创建指向"歌曲"文件夹的快捷方式。

步骤 1　在右窗格选择"歌曲"文件夹，在快捷菜单中选择"复制"命令。

步骤 2　在左窗格中展开依次展开 C 盘、ProgramData 文件夹、Microsoft 文件夹、Windows 文件夹、[开始]菜单文件夹、程序文件夹，如图 1.53 所示。右窗格中显示的图标，对应为"开始"菜单的"所有程序"菜单下的菜单项（注意：ProgramData 文件夹是隐含属性的文件夹）。

图 1.53　在"开始"菜单中粘贴快捷方式

步骤 3　在右窗口的空白处右击鼠标，在快捷菜单中选择"粘贴快捷方式"命令，将"歌曲"文件夹的快捷方式复制到此处。

打开"开始"菜单，如图 1.54 所示，在所有程序下出现指向"歌曲"文件夹的快捷方式。

17．撤销错误操作

具体要求：将图片文件"丁香花"移动到"歌曲"文件夹中，再撤销此错误操作。

在操作过程中，用户有时会不小心进行了误操作。例如，将文件移动到一个错误的位置，或者对不应改名的文件进行了改名。此时，选择"编辑"菜单中的"撤销"命令或快捷菜单的"撤销"命令，可以撤销误操作。但是，有些操作是无法撤销的，如清空回收站。

图 1.54　新增的快捷方式

步骤 1　选择文件"丁香花.jpg"，直接将其拖曳到"歌曲"文件夹中。

步骤 2　选择"编辑"菜单的"撤销移动"命令，或在右窗口空白处右击鼠标，在快捷菜单中选择"撤销移动"命令，可撤销文件的移动。

18．修改文件的打开方式

具体要求：将 png 图片文件的默认打开方式设为"画图"程序。

Windows 系统通过扩展名来识别文件类型。安装应用程序时，此程序所能处理的文件类型在 Windows 注册表中进行了登记。在"计算机"中打开某文件时，Windows 将启动注册信息中此种类型文件所对应的默认应用程序。

有些类型的文件可以用几种程序打开。例如，png 图片文件可以用 Windows 照片查看器、画图、Windows live 影音制作等程序打开，默认的打开方式是 Windows 照片查看器。

　　若用户需要选择用画图程序打开 my picture.png 文件，可在选择文件后，右击鼠标，在快捷菜单中选择"打开方式"子菜单，选择需要的程序，如图 1.55 所示。

　　选择文件后，右击鼠标，在快捷菜单中选择"打开方式"子菜单下的"选择默认程序"菜单项，出现"打开方式"对话框，如图 1.56 所示。选择程序"画图"，选中"始终使用选择的程序打开这种文件"复选框，单击"确定"按钮。

　　设置以后，双击所有的 png 位图文件，Windows 将自动启动画图程序。

图 1.55　选择文件的打开方式

图 1.56　"打开方式"对话框

19. 磁盘清理

　　Windows 在运行过程中会产生一些垃圾文件，如临时文件、网页缓存、回收站中的文件等，占用磁盘空间。磁盘清理程序可以搜索磁盘，列出垃圾文件，供用户进行清理。

　　步骤 1　在左窗格中选定要清理的磁盘的图标，单击鼠标右键，弹出快捷菜单，选择"属性"命令，打开"属性"对话框，如图 1.57 所示。

　　步骤 2　在"属性"对话框中，显示出已用空间、可用空间、磁盘容量等信息。单击"磁盘清理"按钮，系统计算可清理的磁盘空间后，打开"磁盘清理"对话框，如图 1.58 所示。

图 1.57　"属性"对话框

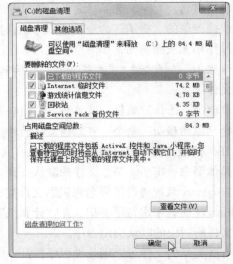

图 1.58　"磁盘清理"对话框

步骤 3　在"磁盘清理"对话框中，用户在"要删除的文件"列表框中选中要删除文件的复选框，单击"确定"按钮。

步骤 4　系统打开"磁盘清理"确认删除对话框，单击"是"按钮确认删除，系统开始磁盘清理。

此外，选择"开始"|"所有程序"|"附件"|"系统工具"|"磁盘清理"命令，也可以进行磁盘清理。

20. 磁盘碎片整理

磁盘碎片整理

知识点

由于文件在磁盘中不是连续存放的，访问一个文件时，系统往往需要到磁盘不同的空间中去寻找该文件的各个部分，从而影响了文件读取的速度，并导致磁盘中的可用空间是零散分布的。使用磁盘碎片整理程序，可以重新安排文件在磁盘中的位置，使它们存放在相邻的空间里。从而有助于提高文件的存取速度，增大磁盘的可用容量。

步骤 1　在左窗格中选定要整理的磁盘的图标，单击鼠标右键，弹出快捷菜单，选择"属性"命令，打开"属性"对话框。

步骤 2　在"磁盘属性"对话框中，选择"工具"选项卡，如图 1.59 所示，单击"立即进行碎片整理"按钮，打开"磁盘碎片整理程序"对话框，如图 1.60 所示。

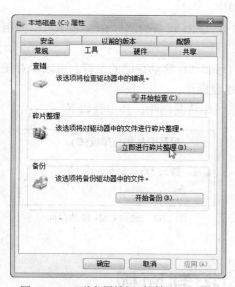

图 1.59　"磁盘属性"对话框"工具"
选项卡

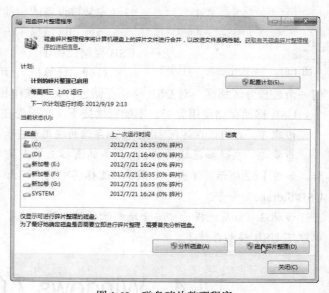

图 1.60　磁盘碎片整理程序

步骤 3　在"磁盘碎片整理程序"对话框中，单击"磁盘碎片整理"按钮，系统首先对该盘进行分析，然后进行磁盘整理。

此外，选择"开始"|"所有程序"|"附件"|"系统工具"|"磁盘碎片整理程序"命令，也可以进行磁盘碎片整理。

21. 格式化磁盘

知识点

格式化磁盘

格式化磁盘将清除磁盘的所有信息，在磁盘上划分磁道和扇区，创建文件分配表。所有磁盘在使用之前，必须进行格式化。目前，市场上的磁盘在购买前已经完成了格式化，可直接使用。

如果磁盘上感染了病毒，无法用杀毒软件清除，可以将磁盘格式化。由于格式化会清除磁盘上的所有文件，在操作之前，用户要确认重要的文档已经备份。

图 1.61 "格式化磁盘"对话框

步骤1 在左窗格中选定要格式化的磁盘的图标，右击鼠标，在快捷菜单中选择"格式化"命令，打开"格式化磁盘"对话框，如图 1.61 所示。

步骤2 在"格式化磁盘"对话框中，在"文件系统"下拉列表中选择文件系统，在"卷标"文本框中输入卷标名，单击"开始"按钮进行格式化。

对话框底部的状态条显示格式化的进度。

步骤3 格式化完成后，屏幕上出现磁盘格式化的摘要信息。

22. 使用 USB 移动存储

将 USB 移动存储连接到计算机的 USB 接口，Windows 7 会自动安装该设备的驱动程序。

当通知区域显示出一个 USB 设备的图标 ，表示可以使用 USB 存储设备了。

打开"计算机"，可看到 USB 移动存储的盘符。可以像对任何一个磁盘分区那样，对 USB 移动存储进行文件操作和磁盘操作。

USB 移动存储使用完毕，不能直接拔下，必须先在系统中将其删除，其步骤如下。

步骤1 关闭正在访问 USB 移动存储的应用程序。

步骤2 在通知区域的 USB 设备的图标上单击鼠标，如图 1.62 所示，弹出一个菜单，选择其中的"弹出 USB Storage"命令。

步骤3 当系统提示"安全地移除硬件"时，就可以取下 USB 移动存储了。

图 1.62 删除 USB 移动存储

1.4　Windows 7 的控制面板

1.4.1　案例分析

本节通过实例示范使用控制面板设置显示属性、安装字体、查看计算机的硬件、添加打印机、设置鼠标、添加/删除程序、管理用户、调整系统的日期和声音等操作。

设计要求：

（1）打开控制面板；

（2）设置屏幕分辨率；

（3）设置外观；

（4）安装字体；

（5）查看计算机的硬件；

（6）添加打印机；

（7）设置鼠标；

（8）安装应用软件；

（9）删除应用软件；

（10）添加 Windows 组件；

（11）设置用户账户；

（12）设置输入法；

（13）设置系统时间；

（14）调整音量和声音方案。

1.4.2 设计步骤

1. 打开控制面板

具体要求： 打开控制面板，通过图标和类别两种方式进行查看。

控制面板是用来进行系统设置和设备管理的一个工具集。

单击"开始"按钮，选择"控制面板"，可打开控制面板。

控制面板可以用图标和类别两种方式来查看。分类视图如图 1.64 所示，它把各项目按功能进行分组，用户可按类别找到需要设置的项目。经典视图如图 1.63 所示，它把所有项目直接显示出

来。默认情况下，以图标的方式显示。用户可通过"查看方式"右边的列表   ，在

两种方式之间进行切换。

图 1.63　控制面板的经典视图

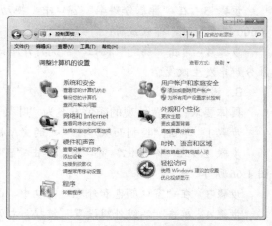

图 1.64　控制面板的分类视图

2. 设置屏幕分辨率

具体要求： 设置屏幕分辨率为 800×600 像素。

分辨率

显示器上的图像是由很多小点组成的，分辨率是指屏幕上点数的多少。以分辨率为 1024×768 像素的屏幕来说，它在水平方向显示 1024 个点，在竖直方向显示 768 个点。

由于显示器的尺寸是固定的，屏幕分辨率设置越高，点数就越多，每点所占的面积相应减少。在同样的屏幕区域内，能显示的信息就越多，图像的尺寸就会变小。

步骤 1　单击"控制面板"窗口中的"显示"链接，打开"显示"窗口。

步骤 2　在"显示"窗口中，单击"调整分辨率"链接 调整分辨率，打开"屏幕分辨率"窗口，如图 1.65 所示。

图 1.65　"屏幕分辨率"窗口

步骤 3　在"屏幕分辨率"窗口中，拖动"分辨率"右边列表的滑块，当下方显示为"800×600 像素"时，释放鼠标。

步骤 4　单击"确定"按钮，系统打开对话框，询问是否保存设置，选择"保留更改"，则屏幕分辨率发生改变。

3. 设置外观

具体要求： 设置外观的颜色方案为"叶"，设置图标为 25 号，字体为 12 号，加粗。

步骤 1　单击"控制面板"窗口中的"个性化"链接，打开"个性化"窗口。

步骤 2　在"个性化"窗口中，单击"窗口颜色"链接，打开"窗口颜色和外观"窗口，如图 1.66 所示。

步骤 3　在"窗口颜色和外观"窗口中，选择"叶"颜色方案。

步骤 4　单击"高级外观设置"链接，打开"窗口颜色和外观"对话框，如图 1.67 所示。

步骤 5　在"窗口颜色和外观"对话框中，在"项目"下拉列表中选择"图标"，在"大小"数值框中设置"25"，在字体的"大小"下拉列表中选择"12"，单击"加粗"按钮。

步骤 6　单击"确定"按钮关闭对话框，再单击"窗口颜色和外观"窗口中的"保存修改"按钮，保存所做的修改。

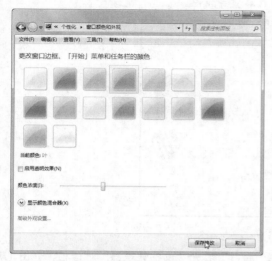

图 1.66　"窗口颜色和外观"窗口　　　　图 1.67　"窗口颜色和外观"对话框

设置完成后，观察 Windows 外观的变化。

4. 安装字体

具体要求：安装 D 盘用户姓名文件夹下的"汉鼎繁粗隶"字体。

字体

字体是具有某种风格的字母、数字和标点符号的集合，用于在屏幕上和在打印时显示文本。Windows 本身提供了一些字体，这些字体文件存放在 Windows 文件夹的 fonts 文件夹中。

步骤 1　在"计算机"窗口中，选择 D 盘用户姓名文件夹下的字体文件"HDZB_99"，单击鼠标右键，在快捷菜单中选择"安装"。

步骤 2　系统显示"正在安装字体"对话框。字体安装完成后，打开写字板程序，在字体下拉列表中可使用新安装的字体。

也可以直接将该字体文件拷贝到 Windows 文件夹的 fonts 文件夹下，来安装字体。

单击"控制面板"窗口中的"字体"链接 ，打开"字体"窗口如图 1.68 所示，显示出已安装的字体。双击字体，可查看此字体下文字的外观。

若要删除某字体，将该字体对应的文件删除即可。

图 1.68　"字体"窗口

5. 查看计算机的硬件

具体要求：查看本计算机的硬件。

若用户想了解计算机中安装了哪些硬件，可以通过"设备管理器"来查看。

步骤 1　单击"控制面板"窗口中的"系统"链接  系统，打开"系统"窗口，如图 1.69 所示，可看到操作系统版本、本机的 CPU 类型、内存容量等信息。

图 1.69　"系统"窗口

步骤 2　单击"系统"窗口中的"设备管理器"链接，打开"设备管理器"对话框，如图 1.70 所示。

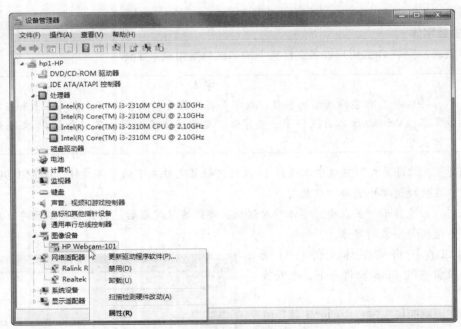

图 1.70　"设备管理器"对话框

步骤 3　在"设备管理器"对话框中，可按类别查看计算机中的硬件设备，还可以添加、卸载硬件，更新硬件的驱动程序。

此外，在桌面上右击"计算机"的图标，在快捷菜单中选择"属性"命令，也可以打开"系统"窗口。

6. 添加打印机

具体要求：添加打印机。

目前，很多硬件都是即插即用的。只要把它连接到计算机上，Windows 7 会自动检测到新硬件，并加载其驱动程序。

如果 Windows 7 检测不到硬件或没有内置其驱动程序，则需要用户手动安装。

下面以"添加打印机"为例，描述某打印机的驱动程序安装过程。

步骤 1　单击"控制面板"窗口中的"设备和打印机" 设备和打印机 链接，打开"设备和打印机"窗口。

步骤 2　在"设备和打印机"窗口中，在空白处单击鼠标右键，在快捷菜单中选择"添加打印机"命令，打开"添加打印机"对话框。

步骤 3　如图 1.71 所示，用户可选择安装本地或网络打印机。本地打印机是指连接在本计算机上的打印机，网络打印机是指连接在局域网中其他计算机上的打印机。

步骤 4　如图 1.72 所示，用户选择相应的连接打印机的端口，单击"下一步"按钮。通常，打印机使用 LPT1 口（并口）或 USB 接口。

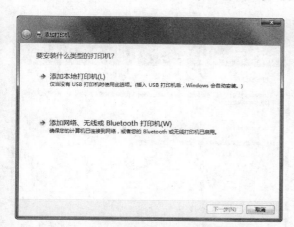

图 1.71　"添加打印机"选择本地或网络打印机

图 1.72　"添加打印机"选择打印机端口

步骤 5　如图 1.73 所示，用户首先在"厂商"列表中选择打印机厂商，然后在"打印机"列表框中选择对应的打印机型号。

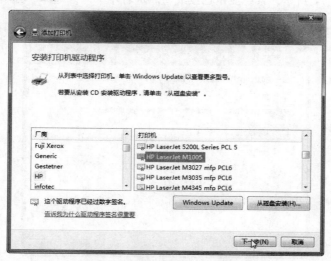

图 1.73　"添加打印机"选择打印机型号

如果用户要安装的打印机型号不在列表中，则单击"从磁盘安装"按钮，打开"从磁盘安装"对话框，如图1.74左图所示。单击"浏览"按钮，在"查找文件"对话框中定位到驱动程序所在的位置，选择驱动程序文件，如图1.74右图所示。

步骤6　如图1.75所示，在"打印机名称"文本框中输入打印机的名字。

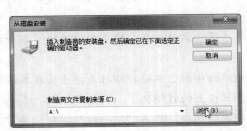

图1.74　"从磁盘安装"对话框

步骤7　如图1.76所示，选择是否"共享打印机"。

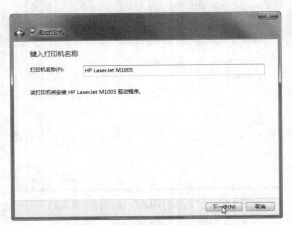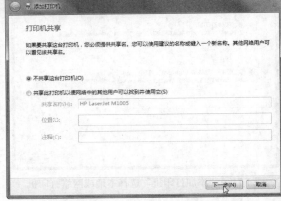

图1.75　"添加打印机"指定打印机名称　　　　图1.76　"添加打印机"指定是否共享打印机

步骤8　如图1.77所示，系统显示已经成功添加打印机，若选择"打印测试页"，系统会打印一张测试页。

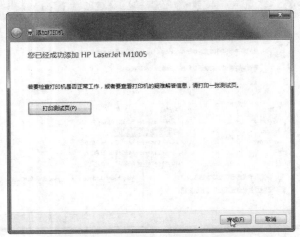

图1.77　"添加打印机"打印测试页

步骤 9　单击"完成"按钮，出现一个打印机图标 。右击此图标，在快捷菜单中选择"打印机属性"命令，可进一步设置打印机。

7. 设置鼠标

具体要求： 调整鼠标的双击速度，设置鼠标的指针方案为"Windows 黑色（特大）"。

步骤 1　单击"控制面板"窗口中的"鼠标"链接 鼠标，打开"鼠标属性"对话框。

步骤 2　选择"鼠标属性"对话框的"鼠标键"选项卡，如图 1.78 所示，拖动"双击速度"滑标的小方块，可改变双击速度的快慢。

步骤 3　选择"鼠标属性"对话框中的"指针"选项卡，如图 1.79 所示，在"方案"下拉列表中选择"Windows 黑色（特大）"。

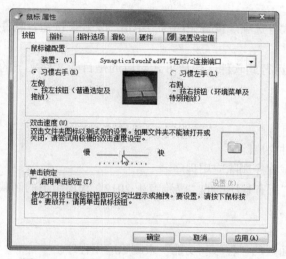

图 1.78　"鼠标属性"对话框的"按钮"选项卡

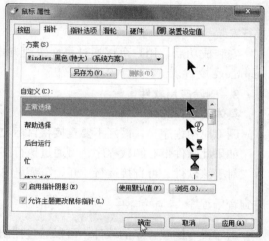

图 1.79　"鼠标属性"对话框的"指针"选项卡

步骤 4　单击"确定"按钮，观察此时鼠标指针的变化。

8. 安装应用软件

具体要求： 执行 D 盘用户姓名文件夹下的 kugou2012.exe 文件，安装"酷狗"软件。

用户通常通过以下途径安装应用软件。

➢　许多应用软件的安装光盘上有 autorun.inf 文件，光盘插入光驱后，会自动执行安装程序。

➢　执行安装光盘上的安装程序，通常是名为 setup.exe 的文件。

➢　在因特网下载应用软件安装程序，通常整体被压缩为一个 exe 文件。用户直接运行此程序，即可安装软件。

步骤 1　在计算机的左窗格中选择 D 盘用户姓名文件夹，在右窗格中选中安装文件 kugou2012.exe 的图标，双击此文件，运行此安装程序。

步骤 2　首先出现安装程序的"欢迎"界面，如图 1.80 所示，单击"用户许可协议"链接，可阅读协议，单击"下一步"按钮，表示同意此协议，进入下一步。

步骤 3　然后出现安装程序的"选项"界面，如图 1.81 所示。

安装应用软件时，安装程序要将一些文件拷贝到硬盘上。默认情况下，本软件安装在 program files（x86）文件夹的 kugou2012 文件夹下。若用户要安装到其他的位置，通过"更改目标"按钮可选择要安装的目标文件夹。

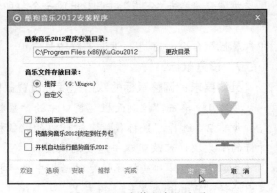

图 1.80　"安装程序"欢迎　　　　　　　　　图 1.81　"安装程序"选项

此外，用户还可选择是否建立桌面快捷方式等选项。设置完成后，单击"安装"按钮，软件进行安装。

安装成功后，用户可以通过桌面快捷方式运行此软件。快捷方式对应的是目标文件夹下的kugou.exe 文件。

9．删除应用软件

具体要求：卸载"酷狗"软件。

删除应用程序时，最好不要直接将目标文件夹删除。

如果此软件带有卸载程序，可通过执行卸载程序删除应用程序。

对于该软件，可直接运行"开始"菜单中"所有程序"的"酷狗音乐 2012"程序组下的卸载酷狗音乐程序。

对于没有卸载程序的软件，可以通过控制面板的"程序和功能"来删除应用程序。

操作步骤：单击"控制面板"窗口的"程序和功能"链接，打开"程序和功能"窗口，如图 1.82 所示，列表中显示出当前已安装的所有程序。

图 1.82　"程序和功能"窗口

选择需要删除的程序，单击鼠标右键，在快捷菜单中选择"卸载"命令。系统弹出对话框，询问是否卸载程序。单击"是"按钮，系统执行卸载程序。

10. 添加 Windows 组件

具体要求：添加 Windows 附件下的游戏。

操作步骤：在"程序和功能"窗口中，单击"打开或关闭 Windows 功能"链接，打开"打开或关闭 Windows 功能"窗口。如图 1.83 所示，展开"游戏"选项，选中要安装的游戏前的复选框，单击"确定"按钮。系统开始安装选中的 Windows 组件。安装完成后，在"开始"菜单的"所有程序"的"游戏"下出现选中的游戏。

11. 设置用户账户

具体要求：添加一个新的管理员用户，用户名为"student"，设置密码为"pass"。

在 Windows 中可以创建多个用户账户。当多个用户使用同一台计算机时，可以保留不同的环境设置。也就是说，

图 1.83　"Windows 功能"窗口

以不同的用户账户登录后，其桌面、开始菜单的设置和个人文件夹的内容均不相同。

步骤 1　单击"控制面板"窗口中的"用户账户"链接，打开"用户账户"窗口。

步骤 2　在"用户账户"窗口中，单击"管理其他账户"链接，打开"管理账户"窗口。

步骤 3　在"管理账户"窗口中，单击"创建一个新账户"链接，打开"创建新账户"窗口，如图 1.84 所示。

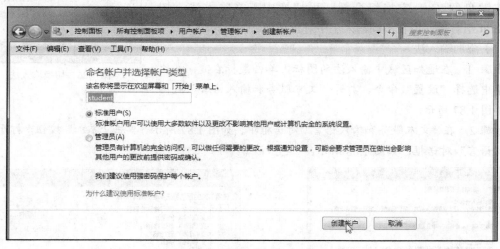

图 1.84　"创建账户"窗口

步骤 4　在"创建新账户"窗口中，在"名称"对话框中，输入账户的名称"student"，单击"标准用户"选项，单击"创建账户"按钮。

步骤 5　在"管理账户"窗口中，单击新建的账户"student"，打开"更改账户"窗口，单击"创建密码"链接，打开"创建密码"窗口，如图 1.85 所示。

步骤 6　在"创建密码"窗口中，两次输入密码，单击"创建密码"按钮。

图 1.85 "创建密码" 窗口

12. 设置输入法

（1）切换输入法

用鼠标单击通知区域中输入法的图标🔲，弹出菜单如图 1.86 所示，可从中选择一种中文输入法。

按键盘的 Ctrl+空格组合键，可切换中英文输入法。按 Ctrl+Shift 组合键，可在不同输入法中进行切换。

（2）添加输入法

步骤 1 在通知区域中输入法的图标上单击鼠标右键，在快捷菜单中选择"设置"命令，打开"文本服务和输入语言"对话框，如图 1.87 所示。

步骤 2 在"文本服务和输入语言"对话框中，如图 1.87 所示，单击"添加"按钮，打开"添加输入语言"对话框，如图 1.88 所示。

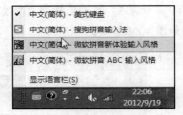

图 1.86 切换输入法

图 1.87 "文本服务和输入语言"对话框

图 1.88 添加输入语言

步骤 3　在"添加输入语言"对话框的列表框中选择要添加的输入法，单击"确定"按钮，则此输入法被添加。

如果用户需要安装王码五笔、搜狗拼音等输入法，需购买或下载其安装程序，才能进行安装。

（3）删除输入法

在"文本服务和输入语言"对话框中，选择要删除的输入法，单击"删除"按钮，则此输入法被删除。

（4）设置快捷键

在"文本服务和输入语言"对话框中，单击"高级键设置"选项卡，如图 1.89 所示。

首先在操作列表中选择需要设置快捷键的操作，如选择"切换到微软拼音输入法"。然后单击"更改按键顺序"按钮，打开"更改按键顺序"对话框。

如图 1.90 所示，选中"启用按键顺序"复选框，在下拉列表中选中"Ctrl+Shift"选项，在"键"下拉列表中选择"1"，单击"确定"按钮。则 Ctrl+Shift+1 键被指定为微软拼音输入法的快捷键。

图 1.89　"文本服务和输入语言"对话框　　　　图 1.90　"更改按键顺序"对话框

此外，在"文本服务和输入语言"对话框的"语言栏"选项卡中，可设置是否在桌面上显示语言栏、在语言栏上是否显示文本标签等选项。

13. 设置系统时间

具体要求：设置系统日期为 2012 年 10 月 1 日，系统时间为下午 6 点。

步骤 1　单击通知区域的"日期和时间"图标，在菜单中选择"更改日期和时间设置"链接，可打开"日期和时间"对话框。

步骤 2　在"日期和时间"对话框中，单击"更改日期和时间"链接，打开"日期和时间设置"对话框，如图 1.91 所示。

步骤 3　在"日期和时间设置"对话框中，将月份切换到"2012 年 10 月"，在日期列表中选择"1"。在时间数值框中输入 18：00：00，单击"确定"按钮。

图1.91　"日期和时间设置"对话框

14. 调整声音音量和声音方案

具体要求：调整声音音量，将 Windows 登录的声音设为 D 盘用户姓名文件夹下的"开机"文件。

步骤 1　单击通知区域的"音量"图标 ，

打开调整音量的面板。拖曳滑标上的小方块，可

调整声卡的音量。

步骤 2　在通知区域的"音量"图标上单击鼠标右键，在快捷菜单中选择"声音"命令，打开"声音"对话框，如图 1.92 所示。

步骤 3　在"声音"对话框的"程序事件"列表框中选择"Windows 登录"，在"声音"下拉列表中单击"浏览"按钮，在"查找文件"对话框中选择要设为开机声音的文件。

图1.92　"声音"对话框

单击"确定"按钮，设置完成后，Windows 登录时便会发出指定文件中的声音。

1.5　操 作 练 习

操作题一　Windows 的基本操作

1. 打开"计算机"窗口，将窗口最大化、最小化、还原。
2. 调整窗口的大小，移动窗口。
3. 打开"写字板"、"计算器"窗口，在窗口之间进行切换。

4. 将窗口进行层叠、并排和堆叠显示。

5. 将并排显示 3 个窗口时的屏幕复制为图片文件。

6. 通过"任务管理器"关闭计算机程序。

7. 关闭"计算器"、"写字板"窗口。

8. 设置桌面背景为 C 盘的 Windows 文件夹的 web 文件夹的 wallpaper 文件夹下的图片文件，并设置其位置居中。

9. 设置屏幕保护程序为"三维文字"，定义文字为"你好"，表面为"纯色"，自定义颜色为"黑色"。

10. 自定义"开始"菜单，将画图程序附到开始菜单，设置不显示个人文件夹。

11. 设置在任务栏的通知区域关闭时钟的图标。

操作题二　Windows 文件和磁盘的管理

1. 在 D 盘创建一个名为"MyFile"的文件夹，在此文件夹下再建立两个子文件夹"我的文本"和"我的图片"。

2. 用"记事本"建立一个文本文件"会议通知"，保存在"我的文本"文件夹下。

3. 在 Windows 文件夹下搜索文件名以 h 开头，扩展名为 jpg，文件大小为中的文件，复制到"我的图片"文件夹下。

4. 以缩略图方式查看"我的图片"文件夹下的文件，要求按文件大小从大到小的顺序排列。

5. 将文本文件"会议通知"移动到"MyFile"文件夹中。

6. 清空回收站。

7. 删除文本文件"会议通知"，再从回收站将其还原。

8. 将文本文件"会议通知"更名为"重要通知"。

9. 将"重要通知"设为隐藏属性。

10. 为文本文件"重要通知"创建桌面快捷方式。

11. 为文本文件"重要通知"创建"开始"菜单快捷方式，存放在附件的下面。

12. 将文本文件的默认打开方式设为 Word。

13. 查看 D 盘的属性，对其进行清理和碎片整理。

操作题三　设置控制面板

1. 设置屏幕分辨率为 1024×768 像素。

2. 查看本机的硬件配置情况。

3. 安装 Windows 自带的"internet 信息服务"程序。

4. 添加一个新的管理员用户，用户名为"学习者"，登录密码为"HELLO"。

5. 设置当前的系统日期为 2012 年 12 月 21 日，时间为上午 10∶00。

6. 设置当前声音为静音状态。

第2章
Word 2007 操作

2.1 基 本 概 念

Word 能做什么

Word 2007 是微软公司 Office 2007 组件之一。作为目前使用最普及的文字处理软件，它具有强大的文档管理、编辑排版、表格处理、图形处理等功能。使用 Word，能够方便地编排出图文并茂的文档，如公文、信函、合同、论文、书籍、报刊等。

Word 窗口的组成

Word 窗口由标题栏、快速访问工具栏、功能区、工作区和状态栏组成，如图 2.1 所示。

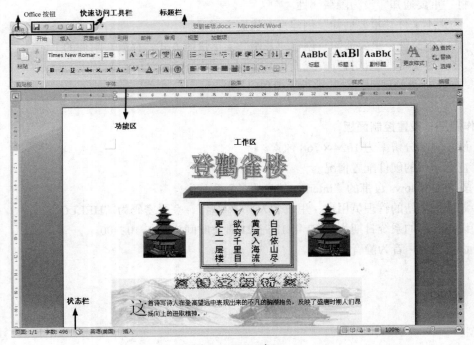

图 2.1 Word 窗口

- 标题栏：标题栏在窗口的最上面，包含了应用程序名"Microsoft Word"和正在被编辑的文档名。标题栏的最左边是 Office 按钮，最右边是最小化按钮、还原按钮和关闭按钮。单击 Office 按钮，打开菜单如图 2.2 所示，包含新建、打开、保存等菜单项，并显示最近使用的文件。

- 快速访问工具栏：工具栏中的每个按钮都对应一个常用的功能。将鼠标指向某个工具栏按钮，按钮下方会出现一个标签显示该按钮的功能。单击该按钮，就可以执行对应的操作。单击工具栏右边的"自定义快速访问工具栏"按钮，可设置在工具栏中显示或隐藏哪些按钮，如图 2.3 所示。前面带勾号，表示在工具栏中显示此按钮。取消勾号，则隐藏此按钮。选择"在功能区下方显示"，则工具栏被移动到功能区下方。

图 2.2　Office 按钮菜单

图 2.3　快速访问工具栏

- 功能区：功能区由选项卡和选项组构成，如图 2.4 所示。选项卡面向任务，分为"开始"、"插入"、"页面布局"等。单击一个选项卡时，在其下方就会显示它所对应的多个选项组，每组由相关的命令按钮组成。例如，单击"开始"选项卡，下面就会显示"字体"、"段落"、"样式"等选项组。通过选项组的按钮，可进行相关的设置。如果用户习惯使用对话框进行设置，单击选项组右下方的 按钮即可。例如，单击"段落"右边的 按钮，可打开"段落"对话框。

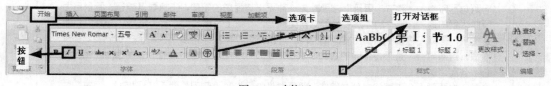

图 2.4　功能区

随着我们所选择的操作对象的不同，功能区可以自动打开该对象的对应编辑工具。例如，当选中文档中的图片时，标题栏自动出现"图片工具"，功能区打开"格式"选项卡。单击该选项卡，显示对应的选项组，如图 2.5 所示。

如果用户希望工作区有更大的空间，可以双击功能区的选项卡，将选项组隐藏起来。当要使用工具栏的按钮时，只要单击相应的选项卡，即可调出隐藏的选项组。

图 2.5　选中图片对象后的功能区

- 工作区：工作区是输入、编辑文本内容的区域。它位于 Word 窗口中心位置，以白色显示。工作区内有一个不停闪烁的竖直线，称为插入点，用来指示下一个要输入的字符将出现的位置。
- 状态栏：状态栏位于窗口的下方，如图 2.6 所示，显示文档的页数、当前的页码、文档的字数等信息。状态栏右侧有视图快捷方式按钮，可以按不同的模式来查看文件；还有缩放滑块，可设置文档的显示比例。在状态栏上单击鼠标右键，打开快捷菜单，可设置在状态栏中显示哪些项目。

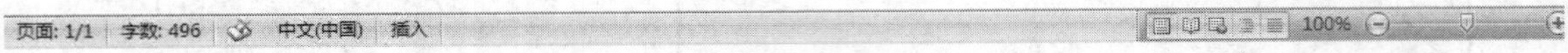

图 2.6　状态栏

2.2　文档的建立与编辑

2.2.1　案例分析

本实例示范启动和退出 Word，文档的建立、打开和保存，文本的输入、删除、移动、替换等操作。同时，还介绍 Office 多重剪贴板的使用和多文档的切换。编辑后的文档如图 2.7 所示。

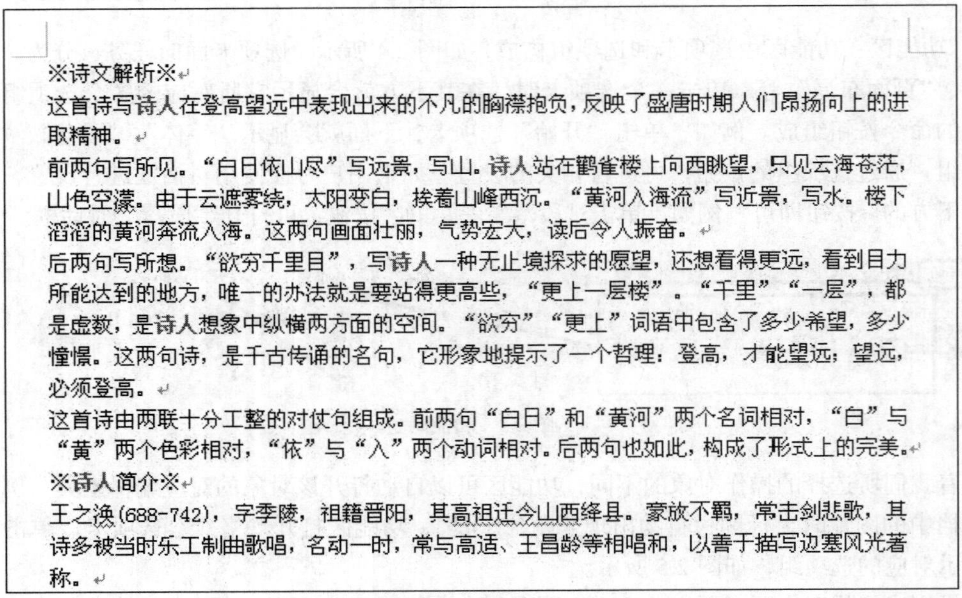

※诗文解析※
这首诗写诗人在登高望远中表现出来的不凡的胸襟抱负，反映了盛唐时期人们昂扬向上的进取精神。
前两句写所见。"白日依山尽"写远景，写山。诗人站在鹳雀楼上向西眺望，只见云海苍茫，山色空濛。由于云遮雾绕，太阳变白，挨着山峰西沉。"黄河入海流"写近景，写水。楼下滔滔的黄河奔流入海。这两句画面壮丽，气势宏大，读后令人振奋。
后两句写所想。"欲穷千里目"，写诗人一种无止境探求的愿望，还想看得更远，看到目力所能达到的地方，唯一的办法就是要站得更高些，"更上一层楼"。"千里""一层"，都是虚数，是诗人想象中纵横两方面的空间。"欲穷""更上"词语中包含了多少希望，多少憧憬。这两句诗，是千古传诵的名句，它形象地提示了一个哲理：登高，才能望远；望远，必须登高。
这首诗由两联十分工整的对仗句组成。前两句"白日"和"黄河"两个名词相对，"白"与"黄"两个色彩相对，"依"与"入"两个动词相对。后两句也如此，构成了形式上的完美。
※诗人简介※
王之涣(688-742)，字季陵，祖籍晋阳，其高祖迁今山西绛县。豪放不羁，常击剑悲歌，其诗多被当时乐工制曲歌唱，名动一时，常与高适、王昌龄等相唱和，以善于描写边塞风光著称。

图 2.7　编辑后的文档

设计要求：

（1）启动 Word，录入文档内容；

（2）保存文件，退出 Word；

（3）打开文档；

（4）插入文本；

（5）插入文件；

（6）插入符号；

（7）删除文本；

（8）撤销操作；

（9）移动文本；

（10）查找和替换；

（11）另存为文件；

（12）新建文件；

（13）Office 剪贴板。

2.2.2　设计步骤

1. 启动 Word，录入文档内容

具体要求：启动 Word，输入文本如图 2.8 所示。

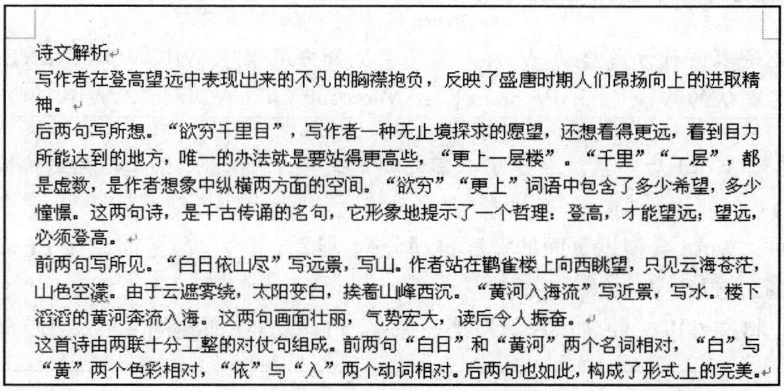

诗文解析

写作者在登高望远中表现出来的不凡的胸襟抱负，反映了盛唐时期人们昂扬向上的进取精神。

后两句写所想。"欲穷千里目"，写作者一种无止境探求的愿望，还想看得更远，看到目力所能达到的地方，唯一的办法就是要站得更高些，"更上一层楼"。"千里""一层"，都是虚数，是作者想象中纵横两方面的空间。"欲穷""更上"词语中包含了多少希望，多少憧憬。这两句诗，是千古传诵的名句，它形象地提示了一个哲理：登高，才能望远；望远，必须登高。

前两句写所见。"白日依山尽"写远景，写山。作者站在鹳雀楼上向西眺望，只见云海苍茫，山色空濛。由于云遮雾绕，太阳变白，挨着山峰西沉。"黄河入海流"写近景，写水。楼下滔滔的黄河奔流入海。这两句画面壮丽，气势宏大，读后令人振奋。

这首诗由两联十分工整的对仗句组成。前两句"白日"和"黄河"两个名词相对，"白"与"黄"两个色彩相对，"依"与"入"两个动词相对。后两句也如此，构成了形式上的完美。

图 2.8　输入的原始文字

步骤 1　用户可以通过下列方式启动 Word。

- 单击屏幕左下角的"开始"按钮，选择"所有程序"|"Microsoft Office"|"Microsoft Office Word 2007"命令，如图 2.9 所示。

- 双击桌面上的 Word 的快捷图标  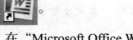 。

如果桌面上没有 Word 的快捷图标，在"Microsoft Office Word 2007"命令上单击鼠标右键，弹出快捷菜单，如图 2.10 所示，在快捷菜单中选择"发送到"|"桌面快捷方式"命令，即在桌面上创建了一个 Word 的快捷图标。

- 在"我的电脑"或"计算机"中双击任一个 Word 文件，则启动 Word，同时打开指定的 Word 文档。

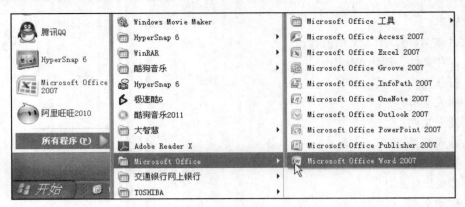

图 2.9　启动 Word

图 2.10　创建 Word 桌面快捷方式

Word 程序对应的文件名

无论以何种方式启动 Word，都是在执行应用程序 WINWORD.EXE。

其默认的路径是 C:\Program Files\Microsoft Office\Office12\WINWORD.EXE。

步骤 2　启动 Word 后，系统新建了一篇文档"文档 1"，用户可直接在文档编辑区输入文档的内容。

输入文本时，Word 会根据页面的宽度自动分行。当结束一个段落时，按 Enter 键。

2. 保存文档，退出 Word

具体要求： 将文件以文件名"登鹳雀楼"保存到 D 盘自己所建的文件夹中，退出 Word。

保存文件

在文件编辑过程中，所做的工作都是在内存中进行的。如果计算机突然断电或死机，而文件未保存，可能造成文件的丢失。因此，用户要及时保存文件。

所谓保存文件是指将文件写入磁盘（硬盘、软盘或可移动磁盘）中。

如果保存新建的文件，系统会打开"另存为"窗口，用户对文件命名，并确定保存位置。

文件被保存过一次以后，再次执行保存操作时，Word 将修改后的内容直接覆盖在原来保存的文件上。

步骤 1　选择 Office 按钮下的"保存"命令或单击快速访问工具栏中的"保存"按钮，打开"另存为"对话框。

步骤 2　在"另存为"对话框中，在"保存位置"下拉列表中选择合适的保存文件夹，在"文件名"文本框输入"登鹳雀楼"，在"保存类型"下拉列表中选择"Word 文档"，如图 2.11 所示，单击"保存"按钮。

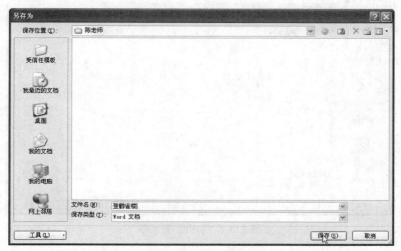

图 2.11　"另存为"对话框

步骤 3　选择 Office 按钮下的"退出 Word"命令，退出 Word。

新建文件夹

在"另存为"对话框中，用户可以新建文件夹。

将保存位置切换到用户需要建立文件夹的位置，单击"新建文件夹"按钮，打开"新文件夹"对话框，如图 2.12 所示，在"名称"文本框中输入新文件夹的名称，单击"确定"按钮，选定位置将新建一个文件夹，保存位置也会切换到新建的文件夹。

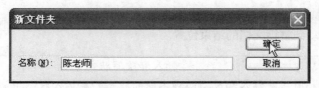

图 2.12　"新文件夹"对话框

3. 打开文档

具体要求：打开"登鹳雀楼"文档。

用户需要编辑磁盘中的文档时，首先必须打开此文档，即将文档从磁盘调入内存。

操作步骤：用户可以通过下列方式打开文档。

➢ 在"我的电脑"中选中 Word 文档，双击鼠标，系统将启动 Word，并打开选中的文档。

➢ 首先启动 Word，再选择 Office 按钮下的"打开"命令或单击快速访问工具栏中的"打开"按钮，打开"打开"对话框，如图 2.13 所示。在"查找范围"下拉列表中选择文件所在的文件夹，在列表框中选中要打开的文件，单击"打开"按钮，打开指定的文档。

➢ 默认情况下，Office 按钮下会显示出用户最近编辑过的 17 个 Word 文档的名称。用户单击这些文件名，可打开对应的文件。

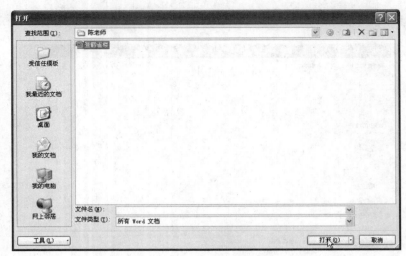

图 2.13 "打开"对话框

4. 插入文本

具体要求：在文档的第二段开始处插入文本"这首诗"。

操作步骤：鼠标指向第二段的开始处，单击鼠标，将插入点定位到此处，直接输入文字"这首诗"。

用户也可以通过键盘的快捷键移动插入点：

<←> 向左移动一个字符。　　　　　　<→> 向右移动一个字符。

<↑> 向上移动一行。　　　　　　　　<↓> 向下移动一行。

<Home>移动到所在行的首位置。　　　<End>移动到所在行的末位置。

<Page Up>往前翻一屏。　　　　　　　<Page Down>往后翻一屏。

<Ctrl>+<Home>移动到整篇文档的开始位置。

<Ctrl>+<End>移动到整篇文档的结束位置。

插入和改写状态

知识点

编辑文档时，有插入和改写两种不同的状态。在插入状态下，输入文字时，后面的文字向后移动；在改写状态下，输入文字时，后面的文字被删除。

按键盘上的 Insert 键，或单击状态栏上的插入/改写标志，可切换两种状态。

当状态栏上显示 插入 标志时，表示处于插入状态；显示 改写 时，表示处于改写状态。Word 默认的编辑状态为插入状态。注意：有些输入法不支持改写状态。

---

5. 插入文件

具体要求：在文件尾部插入 Word 文档"作者简介"的全部内容。

操作步骤：将插入点定位到文件尾部，在"插入"选项卡的"文字"组中，单击"对象"旁

边的箭头，然后单击"文件中的文字"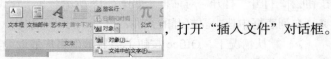，打开"插入文件"对话框。

如图 2.14 所示，在 "查找范围"下拉列表中选择要插入的文件所在的文件夹，在列表框中选中要插入的文件"作者简介"，单击"插入"按钮，则"作者简介"的全部内容粘贴在插入点之后。

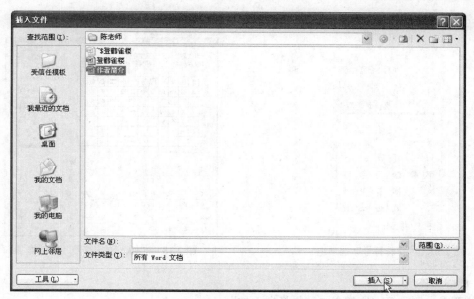

图 2.14　"插入文件"对话框

6. 插入符号

具体要求： 在文字"诗文解析"和"作者简介"的两旁插入符号※。

操作步骤： 将插入点定位到要插入符号的位置，用户可以通过下列方式插入符号。

➢ 在"插入"选项卡的"符号"组中，单击"符号"按钮，如图 2.15 所示，在下拉列表中单击要插入的符号。

如果要插入的符号不在列表中，单击"其他符号..."，打开"符号"对话框，如图 2.16 所示。首先选择字体，然后在列表中选择要插入的符号，单击"插入"按钮。如果使用的是扩展字体，则会出现"子集"列表，可以从语言字符的扩展列表中进行子集的选择。

图 2.15　插入符号

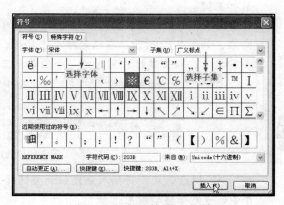

图 2.16　"插入符号"对话框

➢ 在"插入"选项卡的"特殊符号"组，如图 2.17 所示，也可以插入所需的符号。单击"符号"旁边的箭头，在下拉列表中单击要插入的符号。如果没有所需的符号，单击"更多..."，打开"插入特殊符号"对话框，如图 2.18 所示。特殊符号包括了标点符号、特殊符号、数学符号、单位符号、数字序号以及拼音 6 大种类，在对应的种类下选择需要插入的符号即可。

如果要在特殊符号的选项组上显示符号※，单击"显示符号栏"命令，在对话框的下部显示出符号栏，将符号※拖曳到符号栏上，单击“确定”按钮。

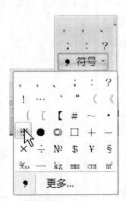

图 2.17　“特殊符号”选项组

自定义符号栏
单位符号
数字序号
拼音
标点符号
特殊符号
数学符号
确定
取消
隐藏符号栏(S)
重设符号栏(R)

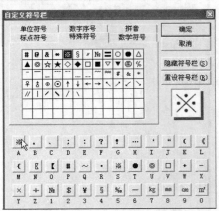

图 2.18　“插入特殊符号”对话框

7. 删除文本

具体要求：删除第一段的文本“昂扬向上的”

操作步骤：用户可以通过下列方式删除文本。

➢ 将插入点定位到“昂扬向上的”后面，按←键（回退键）逐个地删除插入点左边的字符。

➢ 将插入点定位到“昂扬向上的”前面，按 Delete 键逐个地删除插入点右边的字符。

➢ 将鼠标指向要删除文本的起始位置，按下鼠标左键不动，拖曳鼠标至要删除文本的结束位置，选中了要删除的文本昂扬向上的。按下键盘的 Delete 键或←键，删除选定的文本。

技巧

文本选定

在对文本进行编辑或格式化之前，首先应选定文本。选定文本可采取以下几种方法。

➢ 鼠标拖动：将鼠标移动到要选择文本的开始，拖曳到要选择文本的结尾，松开鼠标左键。

➢ 选定栏选定：选定栏位于文本区的最左端，当鼠标移到此区域，鼠标方向转为向右，如图 2.19 所示。在选定栏单击鼠标，可选择一行文本；拖曳鼠标，可选定连续的多行文本；双击鼠标，可选定一个段落：三击鼠标，可选择所有文本。

选定栏
后两句写所想。“欲穷千里目”，写作者一种无止境探求的愿望，还想看得更远，看到目力所能达到的地方，唯一的办法就是要站得更高些，“更上一层楼”。“千里”“一层”，都是虚数，是作者想象中纵横两方面的空间。“欲穷”“更上”词语中包含了多少希望，多少憧憬。这两句诗，是千古传诵的名句，它形象地提示了一个哲理：登高，才能望远；望远，必须登高。
前两句写所见。“白日依山尽”写远景，写山。作者站在鹳雀楼上向西眺望，只见云海苍茫，

图 2.19　选定栏选定文本

➢ 键盘选定：将插入点定位到要选择文本的开始，按住 Shift 键不动，再按键盘上↑↓←→光标移动键来选择。

➢ 选定技巧：单击要选择文本的开始，按 Shift 键不动，再单击要选择文本的结束，可选定连续的大段文本。

在选择文本时，按 Ctrl 键不动，可选择多项不连续的文本。

定位插入点到要选择文本的一角，按下 Alt 键不动拖曳鼠标，如图 2.20 所示，可按列选定竖块文本。

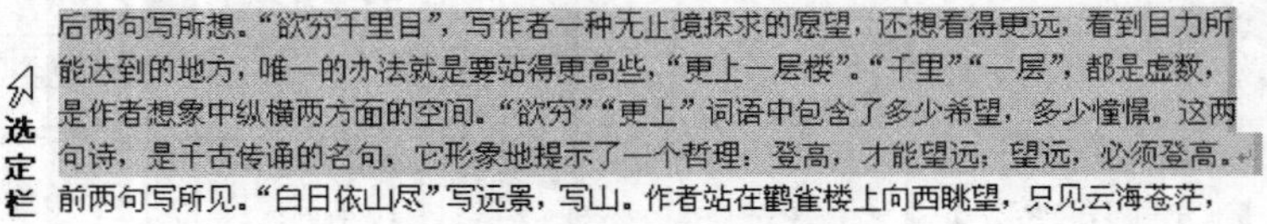

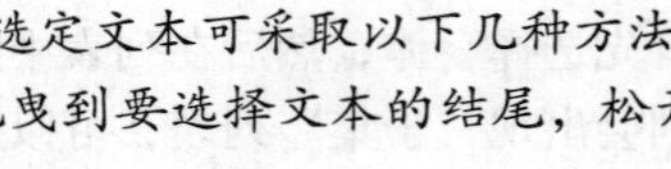

后两句写所想。“欲穷千里目”，写作者一种
能达到的地方，唯一的办法就是要站得更高
是作者想象中纵横两方面的空间。“欲穷”“
句诗，是千古传诵的名句，它形象地提示了

图 2.20　选定竖块文本

8. 撤销操作

具体要求：撤销刚才的删除操作。

操作步骤：单击快速访问工具栏的"撤销"按钮 ⟲ ，取消删除操作。

撤销和恢复

　　用户在编辑文档时，难免会出现一些误操作。Word 可以记忆操作状态，帮助用户撤销多次操作，恢复到误操作前的状态。

多次单击撤消按钮，可以逐步撤销操作。

单击撤消按钮右边的小三角形，如图 2.21 所示，在打开的下拉列表中显示用户最近的操作，用户可选择要撤销的多次操作。

如果用户撤销了不该撤销的操作，单击快速访问工具栏的"恢复"按钮 ⟳ ，可重新执行被撤销的操作。

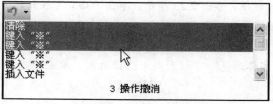

图 2.21　撤销多次操作

9. 移动文本

具体要求：将第三段（后两句……）移到第四段（前两句……）的后面。

用户可以通过以下两种方法来移动文本。

● 直接拖曳文本

步骤 1　将鼠标移到第三段文本的选定栏，双击鼠标，选定第三段。

步骤 2　将鼠标移到第二段文本上，按下鼠标左键不动，拖曳鼠标，如图 2.22 所示，此时鼠标指针变为 ，同时显示一根虚线表示移动文本的目标位置。将鼠标拖曳到第四段的后面，释放鼠标。

写作者在登高望远中表现出来的不凡的胸襟抱负，反映了盛唐时期人们昂扬向上的进取精神。

后两句写所想。"欲穷千里目"，写作者一种无止境探求的愿望，还想看得更远，看到目力所能达到的地方，唯一的办法就是要站得更高些，"更上一层楼"。"千里""一层"，都是虚数，是作者想象中纵横两方面的空间。"欲穷""更上"词语中包含了多少希望，多少憧憬。这两句诗，是千古传诵的名句，它形象地提示了一个哲理：登高，才能望远；望远，必须登高。

前两句写所见。"白日依山尽"写远景，写山。作者站在鹳雀楼上向西眺望，只见云海苍茫，山色空濛。由于云遮雾绕，太阳变白，挨着山峰西沉。"黄河入海流"写近景，写水。楼下滔滔的黄河奔流入海。这两句画面壮丽，气势宏大，读后令人振奋。

这首诗由两联十分工整的对仗句组成。前两句"白日"和"黄河"两个名词相对，"白"与"黄"两个色彩相对，"依"与"入"两个动词相对。后两句也如此，构成了形式上的完美。

图 2.22　移动文本

● 利用剪贴板

步骤 1　选定要移动的文本。

步骤 2　单击"开始"选项卡的"剪贴板"选项组的"剪切"按钮 ✂（快捷键 Ctrl+X），或在选定的文本上按鼠标右键，弹出快捷菜单，选择"剪切"命令。

步骤 3　移动插入点到目标位置，单击"剪贴板"选项组的"粘贴"按钮 （快捷键 Ctrl+V），或在插入点处按鼠标右键，弹出快捷菜单，选择"粘贴"命令，则选定的文本移到了目标位置。

10. 查找和替换

具体要求：将文中所有的文本"作者"替换为文本"诗人"，并将"诗人"的字体格式替换为红色、加粗。

在文档编辑过程中，用户往往需要查找某些字符，或要将指定的文本用其他文本替换。如果手工查找，既费时又难免有遗漏之处。利用 Word 的查找和替换功能，可以方便快速地进行此操作。

步骤 1　将插入点定位到文本的开头，单击"开始"选项卡的"编辑"选项组的"替换"按钮，打开"查找和替换"对话框。

步骤 2　在"查找和替换"对话框中，选择"替换"选项卡，如图 2.23 所示，在"查找内容"文本框中输入"作者"，在"替换为"文本框中输入"诗人"。

步骤 3　将插入点定位在"替换"文本框中，单击"高级"按钮，进一步展开"查找和替换"对话框。如图 2.23 所示，单击"格式"按钮的小三角形，在打开的列表中选择"字体"，打开"替换字体"对话框。

步骤 4　在"替换字体"对话框中，如图 2.24 所示，在"字形"列表框中选择"加粗"，在"字体颜色"下拉列表中选择红色，单击"确定"按钮，关闭此对话框。

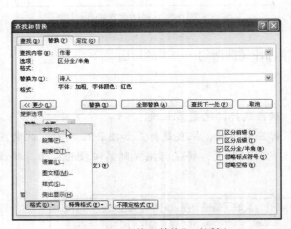

图 2.23　"查找和替换"对话框

图 2.24　"替换字体"对话框

步骤 5　在"查找和替换"对话框中，单击"全部替换"按钮。

系统打开对话框提示 5 处文本被替换，如图 2.25 所示，单击"确定"按钮。

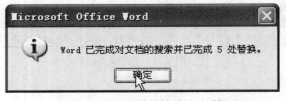

图 2.25　显示"替换结果"对话框

部分替换

如果用户不需要全部替换文档中所有满足查找条件的文本，可以有选择性地进行替换。

在"查找和替换"对话框中，单击"查找下一处"按钮，当前被选中的文本将不被替换，而单击"替换"按钮，当前被选中的文本替换为新文本。两种操作都将选中下一处满足查找条件的文本。

11. 另存为文档

具体要求：将文件另存为文件"白日依山尽"。

如果要将正在编辑的文档以其他的名字保存或保存到磁盘的其他位置，可选择"另存为"命令来实现。

步骤 1　选择 Office 按钮下的"另存为"命令，打开"另存为"对话框，如图 2.26 所示。

步骤 2　在"另存为"对话框中，在"保存位置"下拉列表中选择要保存文件的文件夹，在"文件名"文本框输入"白日依山尽"，单击"保存"按钮。

另存为其他文件后，以前打开的文件"登鹳雀楼"中没有保存刚才所做的修改，而且文件已被关闭。当前打开的文件是另存时所指定的"白日依山尽"文档。

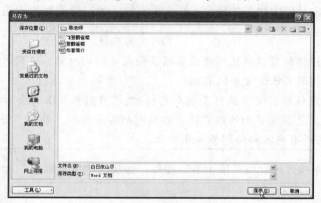

图 2.26　"另存为"对话框

另存为其他格式的文件

在"另存为"对话框中，在"保存类型"下拉列表中选择其他的文件类型，可将文件转换为 txt（纯文本）、html（网页）等其他格式的文件。

12. 新建文档

具体要求：新建一空白文档。

操作步骤：单击快速访问工具栏中的"新建"按钮，直接新建一个空白文档。

选择 Office 按钮下的"新建"命令，打开"新建文档"对话框，如图 2.27 所示。选择"空白文档"选项，单击"创建"按钮，系统新建一个空白文档。

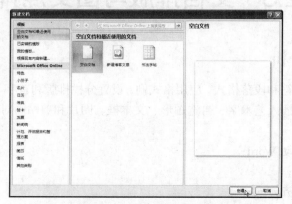

图 2.27　"新建文档"对话框

图2.28　切换窗口

技巧

多文档操作

Word允许同时打开多个文档。每打开一个文档，任务栏中产生一个新的按钮，可以通过任务栏的按钮来切换文档。

单击"视图"选项卡的"窗口"选项组的"切换窗口"下面的箭头，如图2.28所示，列出了所有已经打开的文档名，带有勾号的是当前编辑的文档。用户可以通过单击文档名，实现文档的切换。

13. Office剪贴板

具体要求：将"白日依山尽"的最后一段、第五段、第二段复制到新建文档中。

Office剪贴板

Office提供的剪贴板能够存放多项复制或剪切的内容，使用户有选择性地粘贴，还可实现在不同的Office文档间粘贴。

打开剪贴板后，每次执行复制或剪切时，"剪贴板"上都会出现一个相应的图标。单击此图标，复制或剪切的内容就会粘贴到插入点后面。单击"全部粘贴"按钮，可将"剪贴板"的所有内容粘贴到插入点后面。

步骤1　单击任务栏上的"白日依山尽"按钮，切换到"白日依山尽"文件。

步骤2　单击"开始"选项卡的"剪贴板"选项组的右下角的箭头，打开剪贴板。

步骤3　选中第二段，单击"剪贴板"选项组的"复制"按钮，或在选中的文本上单击鼠标右键，在快捷菜单中选择"复制"命令。

步骤4　用同样的方式，分别将第五段和最后一段复制到剪贴板中，如图2.29所示。

步骤5　切换到新建文档，打开剪贴板，依次单击要粘贴的项目，则项目中的内容粘贴到新建文档的插入点后面。

图2.29　剪贴板

2.3　文档排版与图文混排

2.3.1　案例分析

本实例示范设置字符和段落格式，应用格式刷，设置分栏排版和首字下沉，设置边框和底纹。同时重点介绍在文档中插入艺术字、自选图形、文本框、图片和剪贴画对象。

设计要求：

（1）打开文档并启动Word；

（2）设置字符格式；

（3）设置段落的对齐方式；

（4）应用格式刷；

（5）设置段落的行距和段间距；

（6）设置段落缩进；

（7）设置首字下沉；

（8）设置分栏；

（9）设置边框和底纹；

（10）插入画布；

（11）插入艺术字；

（12）插入自选图形；

（13）插入文本框；

（14）设置文本框格式；

（15）设置项目符号；

（16）插入剪贴画；

（17）插入图片；

（18）设置图片格式。

编辑后的文档如图 2.30 所示。

图 2.30　编辑后的文档

2.3.2　设计步骤

1. 打开文档并启动 Word

具体要求：打开"计算机"，打开文档"白日依山尽"并启动 Word。

步骤1　单击桌面上的"计算机"图标，打开"计算机"窗口。

步骤2　在"计算机"窗口中，如图 2.31 所示，在左窗格选择文档所在的文件夹，在右边的文件列表窗格中选中"白日依山尽"文件图标，双击鼠标，启动 Word 并打开"白日依山尽"文档。

2. 设置字符格式

具体要求：选中"诗文解析"4 个字，设其字体为华文彩云，字号为三号，字形加粗，颜色为蓝色，加波浪线，设置阴影效果，字符缩放为 150%，间距为 5 磅。

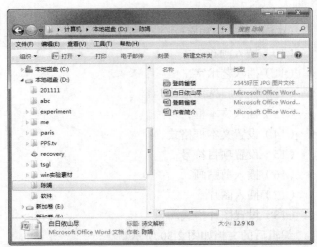

图 2.31　"计算机"窗口

字符格式

字符格式包括设置文字的字体、字号、字形、颜色，加下划线、着重符，设置阴影、空心、上标、下标等特殊效果，以及对字符缩放，调整字符间距等。

所谓字体就是字符在屏幕上的书写形式。Word 中有常用的宋体、黑体、楷体等中文字体，也提供了 Times New Roman、Arial 等英文字体。

所谓字号就是字符的规格大小，以字符在一行中垂直方向上所占用的点来表示。字号大小可用磅作为度量单位，1 磅为 1/72 英寸，约为 0.3527mm，字号的磅值最大为 72，最小为 5。也可用号作为度量单位，字号最大为初号，最小为八号。

字形是指加粗、倾斜、加粗且倾斜等形式。

知识点

字符格式化可以使用"开始"选项卡的"字体"选项组来完成，如图 2.32 所示，也可用"字体"对话框设置。

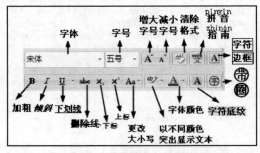

图 2.32　"格式"工具栏

步骤1　将鼠标移到第一行的左侧，当鼠标指针变为向右的箭头时，单击鼠标选中此行。

步骤2　在"字体"选项组的"字体"下拉列表中选择"华文彩云"，在"字号"列表中选择

"三号"。

步骤 3　单击"字体"选项组的"加粗"按钮 **B**，使按钮被按下。

"字体"选项组的"加粗"、"倾斜"等都是开关按钮，单击按钮时，按钮被按下，起控制作用，再次单击时，按钮弹起，其控制失效。

步骤 4　单击"字体"选项组的"下划线"按钮 U 右边的小三角形，如图 2.33 所示，在下拉菜单中选择"波浪线"。

步骤 5　单击"字体"选项组的"字体颜色"按钮 A 右边的小三角形，如图 2.34 所示，在下拉菜单中选择蓝色。

上述格式设置也可以通过浮动菜单来设置：选中文字后，在文字的右上角会自动出现一个"字体"的浮动菜单，如图 2.35 所示。可以在该菜单中对选中的文字设置字体格式。

图 2.33　设置下划线

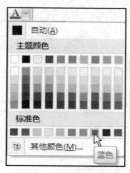

图 2.34　设置颜色

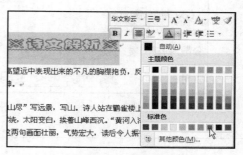

图 2.35　通过浮动菜单设置格式

步骤 6　单击"字体"选项组的右下角的箭头，打开"字体"对话框。或在选中的文字上按鼠标右键，弹出快捷菜单，选择"字体"命令，打开"字体"对话框。

步骤 7　在"字体"对话框中，选择"字体"选项卡，如图 2.36 所示。选中"效果"下的"阴影"复选框。

步骤 8　在"字体"对话框中，选择"字符间距"选项卡，如图 2.37 所示。在"缩放"下拉列表中选择"150%"，则字的宽度变为原来的 1.5 倍（高度不变）。

图 2.36　"字体"对话框的"字体"选项卡

图 2.37　"字体"对话框的"字符间距"选项卡

在"间距"下拉列表中选择"加宽"，在"磅值"数值框输入"5磅"，则选定文字之间的间隔就增大了。

字符缩放也可以通过单击"段落"选项组的"中文版式"按钮，在下拉菜单中选择"字符缩放"来实现。

3. 设置段落的对齐方式

具体要求：将"诗文解析"设为居中对齐。

操作步骤：将插入点定位到第一行的任意位置，单击"段落"选项组的"居中"按钮 ≡。

段落的对齐方式一般有5种，可通过格式工具栏的对应按钮来实现，如图2.38所示。

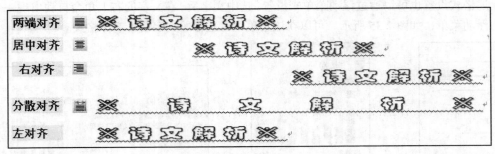

图2.38　对齐方式

段落格式

在Word中，段落是文字、图形、对象或其他项目的集合，以回车符为段落标记。段落格式包括文本对齐、段落缩进、行距、段间距等。

段落格式可通过"开始"选项卡的"段落"选项组（见图2.39）和"页面布局"选项卡的"段落"选项组（见图2.40）来实现。

若只对一个段落设置格式，无须选中该段落，只要将光标置于该段落中即可。若同时对多个段落设置格式，则需要选中多个段落。

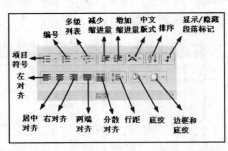

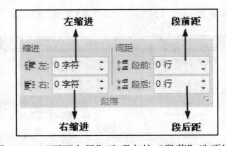

图2.39　"开始"选项卡的"段落"选项组　　图2.40　"页面布局"选项卡的"段落"选项组

---

4. 应用格式刷

具体要求：应用格式刷将"诗文解析"的格式复制到"诗人简介"。

应用格式刷可以将选定文字的字符和段落格式复制到目标文字上。

步骤1　选中第一行，单击"开始"选项卡的"剪贴板"选项组的"格式刷"按钮，此时鼠标指针变为。

步骤2　鼠标指向"诗人简介"起始处，按下鼠标左键不动，拖曳鼠标到文档的结束处，则其文字格式设为和第一行相同。

多处复制格式

如果要将一种格式复制到多处文本上，首先选中需要复制格式的文本，然后双击"格式刷"按钮，再将鼠标指针"刷"到各处需要设置为相同格式的文本上。最后，单击"格式刷"按钮，使鼠标指针变为正常的状态。

此外，按 Ctrl+Shift+C 组合键可复制格式，按 Ctrl+Shift+V 组合键可粘贴格式。

---

5. 设置段落的行距和段间距

具体要求：设置全文为 1.2 倍行距，段后距设为 15 磅。

段间距和行距

段间距是指段落与段落之间的距离，包括本段与上一段之间的段前距，以及本段与下一段之间的段后距；行距是指段落内行与行之间的距离。

步骤 1　按 Ctrl+A 组合键，选中全文。

步骤 2　单击"段落"选项组右下角的箭头，或在选中的文字上按鼠标右键，弹出快捷菜单，选择"段落"命令，打开"段落"对话框。如图 2.41 所示，在"段后"数值框中输入"15 磅"，在"行距"下拉列表中选择"多倍行距"，在"设置值"数值框中输入"1.2"。

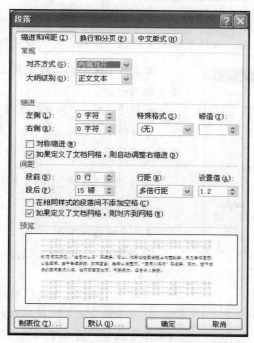

图 2.41　"段落"对话框设置段间距和行距

此外，可直接通过"开始"选项卡的"段落"选项组的"行距"按钮 ≣▾（见图 2.39）来设置行距，通过"页面布局"选项卡的"段落"选项组的"段后"文本框（见图 2.40）来实现设置段后距。

6. 设置段落缩进

具体要求：设置正文首行缩进 2 字符。

段落缩进

段落缩进是指正文与页边距之间的距离。

如图 2.42 所示，左缩进是整个段落离左边距缩进指定的距离，右缩进是整个段落离右边距缩进指定的距离，首行缩进是段落的第一行向内缩进指定的距离，悬挂缩进是段落除第一行以外的其他行向内缩进指定的距离。

知识点

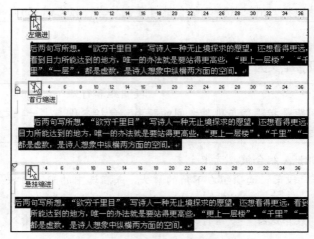

图 2.42　段落缩进

通过段落对话框，或拖曳标尺上对应的滑标，可设置段落缩进。

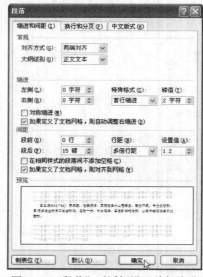

图 2.43　"段落"对话框设置首行缩进

步骤 1　选中第二段至第五段，按住 Ctrl 键不动，再选中最后一段。

步骤 2　单击"段落"选项组右下角的箭头，打开"段落"对话框。如图 2.43 所示，在"特殊格式"下拉列表中选择"首行缩进"，在"度量值"数值框中输入"2 字符"。

或直接拖曳标尺上的"首行缩进"滑标 ，以设置首行缩进。

7. 设置首字下沉

具体要求：设置第二段（这首诗……）首字下沉 2 字符。

步骤 1　将插入点定位到第二段的任意位置，单击"插入"选项卡的"文本"选项组的"首字下沉"按钮，在下拉菜单中选择"首字下沉选项"命令，打开"首字下沉"对话框。

步骤 2　在"首字下沉"对话框中，如图 2.44 所示，在"位置"中选择"下沉"，在"下沉行数"数值框中输入"2"。

首字下沉后的效果如图 2.45 所示。

若用户要取消首字下沉，只需在"首字下沉"按钮的下拉菜单中选择"无"即可。

首字下沉
位置
无(N)
下沉(D)
悬挂(M)
选项
字体(F):
宋体
下沉行数(L):
2
距正文(X):
0 厘米
确定
取消

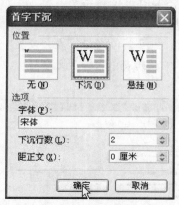

图 2.44　“首字下沉”对话框

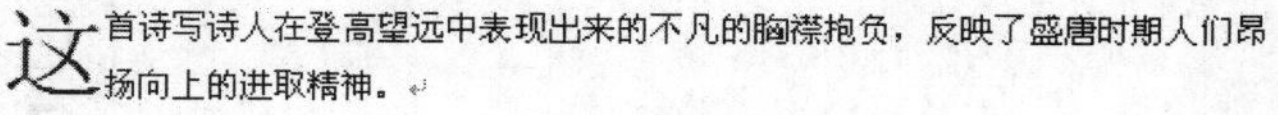

这首诗写诗人在登高望远中表现出来的不凡的胸襟抱负，反映了盛唐时期人们昂扬向上的进取精神。

图 2.45　首字下沉效果

8. 设置分栏

具体要求：将最后一段的字体设为楷体，字号设为小四。设置为两栏显示，中间有分隔线。

Word 可对文档设置类似于报纸、杂志排版的多栏版式，使版面更加美观。

步骤 1　选中最后一段，在“字体”选项组的“字体”下拉列表中选择“楷体”，“字号”列表中选择“小四”。

步骤 2　单击“页面布局”选项卡的“页面设置”选项组的“分栏”按钮，在下拉菜单中选择“更多分栏”命令，打开“分栏”对话框。

步骤 3　在“分栏”对话框中，如图 2.46 所示，在“预设”中选择“两栏”，选中“分隔线”复选框。

分栏后的效果如图 2.47 所示。

若用户要取消分栏，只需在“分栏”下拉菜单中选择“一栏”即可。

分栏
预设
一栏(O)
两栏(W)
三栏(T)
偏左(L)
偏右(R)
确定
取消
分隔线(B)
栏数(N):
2
宽度和间距
栏(C):
宽度(I):
间距(S):
1:
18.76 字符
2.02 字符
2:
18.76 字符
预览
栏宽相等(E)
应用于(A):
本节
开始新栏(U)

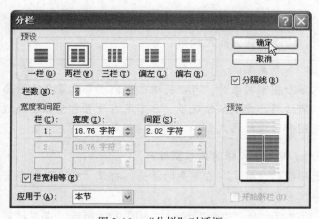

图 2.46　“分栏”对话框

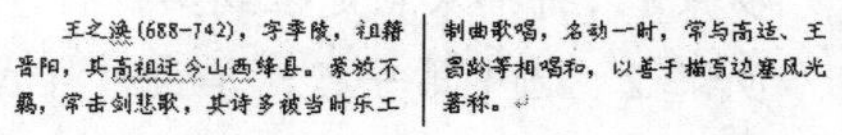

王之涣(688-742)，字季陵，祖籍晋阳，其高祖迁今山西绛县。豪放不羁，常击剑悲歌，其诗多被当时乐工
制曲歌唱，名动一时，常与高适、王昌龄等相唱和，以善于描写边塞风光著称。

图 2.47　分栏效果

9. 设置边框和底纹

具体要求：将最后一段添加 15%的底纹，文字周围添加双线方框。

Word 可为文字或段落添加边框和底纹，使其更加醒目。

步骤 1　选中最后一段，单击“开始”选项卡的“段落”选项组的“下框线”按钮右边的小三角形，在下拉菜单中选择“边框和底纹”，打开“边框和底纹”对话框。

步骤 2　在"边框和底纹"对话框中，选择"底纹"选项卡，如图 2.48 所示。

在"样式"下拉列表中选择"15%"，在"应用于"下拉列表中选择"段落"。

步骤 3　在"边框和底纹"对话框中，选择"边框"选项卡，如图 2.49 所示。在"设置"中选择"方框"，在"样式"列表框中选择"双线"，在"应用于"下拉列表中选择"文字"。

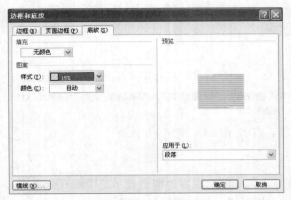

图 2.48　"边框和底纹"对话框"底纹"选项卡　　　图 2.49　"边框和底纹"对话框"边框"选项卡

设置边框和底纹后，最后一段的效果如图 2.50 所示。

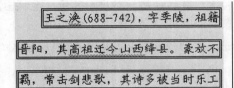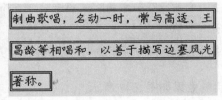

图 2.50　设置边框的底纹的效果

10.　插入画布

具体要求：在文档的第一行前插入空行，清除格式，插入画布。

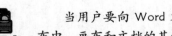

画布

当用户要向 Word 文档中插入多个图形对象时，可以将这些图形对象放置在绘图画布中。画布和文档的其他部分之间有边界。在默认情况下，画布没有设置背景颜色或边框线。可以根据需要，对画布应用图形对象的格式。

步骤 1　将插入点定位到第一行，按 Enter 键，在文档前插入空行。

步骤 2　选中第一行，单击"样式"选项组的"样式"右下角的箭头，打开"样式"任务窗格，选择"全部清除"命令，清除此行的字体和段落格式。

步骤 3　选择"插入"选项卡的"插入"选项组的"形状"按钮，如图 2.51 所示，在下拉菜单中选择"新建绘图画布"，插入的画布如图 2.52 所示。

步骤 4　画布的四周有 8 个控制点。移动鼠标指针到画布的控制点上，当鼠标指针变为 ⊥ 状时，按下鼠标左键不动，拖曳鼠标，可调整画布的大小。

图 2.51　插入画布

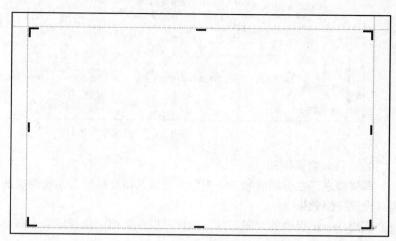

图 2.52　插入文档的画布

11. 插入艺术字

具体要求：插入艺术字"登鹳雀楼"作为文章标题，艺术字样式采用"艺术字样式 9"，字体为华文中宋，字号为 40，字形加粗。

艺术字

　　艺术字是具有图形属性的文字。Word 提供了艺术字编辑器，用户只要选择相应模板，简单地设置几个参数，就可以编排具有特殊效果的文字。

　　步骤 1　选中画布，选择"插入"选项卡的"文本"选项组的"艺术字"按钮，如图 2.53 所示，在下拉菜单中选择"艺术字样式 9"，打开"编辑艺术字文字"对话框。

　　步骤 2　在"编辑'艺术字'文字"对话框中，如图 2.54 所示，在"文字"文本框中输入文本"登鹳雀楼"，在"字体"下拉列表中选择"华文中宋"，在"字号"下拉列表中选择"40"。单击"加粗"按钮，单击"确定"按钮，生成艺术字如图 2.54 所示。

图 2.53　插入艺术字

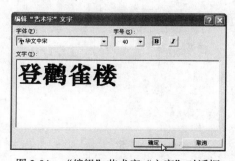

图 2.54　"编辑"艺术字"文字"对话框

　　步骤 3　移动鼠标指针到艺术字上，当鼠标指针变为状时按下鼠标左键，此时指针变为形状。按下鼠标左键不动，拖曳鼠标，显示虚线框表示艺术字移动后的位置。移动艺术字到画布的顶部，释放鼠标。

选中艺术字后，标题栏自动出现"艺术字工具"，功能区打开"格式"选项卡，各按钮功能如图 2.55 所示。

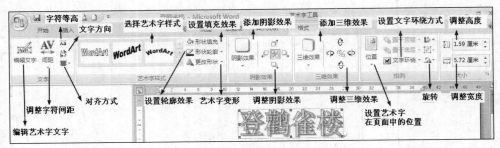

图 2.55　"艺术字"工具栏

12. 插入自选图形

具体要求： 在标题后插入一矩形，设置其填充颜色为系统预设的"孔雀开屏"渐变效果，并为其设置三维效果 3。

利用 Word 提供的绘图工具，用户可以在文档中绘制矩形、圆形、直线等各种图形，还可以对其进行修饰和美化。

步骤 1　选择"插入"选项卡的"插图"选项组的"形状"按钮，如图 2.56 所示，在下拉菜单中选择基本形状中的"矩形"。

步骤 2　鼠标指针变为十字形，将鼠标定位到艺术字下面。按下鼠标左键不动，拖曳鼠标，显示实线框表示图形的大小。拖曳到合适的大小后，释放鼠标。

步骤 3　标题栏自动出现"绘图工具"，功能区打开"格式"选项卡，单击"形状样式"选项组的"形状填充"按钮，如图 2.57 所示，在其下拉菜单中选择"渐变"中的"其他渐变"，打开"填充效果"对话框，如图 2.58 所示。

图 2.56　插入矩形

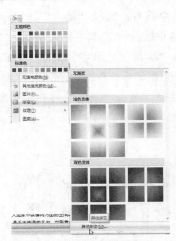

图 2.57　设置填充效果

步骤 4　在"填充效果"对话框的`"渐变"选项卡中。在"颜色"中选择"预设"单选按钮，在"预设颜色"的下拉列表中选择"孔雀开屏"，在"底纹样式"中选择"垂直"单选按钮，在"变形"中选择第一种方式。

步骤 5　单击"格式"选项卡的"三维效果"选项组的"三维效果"按钮，如图 2.59 所示，在下拉菜单中选择"三维样式 3"。

产生的矩形效果如图 2.60 所示。

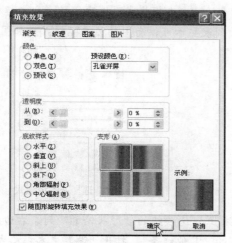

图 2.58 "填充效果"对话框

图 2.59 设置三维效果

图 2.60 插入的矩形

13. 插入文本框

具体要求：在矩形后插入一竖排文本框，在文本框中输入《登鹳雀楼》诗文，设置文本字体为黑体，字号为三号，字体颜色为蓝色，居中显示。

文本框

文本框分为横排文本框和竖排文本框，用户可在其中插入图片和文本，并将其在文档中自由地移动。若用户要在横向排列的文字中，输入竖排的文字，可插入竖排文本框实现。

步骤 1 选择"插入"选项卡的"文本"选项组的"文本框"按钮，在下拉菜单中选择"绘制竖排文本框"。

步骤 2 将鼠标移到画布中，拖曳出文本框。

步骤 3 在文本框内的插入点处，输入文字"白日依山尽 黄河入海流 欲穷千里目 更上一层楼"，各句之间按 Enter 键分隔。

步骤 4 将鼠标移到文本框的边框，当鼠标指针变为 状时，单击鼠标左键，选中文本框。在"开始"选项卡的"字体"选项组的"字体"下拉列表中选择"黑体"，在"字号"列表中选择"小三"，单击"字体颜色" A· 按钮右边的小三角形，在其下拉菜单中选择"蓝色"。

步骤 5 单击"段落"选项卡的"居中"按钮 ，使文本框中的文字居中显示。

由于是竖排文本框，居中显示是指在垂直方向的居中。水平方向的居中需要通过调整文本框的大小来实现。将鼠标指针移动到文本框的控制点上，当鼠标指针变为双向箭头↔时，拖曳鼠标，此时指针变为十形状，同时显示虚线框表示文本框调整后的大小。拖曳鼠标，调整文本框到合适的大小，释放鼠标。

14. 设置文本框格式

具体要求：设置文本框样式为"线性向上渐变-强调文字颜色5"，线型为6磅的三线，颜色为深蓝，设置其阴影效果为样式5。

步骤1 选中文本框，单击"格式"选项卡的"文本框样式"选项组的"文本框样式"列表右下角的"其他"按钮，如图2.61所示，打开列表显示可供套用的文本框样式。如图2.62所示，在列表中选择"线性向上渐变-强调文字颜色5"。

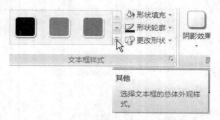

图2.61 设置文本框样式

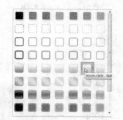

图2.62 选择文本框样式

步骤2 单击"格式"选项卡的"文本框样式"选项组的"形状轮廓"列表右边的三角形，如图2.63所示，在下拉菜单中选择"粗细"下的"其他线条"，打开"设置文本框格式"对话框，如图2.64所示。

步骤3 在"设置文本框格式"对话框中，选择线条的颜色为"深蓝"，"线型"为 3磅 。

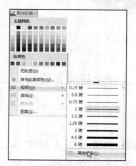

图2.63 选择文本框轮廓

图2.64 "设置文本框格式"对话框

步骤4 单击"格式"选项卡的"阴影效果"选项组的"阴影效果"按钮，在其下拉菜单中选择"阴影样式3"，如图2.65所示。

格式化后的文本框如图2.66所示。

图2.65 设置阴影

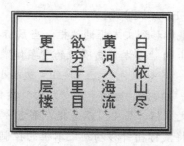

图2.66 格式化的文本框

15. 项目符号

具体要求： 为文本框中的文字设置项目符号➤，设字号为小一，深蓝色。

知识点

项目符号

项目符号用于对文档中的某些段落突出显示。

选定段落后，单击"开始"选项卡的"段落"选项组的格式工具栏的"项目符号" ⅲ˙ 按钮，每个段落的前面将出现默认的项目符号。再次单击该按钮，按钮处于弹起的状态，段落前的项目符号被取消。

用户也可以自己指定作为项目符号的字符，并设置其格式。

步骤 1 选择文本框中的文字，单击"开始"选项卡的"段落"选项组的格式工具栏的"项目符号" ⅲ˙ 按钮右边的小三角形，如图 2.67 所示，在其下拉菜单中选择项目符号➤，再选择"定义新项目符号"选项，打开"定义新项目符号"对话框。或在选中的文字上按鼠标右键，在快捷菜单中选择"项目符号"命令，也可打开如图 2.67 所示的下拉菜单。

步骤 2 在"定义新项目符号"对话框中，如图 2.68 所示，单击"字体"按钮，打开"字体"对话框。

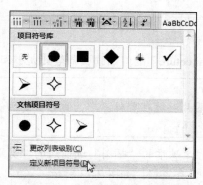

图 2.67 "定义新项目符号"对话框

图 2.68 "自定义项目符号列表"对话框

步骤 3 在"字体"对话框中，如图 2.69 所示，在"字号"列表框中选择"小一"，在"字体颜色"下拉列表中选择"深蓝色"。

设置项目符号后的文本框如图 2.70 所示。

图 2.69 "字体"对话框

图 2.70 设置项目符号后的文本框

选择其他符号作为项目符号

在项目符号库中，如果没有找到满意的符号，可单击"定义新项目符号"对话框的"符号"按钮，打开"符号"对话框，如图 2.71 所示。在"字体"下拉列表中选择"Webdings"、"Wingdings"等字体，在列表中会找到许多有趣的符号。

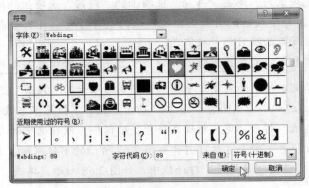

图 2.71　"符号"对话框

16. 插入剪贴画

具体要求： 在文本框的左边和右边插入主题为"architecture"的剪贴画，调整其大小和位置。

剪贴画

Office 软件自带了大量精美的图片，这些图片存放在剪辑库中，称为剪贴画。用户可按主题搜索出剪贴画，将其插入文档中。

图 2.72　"剪贴画"任务窗格

步骤 1　单击"插入"选项卡的"插图"选项组的"剪贴画"按钮，出现"剪贴画"任务窗格，如图 2.72 所示。

步骤 2　在"剪贴画"任务窗格中，在"搜索文字"文本框中输入要搜索的文字"architecture"，单击"搜索"按钮，出现与主题词有关的剪贴画列表。

如果计算机连接上了因特网，在"搜索范围"下拉列表中选中"Web 收藏集"，Word 还将搜索微软网站上所提供的此主题的剪贴画。

步骤 3　将鼠标定位到文本框所在的画布处，在剪贴画列表中单击需要的图片，画布中就插入了剪贴画。

步骤 4　剪贴画的四周有 8 个控制点。移动鼠标指针到剪贴画右下角的控制点上，当鼠标指针变为↖状时，按下鼠标左键不动，拖曳鼠标，此时鼠标指针变为十形状，同时显示虚线框表示剪贴画调整后的大小。拖曳鼠标，调整剪贴画到合适的大小，释放鼠标。

步骤 5　移动鼠标指针到剪贴画上，当鼠标指针变为↖状时按下鼠标左键，此时指针变为✛形状。按下鼠标左键不动，拖曳鼠标，显示虚线框表示剪贴画移动后的位置。移动剪贴画到文本框的左边，释放鼠标。

步骤 6　选中剪贴画，按住键盘的 Ctrl 键，此时鼠标指针变为↖+，按下鼠标左键不动，用鼠标拖曳剪贴画，将复制一个相同的剪贴画，移动到文本框的右边。

或选中剪贴画，按 Ctrl+C 组合键，再按 Ctrl+V 组合键，也可复制剪贴画。

插入剪贴画后如图 2.73 所示。

图 2.73　插入剪贴画后的文本

17. 插入图片

具体要求：插入图片文件"登鹳雀楼"。

除了剪贴画，用户还可以在文档中插入磁盘或光盘上的图片文件。

步骤 1　将插入点定位到画布的下方，单击"插入"选项卡的"插图"选项组的"图片"按钮，打开"插入图片"对话框。

步骤 2　在"插入图片"对话框的"查找范围"列表框中切换到图片文件所在的文件夹，在文件列表中选取需要插入的图片文件，如图 2.74 所示，单击"插入"按钮，则图片插入到文档中。

图 2.74　"插入图片"对话框

18. 设置图片格式

具体要求：设置图片文件"登鹳雀楼"的文字环绕方式为衬于文字下方，宽度为 15 厘米，亮度为 40%，对比度为-60%，设置图片样式为圆形对角，白色，并调整图片的位置。

知识点

文字环绕方式

文字环绕方式是指文字和图片之间的位置关系，主要有 4 种，如图 2.75 所示。

➤ 嵌入型：图片嵌入到正文中。

➤ 四周型环绕：文字包围在图片的周围。

➤ 浮于文字上方：图片遮挡在文字的上面。

➤ 衬于文字的下方：图片衬在文字的下面，不遮挡文字。

嵌入型

四周型环绕

浮于文字上方

衬于文字下方

图 2.75　图片版式

步骤 1　选中图片，单击"格式"选项卡的"排列"选项组的"文本环绕"按钮，如图 2.76 所示，在其下拉菜单中选择"衬于文字下方"。

步骤 2　如图 2.77 所示，在"格式"选项卡的"大小"选项组的"宽度"数值框中输入"15 厘米"，"高度"数值框会按比例地变化为"10.8 厘米"。

步骤 3　如图 2.78 所示，单击"格式"选项卡的"调整"选项组的"亮度"按钮，在下拉菜单中选择"+40%"。

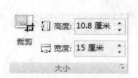

图 2.76　设置图片格式　　　　图 2.77　设置图片大小　　　　图 2.78　设置图片亮度

步骤 4　如图 2.79 所示，单击"格式"选项卡的"调整"选项组的"对比度"按钮，在下拉菜单中选择"图片修正选项"，打开"设置图片格式"对话框，如图 2.80 所示。

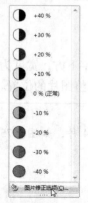

图 2.79　设置图片对比度　　　　　　图 2.80　"设置图片格式"对话框

在"设置图片格式"对话框中，在"对比度"数值框中输入"-60%"。

步骤 5　如图 2.81 所示，单击"格式"选项卡的"图片样式"选项组的"圆形对角，白色"按钮。

步骤 6　用户可通过鼠标或键盘的 ←↑→↓ 键来移动图片的位置。

如果要精确地调整图片的位置，可按键盘上的 Ctrl+←↑→↓ 键来实现。

设置完成后，效果如图 2.82 所示。

图 2.81　设置图片样式　　　　　　　图 2.82　插入图片的效果

2.4　表格编辑、制作公式、绘制图形

2.4.1　案例分析

本实例通过一张数学试卷的编辑，示范表格的建立、编辑与修饰，在文档中插入数学公式，绘制图形，设置水印背景等操作。

设计要求：

（1）插入表格；

（2）删除行；

（3）插入列；

（4）合并单元格；

（5）调整行高；

（6）绘制斜线表头；

（7）设置单元格对齐方式；

（8）设置单元格字体格式和底纹；

（9）表格边框；

（10）自动编号；

（11）插入数学公式；

（12）绘制图形；

（13）设置水印背景。

编辑后的文档如图 2.83 所示。

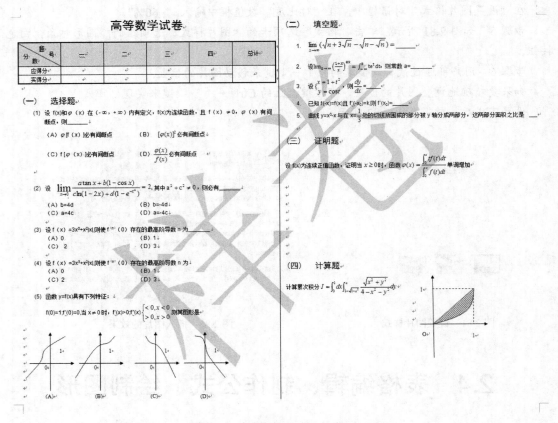

图 2.83　编辑后的高等数学试卷

2.4.2　设计步骤

打开 Word 文件"高等数学试卷原始"，执行以下操作。

1. 插入表格

具体要求：在试卷标题后插入四行五列的表格，如图 2.84 所示。

	一	二	三	四
应得分	30	30	20	20
实得分				
评分人				

图 2.84　插入的表格

步骤 1　将插入点定位到标题的下面一行，用以下两种方法可插入表格。

➤ 单击"插入"选项卡的"表格"选项组的"表格"按钮下边的小三角形，出现下拉列表。按住鼠标左键，在其下拉列表中拖曳出 4 行 5 列的单元格，如图 2.85 所示。释放鼠标左键，文档中插入一个 4 行 5 列的空表格。

➤ 在如图 2.85 所示下拉列表中选择"插入表格"命令，打开"插入表格"对话框。如图 2.86 所示，在"列数"数值框中输入"5"，在"行数"数值框中输入"4"，单击"确定"按钮，也可插入表格。

图 2.85　"插入表格"按钮

图 2.86　"插入表格"对话框

步骤 2　将插入点定位在各个单元格中，按要求输入文本。录完一个单元格的内容时，可按键盘上的 Tab 键、← ↑ → ↓ 方向键，或在各单元格中单击鼠标，来定位插入点。

如果在单元格中按回车键，不会切换到其他单元格，只会在当前单元格中另起一段。

绘制复杂的表格

对于形状不规则的表格，可以利用"绘制表格"来实现。在如图 2.85 所示下拉列表中选择"绘制表格"命令，鼠标指针变为 ∥ 形，拖曳鼠标可绘制表格线。

绘制表格后，标题栏自动出现"表格"，功能区打开"设计"选项卡，各按钮功能如图 2.87 所示。

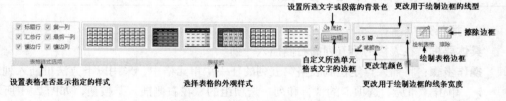

图 2.87　表格的"设计"选项卡

单击"绘制边框"选项组的"擦除"按钮 ，鼠标指针变为 形，沿着要删除的表格线拖曳鼠标，释放鼠标后即可删除表格线。

2. 删除行

具体要求：删除表格的第四行。

操作步骤：采用以下方法可删除第四行。

➤ 单击第四行的选定区，选中第四行，按下键盘的 ← 键（Backspace）。

选中单元格后，按 Delete 键删除的只是单元格中的内容。

➢ 单击第四行的选定区，选中第四行，右击鼠标，在快捷菜单中选择"删除行"命令。

➢ 将插入点定位到表格第四行的任意单元格中，选择"布局"选项卡的"行和列"选项组的"删除"按钮，如图2.88所示，在下拉列表中选择"删除行"命令。

➢ 将插入点定位到表格第四行的任一单元格中，单击鼠标右键，打开快捷菜单，选择"删除"命令，打开"删除单元格"对话框，如图2.89所示，选择"删除整行"选项，单击"确定"按钮。

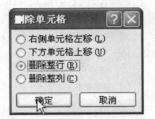

图2.88　删除按钮　　　　　　　　　　图2.89　"删除单元格"对话框

选中单元格

表格的编辑、修改都必须首先选中单元格，选中单元格可采取以下方式。

➢ 选中一个单元格：鼠标指向单元格内的左侧，当指针变为➚，单击鼠标。

➢ 选中多个单元格：鼠标指向所要选择区域的左上角的单元格，按住鼠标左键向右下方拖动，一直拖到要选择区域的右下角的单元格。

➢ 选中行：在此行的选定区单击鼠标。

➢ 选中列：鼠标指向该列的顶端边线，指针会变为↓，单击鼠标。

➢ 选中整个表：指针指向表格左上角的⊞，单击鼠标。

➢ 单击"布局"选项卡的"表"选项组的"选择"按钮，通过下拉列表中的"行"、"列"或"表格"，也可选中光标所在单元格的对应区域，如图2.90所示。

---

3. 插入列

具体要求： 在表格的第五列的右侧插入一列。

操作步骤： 将插入点定位到表格第五列的任一个单元格中，采用以下方法可插入列。

➢ 单击"布局"选项卡的"行和列"选项组的"在右侧插入"按钮，如图2.91所示。

➢ 单击鼠标右键，打开快捷菜单，选择"插入"下的"在右侧插入列"的菜单命令。

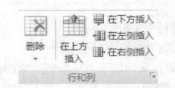

图2.90　选择单元格　　　　　　　　　　图2.91　"表格和边框"工具栏

4. 合并单元格

具体要求： 将第六列的第二、第三行的单元格合并为一个单元格。

合并单元格就是将选中的多个单元格合并为一个单元格。

操作步骤：选中第六列的第二、第三行的单元格，可采取以下方法合并单元格。

➢ 单击鼠标右键，打开快捷菜单，选择"合并单元格"命令。

➢ 单击"布局"选项卡的"合并"选项卡的"合并单元格" 合并单元格按钮。

执行以上操作后，表格如图 2.92 所示。

	一	二	三	四	总分
应得分	30	30	20	20	
实得分					

图 2.92　插入列后的表格

拆分单元格

拆分单元格就是将选中的一个单元格拆分为几个单元格。

将插入点定位要拆分的单元格，采取以下方法可拆分单元格。

➢ 单击鼠标右键，打开快捷菜单，选择"拆分单元格"命令，打开"拆分单元格"对话框。

➢ 单击"布局"选项卡的"合并"选项卡的"拆分单元格"按钮 拆分单元格，打开"拆分单元格"对话框。

在"拆分单元格"对话框中，如图 2.93 所示，输入要拆分的列数和行数，单击"确定"按钮。

5. 调整行高

具体要求：设定第一行的行高为 1.5 厘米。

操作步骤：将插入点定位到表格第一行的任一个单元格中，在"布局"选项卡的"单元格大小"选项组的"表格行高度"文本框中输入 1.5 厘米，如图 2.94 所示。

图 2.93　"拆分单元格"对话框

图 2.94　设置行高

也可通过表格属性对话框来调整。

步骤 1　插入点定位在第一行的任一单元格，单击"单元格大小"选项组右边的箭头，或按鼠标右键，打开快捷菜单，选择"表格属性"命令，打开"表格属性"对话框。

步骤 2　在"表格属性"对话框中，选择"行"选项卡，如图 2.95 所示，选定"指定高度"复选框，在旁边的数值框中输入"1.5 厘米"，单击"确定"按钮，则第一行的行高被改变。

图 2.95 "表格属性"对话框

调整行高或列宽

用户还可通过以下方法调整表格的行高或列宽。

➤ 将鼠标指向表格线上，鼠标指针变为 ⁜ 形，此时拖曳鼠标可改变行高或列宽。在拖曳鼠标的同时按下 Alt 键，标尺上还会显示行高和列宽的精确数值。

➤ 单击"表格"菜单的"布局"选项卡的"单元格大小"选项组的"分布行"、"分布列"按钮来均匀分布各行的高度或各列的宽度。或单击"自动调整"按钮，在下拉列表中选择调整表格的方法。

6. 绘制斜线表头

具体要求： 在第一行第一列绘制表头，行标题为"题号"，列标题为"分数"。

操作步骤： 单击"布局"选项卡的"表"选项组的"绘制斜线表头"按钮，打开"绘制斜线表头"对话框。如图 2.96 所示，在"表头样式"下拉列表中选择"样式一"，在"行标题"文本框中输入"题号"，在"列标题"文本框中输入"分数"，单击"确定"按钮。

Word 所绘制的斜线表头，是一个由文本框和直线组合而成的对象，如图 2.97 所示。选中此对象后，可将其移动或改变其大小。

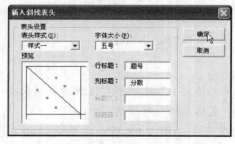

图 2.96 "插入斜线表头"对话框

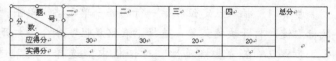

图 2.97 插入表头后的表格

7. 设置单元格对齐方式

具体要求： 设置所有单元格的对齐方式为中部居中。

单元格中的文字在水平方向和垂直方向可分别调整对齐方式，共有 9 种对齐方式。

操作步骤：将鼠标指向表格的左上角的 ⊞ 图标处，单击鼠标，选中整个表格。

用户可通过以下两种方式调整对齐方式。

➤ 单击"布局"选项卡的"对齐方式"选项组的"水平居中"按钮，如图 2.98 所示。

➤ 在表格上单击鼠标右键，打开快捷菜单，如图 2.99 所示，选择"单元格对齐方式"下的"中部居中" ▤。

图 2.98　设置对齐方式

图 2.99　快捷菜单设置对齐方式

8. 设置单元格字体格式和底纹

具体要求：设置第一行单元格为字体幼圆，字号小四，字形加粗，底纹为白色深色 15%。

步骤 1　选中第一行，在"开始"选项卡的"字体"选项组的"字体"下拉列表中选择"幼圆"，在 "字号"下拉列表中选择"小四"，单击"加粗"按钮 **B**。

步骤 2　单击"开始"选项卡的"段落"选项组的"底纹"按钮 ◇▾ 右边的小三角形，在下拉列表中选择"白色，背景 1，深色 15%"，如图 2.100 所示。

通过"设计"选项卡"表样式"选项组的"底纹"按钮 ◇ 底纹▾，也可设底纹颜色。

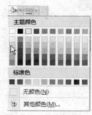

图 2.100　设置底纹

9. 表格边框

具体要求：设置表格的外边框为 2.25 的实线。

操作步骤：选中整个表格，用户可通过以下两种方式调整表格边框。

➤ 在"设计"选项卡的"绘图边框"选项组的"笔划粗细"下拉列表中选择"2.25 磅"，如图 2.101 所示，再单击"表样式"选项组的"边框"按钮右边的小三角形，在下拉列表中选择"外侧框线"。

➤ 在"边框"的下拉列表中（见图 2.101）选择"边框和底纹"命令或在快捷菜单中选择"边框和底纹"命令，打开"边框和底纹"对话框，如图 2.102 所示。选择"边框"选项卡，在"设置"下选择"网格"，在"宽度"下拉列表中选择"2.25 磅"。

图 2.101　设置边框

图 2.102　边框和底纹对话框

设置完成的表格如图 2.103 所示。

分数 \\ 题号	一	二	三	四	总分
应得分					
实得分					

图 2.103　设置完成的表格

10. 自动编号

具体要求：在填空题第 1 小题后面，插入第 2 小题，并将所有填空题的编号改为不带括号的数字编号 1.2.3.……。

自动编号

Word 提供了自动编号的功能，当输入以 "1."、"1)"、"(1)"、"一" 等格式开始的段落，按下回车键后，在新段落的开头会自动沿着上一段进行编号。

对设置了自动编号的段落，若删除其中的某一条，或在其中插入新一条，其余的编号会自动重新排列。

选定段落后，单击 "开始" 选项卡的 "段落" 选项组的按钮 ，每个段落的前面将出现默认的编号。再次单击该按钮，按钮处于弹起的状态，段落前的编号被取消。

用户也可以自己来选择编号的样式，设置编号的格式。

步骤 1　将插入点定位到第（1）小题的最后，按回车键，自动增加了（2）。

步骤 2　选中所有的填空题，单击 "开始" 选项卡的 "段落" 选项组的按钮 右边的小三角形，打开下拉列表如图 2.104 所示，在下拉列表中选择需要的编号格式。

图 2.104　设置编号格式

选择其他编号

如果在列表中没有需要的编号样式，可选择"定义新编号格式"选项，打开"定义新编号格式"对话框，如图 2.105 所示。用户可选择其他的编号样式，还可以设置其格式。

图 2.105　"定义新编号格式"对话框

11.　插入数学公式

具体要求：输入填空题的第 2 小题为设 $\lim\limits_{x\to\infty}\left(\dfrac{1+x}{x}\right)^{ax} = \int_{\infty}^{a} te^{t}dt$ ，则常数 a=＿＿＿＿＿。

步骤 1　直接在 2.后面按要求输入"设，则常数 a="，再输入 6 个空格。

选中 6 个空格，单击"开始"选项卡"字体"选项组的"下画线"按钮 $\underline{U}$ ·右边的小三角形，在下拉菜单中选择"下画线"。

再将输入点定位到"设"的后面，插入数学公式。

步骤 2　选择"插入"选项卡的"符号"选项组的"公式"按钮，在下拉菜单中选择"插入新公式"。Word 打开公式编辑框，如图 2.106 所示，标题栏自动出现"公式工具"，功能区打开"设计"选项卡。

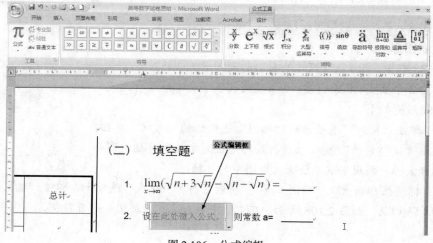

图 2.106　公式编辑

利用"设计"选项卡的"符号"选项组可以插入各种数学符号，"结构"选项组可以插入带有根式、积分、矩阵等符号的模板。模板包括插槽，可以在插槽中插入文字和符号，也可以在模板的插槽中再插入其他的模板来建立层次结构复杂的公式。

步骤3　单击"结构"选项卡的工具栏中的"极限和对数"按钮 $\lim_{n\to\infty}$，在下拉菜单中选择极限 $\lim_{\square}$，在编辑框出现 $\lim_{\square}\square$。将插入点定位到下面的虚线框，输入 x，单击"符号"选项组列表右下角的"其他"按钮，在下拉菜单中选择→，然后在下拉菜单中选择∞。输入的公式为 $\lim_{x\to\infty}$。

步骤4　将插入点定位到 lim 的右边，单击"括号"按钮{()}，在下拉菜单中选择 (□)。再单击"分数"按钮 $\frac{x}{y}$，在下拉菜单种选择"分数（竖式）" $\frac{\square}{\square}$。这时产生一个括号及两个虚线框 $\lim_{x\to\infty}\left(\frac{\square}{\square}\right)$，在括号里下面的虚线框中输入 x，上面的虚线框中输入 x+1。

步骤5　选中带有括号的部分，单击"上下标"按钮 e^x，在下拉菜单中选择 $\square^\square$。在括号的右上角产生一个虚线框 $\lim_{x\to\infty}\left(\frac{1+x}{x}\right)^{\square}$，在其中输入 ax。

步骤6　插入点定位到 ax 的右边输入=，单击"积分"按钮 $\int_{-x}^{x}$，在下拉菜单中选择 $\int_{\square}^{\square}\square$，产生积分符号及3个虚线框 $\lim_{x\to\infty}\left(\frac{1+x}{x}\right)^{ax}=\int_{\square}^{\square}\square$。

步骤7　在积分符号下边的虚线框中输入–，单击"符号"选项组的∞按钮。在积分符号上边的虚线框中输入 a。在积分符号右边的虚线框，输入 t。

步骤8　将插入点定位到 t 的右边，单击 "上下标"按钮 e^x，在下拉菜单中选择 $\square^\square$。

在 t 的右边产生上下两个虚线框 $\lim_{x\to\infty}\left(\frac{1+x}{x}\right)^{ax}=\int_{-\infty}^{a}t\square^\square$，在下面的虚线框中输入 e，在上面的虚线框中输入 t。

步骤9　将插入点定位到 te^t 的右边，输入 dt。输入后公式为 $\lim_{x\to\infty}\left(\frac{1+x}{x}\right)^{ax}=\int_{-\infty}^{a}te^tdt$。

单击公式输入框以外的位置，结束公式的输入。

12. 绘制图形

具体要求：在第（四）题计算题的右边插入图形，如图2.107所示。

此图形为2个箭头、3条直线，1条曲线和3个文本框组合而成的图形，其绘制过程如下。

图2.107　插入的图形

步骤1　单击"插入"选项卡的"插图"选项组的"形状"按钮，在下拉列表中选择"箭头"按钮。将鼠标定位到文档中要插入图形的位置，拖曳鼠标，画出一水平箭头，即图中的 x 轴。

步骤2　标题栏自动出现"绘图工具"，功能区打开"格式"选项卡，单击"插入形状"选项组中列表的箭头形状，如图2.108所示，在文档中拖曳鼠标，画出一垂直箭头，与水平箭头相交，即图中的 y 轴。

步骤3　单击列表的"直线"，以两个箭头的交叉点为端点，画出一条45°的斜线，如图2.109所示。

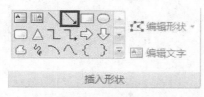

图 2.108　插入箭头

图 2.109　绘制的部分图形

步骤 4　再次单击"直线"，在 y 轴为 1 的位置画出一水平线。

选中直线后，单击"形状式样"选项卡的"形状轮廓"按钮，在下拉列表中选择"虚线"中的"短划线"，如图 2.110 所示，将线条设为虚线。

用同样的方式，在 x 轴为 1 的位置画出一垂直虚线。

步骤 5　单击列表的"曲线" $\curvearrowleft$，将鼠标指向原点，单击鼠标，确定曲线的一个端点。拖曳鼠标至曲线的中间位置，单击鼠标。再拖曳鼠标至曲线的终点，双击鼠标。

下面根据需要，将斜线和曲线组合为一个对象，并在其中填充图案。

步骤 6　选中斜线，按住 Shift 键，同时选中曲线，如图 2.111 所示，在选中对象上按鼠标右键，打开快捷菜单，选择"组合"子菜单下的"组合"命令，将两个对象组合为一个对象。

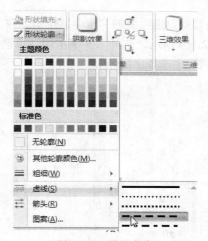

图 2.110　设置虚线

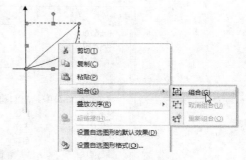

图 2.111　组合图形

步骤 7　选中组合对象，单击"形状样式"选项组的"形状填充"按钮 ，在其下拉菜单中选择"图案"，打开"填充效果"对话框的"图案"选项卡。

步骤 8　在"填充效果"对话框中，如图 2.112 所示，在"图案"列表中选择"浅色下对角线"，单击"确定"按钮。

步骤 9　选择"插入"选项卡的"插图"选项组的"形状"按钮 ，在下拉列表中选择"文本框" ，将鼠标定位到原点处，拖曳鼠标，建立一文本框，在其中输入"O"。

单击文本框的边框，选中文本框，单击"形状轮廓"按钮，在下拉列表中选择"无轮廓"，则去除了文本框四周的黑线。

再将文本框分别复制到 x 轴和 y 轴，将文本改为 1，如图 2.113 所示。

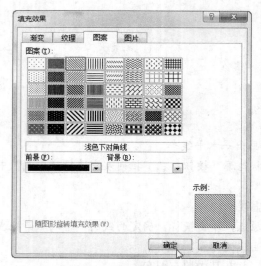

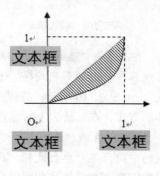

图 2.112　设置图案填充效果　　　　　　图 2.113　绘制的图形

13. 设置水印背景

具体要求： 为文档设置水印背景：样卷。

操作步骤： 选择"页面布局"选项卡，单击"页面背景"选项组的"水印"按钮，在下拉列表中选择"自定义水印"，打开"水印"对话框。如图 2.114 所示，选择"文字水印"单选按钮，在"文字"下拉列表中输入"样卷"，在"颜色"下拉列表中选择"红色"。

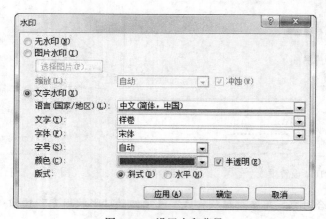

图 2.114　设置水印背景

2.5　长文档的编辑

2.5.1　案例分析

本实例通过编辑一篇毕业论文，示范页面的设置，页眉页脚的编辑，文档的打印预览，拼写和语法检查等操作。

同时着重介绍样式的定义及应用，多级符号的设置。使用文档结构图查看文档，使用大纲视图调整文档的结构，自动生成目录等操作。

设计要求：

（1）页面设置；

（2）修改和应用正文样式；

（3）定义标题样式；

（4）应用标题样式；

（5）多级符号；

（6）文档结构图；

（7）大纲视图；

（8）生成目录；

（9）设置页眉页脚；

（10）设置不同的页眉页脚；

（11）打印预览文档；

（12）拼写和语法检查；

（13）查看文件属性。

编辑后文档的第三、第四页如图 2.115 所示。

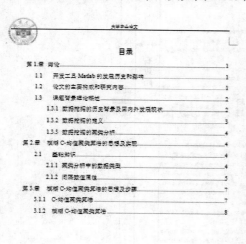

图 2.115　文档的第三、第四页

2.5.2　设计步骤

打开 Word 文件"毕业设计论文原始"，执行以下操作。

1. 页面设置

具体要求： 设置纸张大小为 A4，页面上边距 3 厘米，下边距 2.5 厘米，左边距 3 厘米，右边距 2 厘米。

页面设置

页面设置是对文档的总体版面进行布局，包括页边距、纸张、版式、文档网格等设置。

默认情况下，用户新建一个文档时，纸型是标准的 A4 纸，宽度是 21 厘米，高度是 29.7 厘米。如果用户在实际打印时需要使用其他型号的纸张，应该在"页面布局"选项卡的"页面设置"选项组的"纸张大小"的下拉列表中重新选择纸型。否则，打印的效果和文档编辑时看到的效果会不一致。

页边距是指页面中的正文编辑区域到页面边沿留出的空白区域，如图 2.116 所示，有上、下、左、右 4 种边距。

知识点

图 2.116　页边距

操作步骤： 单击"页面布局"选项卡的"页面设置"选项组的"页边距"按钮，在下拉列表中的选择"自定义边距"命令，打开"页面设置"对话框的"页边距"选项卡，如图 2.117 所示，在"上"、"左"数值框中输入"3"，在"下"数值框中输入"2.5"，在"右"数值框中输入"2"。

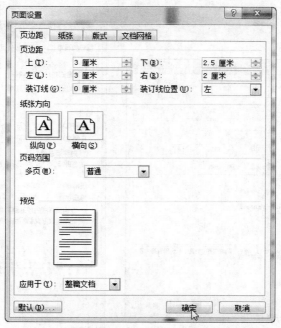

图 2.117　"页面设置"对话框"页边距"选项卡

2. 修改并应用正文样式

具体要求：设置正文样式为宋体，小四，1.5 倍行距，首行缩进两字符。

样式

　　样式是一组字符和段落格式的组合。它包含了对文档中正文、各级标题、页眉页脚等格式的设置。当文档的多个段落应用了同一样式时，这几个段落将保持相同的格式设置。该样式被修改后，文档中所有使用了该样式的段落，其格式将统一被修改。

　　此外，使用样式将自动生成文档的大纲和结构图，还可以生成目录。

　　步骤 1　选择"开始"选项卡的"样式"选项组的"正文"样式，如图 2.118 所示，在其快捷菜单中选择"修改"，打开"修改样式"对话框。

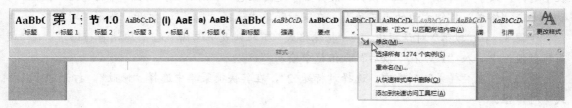

图 2.118　正文样式

　　步骤 2　在"修改样式"对话框中，如图 2.119 所示，在"字号"下拉列表中选择"小四"，单击"1.5 倍行距"按钮 ，单击"格式"按钮右边的小三角形，在下拉菜单中选择"段落"，打开"段落"对话框。

　　步骤 3　在"段落"对话框中，如图 2.120 所示，在"特殊格式"下拉列表中选择"首行缩进"，在"磅值"数值框中选择"2 字符"。

　　所有正文的格式均发生相应变化。

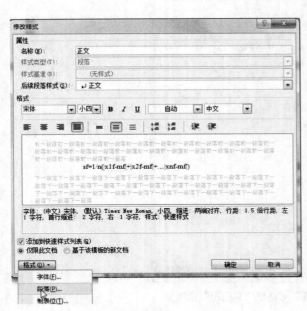

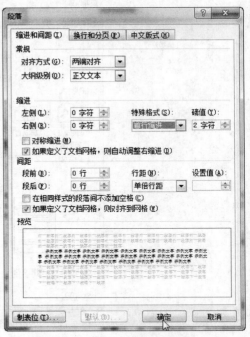

图 2.119　"修改样式"对话框　　　　　　　图 2.120　"段落"对话框

3. 定义标题样式

具体要求：设置第一级标题样式为黑体，三号，不加粗，单倍行距，段前和段后的段间距为1行，无首行缩进。

设置第二级和第三级标题样式为黑体，小四号，不加粗，单倍行距，段前和段后的段间距为0.5行。

步骤 1　在"样式"列表中，选择"标题 1"，在其快捷菜单中选择"修改"，打开"修改样式"对话框。

步骤 2　在"修改样式"对话框中，在"字体"下拉列表中选择"黑体"，在"字号"下拉列表中选择"三号"。单击"加粗"按钮，使其呈浮起的状态，取消加粗。单击"单倍行距"按钮。

单击"格式"按钮右边的小三角形，在下拉菜单中选择"段落"，打开"段落"对话框。

步骤 3　在"段落"对话框中，在"特殊格式"下拉列表中选择"无"，取消首行缩进。在"段前"数值框中输入"1"，在"段后"数值框中输入"1"。

步骤 4　在"样式"列表中，选择"标题 2"，在其快捷菜单中选择"修改"，打开"修改样式"对话框。

步骤 5　在"修改样式"对话框中，在"字体"下拉列表中选择"黑体"，在"字号"下拉列表中选择"小四"。单击"加粗"按钮，使其呈浮起的状态。单击"单倍行距"按钮。

单击"格式"按钮右边的小三角形，在下拉菜单中选择"段落"，打开"段落"对话框。

步骤 6　在"段落"对话框中，在"段前"数值框中输入"0.5 行"，在"段后"数值框中输入"0.5 行"。

步骤 7　在"样式"列表中，选择"标题 3"，在其快捷菜单中选择"修改"，打开"修改样式"对话框。按步骤 5 和步骤 6 的描述，修改其样式。

显示所有样式

如果在列表中没有显示需要设置的样式（如标题 3），用户可单击样式选项组右下角的按钮，打开"样式"任务窗格，如图 2.121 所示。在打开的任务窗格中，单击"选项..."，打开"样式窗格选项"对话框。如图 2.122 所示，在"选择要显示的样式"下拉列表中选择"所有样式"，则在任务窗格中显示出所有可使用的样式。

图 2.121 样式任务窗格

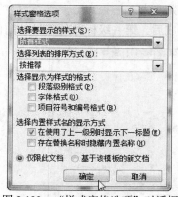

图 2.122 "样式窗格选项"对话框

4. 应用标题样式

具体要求： 按要求将下列文字设为各级标题，如图 2.123 所示。

操作步骤： 逐项选取需设置为标题的文字，在"样式"下拉列表中选择需要设置的标题级别。例如，选择"绪论"，在"样式"下拉列表中选择"标题 1"，如图 2.124 所示。

再选择"课题背景理论概述"，在"样式"下拉列表中选择"标题 2"。按同样的方法，设置其余文字。

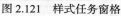

图 2.123 各个标题级别的文字

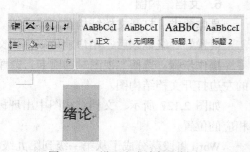

图 2.124 设置文字为标题样式

5. 多级符号

具体要求： 对第一级至第三级标题设多级符号，设第一级标题的编号形式为第 X 章。

多级符号

知识点 多级符号是包含有多种不同级别数字或符号的连续编号。Word 中最多可生成 9 个层次的多级列表，每个层次的编号或符号可单独进行设置。

步骤 1 单击"开始"选项卡的"段落"选项组的"多级列表"按钮，如图 2.125 所示，在下拉列表中选择列表库中的"1.标题 1……1.1 标题 2……"。文档的各级标题上依次有了自动编号。

步骤 2 在"多级列表"按钮的下拉列表中，如图 2.125 所示，选择"定义新的多级列表…"，打开"定义新多级列表"对话框，如图 2.126 所示。

步骤 3 在"定义新多级列表"对话框中，在"级别"列表中选择"1"，在"编号格式"文本框中出现第一级的编号格式。在1的前面输入"第"，后面输入"章"。注意：此处的"1"为自动编号，不是文本 1。

设置完成后，第一级标题的编号的前面都出现第，后面都出现章。

图 2.125　选择多级列表

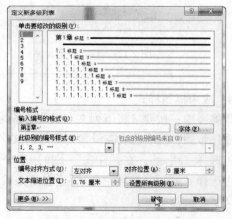

图 2.126　"定义新多级列表"对话框

6. 文档结构图

具体要求： 打开文档结构图浏览文档。

设置好各级标题后，用户就可以使用文档结构图方便地查阅文档。

操作步骤： 选择"视图"选项卡，选择"显示/隐藏"选项组的"文档结构图"复选框，窗口的左边打开文档结构图。

如图 2.127 所示，文档结构图中出现标题级别。单击其中的条目，插入点就会定位到文档中相应的位置。

Word 将段落分成了从第一级到第九级的 10 个级别，上级和下级是从属关系。若单击上级级别前的减号，其下属的级别将被折叠起来，减号变为加号。若单击加号，则展开其下属的级别。

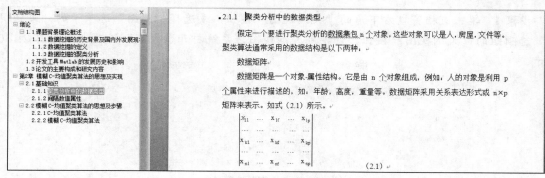

图 2.127　文档结构图

7. 大纲视图

具体要求：切换至大纲视图，将第一章第一节的内容移到第一章第三节的后面，将第二章的第二节升级为第三章。

视图

所谓视图，就是屏幕上显示文档的方式。Word 共有 5 种视图模式，每种视图有不同的特点。

● 页面视图

系统默认的视图是页面视图。在此视图下，显示效果与实际打印的效果一致。通常情况下，大多数的编辑工作都在该视图下完成。该视图对于编辑页眉页脚、调整页边距、处理分栏及图形对象等操作尤其有用。

● 阅读版式视图

在阅读版式视图中，系统自动调整文档的显示大小以适应屏幕，大多数工具栏将被隐藏。

● Web 版式视图

在 Web 版式视图下，文档以一个不带分页符的长页显示，文字自动换行以适应窗口的大小。文档的外观与其在浏览器中显示的效果一致。Web 版式视图通常用于创作网页。

● 大纲视图

大纲视图能够清晰地展示整个文档的层次结构。在此视图下，可方便地建立大纲，调整段落的大纲级别。大纲视图还可用于制作主控文档。

● 普通视图

在普通视图下，Word 连续显示正文，页与页之间用一条虚线表示。但是，此视图中无法看到插入的自选图形，不能编辑页眉、页脚、页号等。普通视图通常用来进行纯文字内容的编辑。

用户可以通过文档窗口右下角的视图按钮，如图 2.128 所示；或通过"视图"选项卡的"文档视图"选项组，如图 2.129 所示，切换不同的视图。

图 2.128　视图按钮

图 2.129　视图菜单

步骤1　单击文档窗口右下角的“大纲视图”按钮，或选择“视图”选项卡的“文档视图”选项组的“大纲视图”按钮，切换到大纲视图。系统打开“大纲”选项卡，如图2.130所示。

大纲
开始
插入
页面布局
引用
邮件
审阅
视图
开发工具
3级
显示级别(S):
显示文本格式
仅显示首行
显示文档
折叠子文档
关闭大纲视图
大纲工具
主控文档
关闭

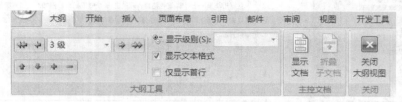

图2.130　“大纲”选项卡

步骤2　在“大纲工具”选项组的“显示级别”下拉列表中选择“2级”，则只显示出级别1和级别2的标题，如图2.131所示。

步骤3　选中1.1节的标题，两次单击“大纲”工具栏中的“下移”按钮，则1.1节移到了1.3节的后面，节的编号也自动作了调整。

也可以用鼠标拖动，将鼠标指向1.1标题前的加号标记，当指针变为4个方向的箭头时，向下拖曳鼠标，此时出现一条虚线指示目标位置。当移动到1.3节的后面时，释放鼠标。

步骤4　选中2.2节的标题，单击“大纲”工具栏中的“提升”按钮，将此标题设为1级标题，即变为第三章。

文档改变结构后，大纲视图如图2.132所示。

2级
显示级别(S): 2级
显示文本格式
仅显示首行
显示文档
折叠子文档
关闭大纲视图
大纲工具
主控文档
关闭
下移 (Alt+Shift+Down)
在大纲内下移项目。
1.1 课题背景理论概述
1.2 开发工具Matlab的发展历史和影响
1.3 论文的主要构成和研究内容
第2章 模糊C-均值聚类算法的思想及实现
2.1 基础知识
2.2 模糊C-均值聚类算法的思想及步骤

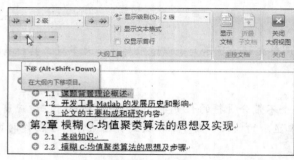

图2.131　大纲视图

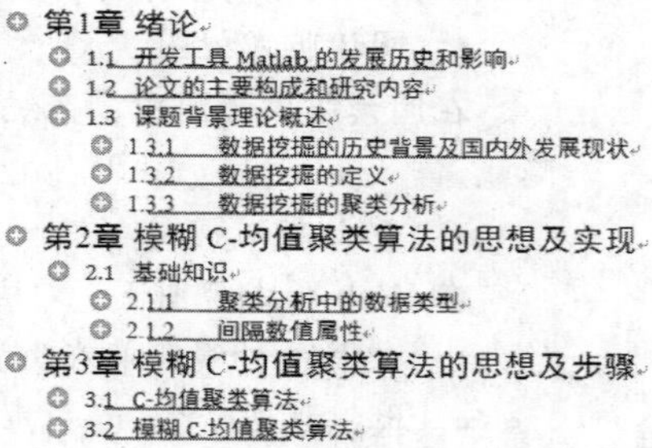

第1章 绪论
1.1 开发工具Matlab的发展历史和影响
1.2 论文的主要构成和研究内容
1.3 课题背景理论概述
1.3.1 数据挖掘的历史背景及国内外发展现状
1.3.2 数据挖掘的定义
1.3.3 数据挖掘的聚类分析
第2章 模糊C-均值聚类算法的思想及实现
2.1 基础知识
2.1.1 聚类分析中的数据类型
2.1.2 间隔数值属性
第3章 模糊C-均值聚类算法的思想及步骤
3.1 C-均值聚类算法
3.2 模糊C-均值聚类算法

图2.132　调整结构后的文档

8. 生成目录

具体要求：在英文摘要的后面插入文档的目录。要求目录中显示到第三级标题，显示页码。

当用户使用了Word的标题样式后，就可以自动编制文档目录。

步骤1　将插入点定位到英文摘要的后面，单击“引用”选项卡的“目录”选项组的“目录”按钮，在其下拉列表中选择“插入目录”，打开“目录”对话框。

步骤2　在“目录”对话框中，如图2.133所示，选中“显示页码”复选框，在“显示级别”数值框中输入“3”。

设置完成后，生成的目录如图2.134所示。

生成目录后，若用户重新对文档进行了编辑，需要相应地更新目录。

在目录上按鼠标右键，打开快捷菜单，选择“更新域”命令，打开“更新目录”对话框，如图2.135所示。若选择“更新整个目录”，则目录依照改变的大纲结构更新；若选择“只更新页码”，则目录结构不变，只有页码得到更新。

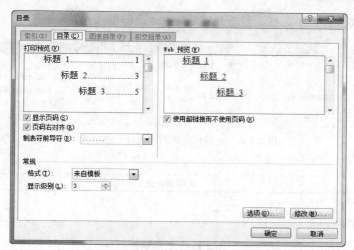

图 2.133 "目录"对话框

图 2.134 系统自动生成的目录

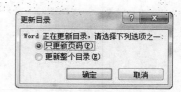

图 2.135 "更新目录"对话框

9. 设置页眉页脚

具体要求： 在页眉的左边插入"校徽"图片，页眉的中间输入"大学毕业论文"，页脚的右边显示页码。

知识点

页眉和页脚

页眉出现在文档中每一页的顶部，页脚出现在文档中每一页的底部。

通常在页眉中插入文章的标题、公司的徽标，在页脚中插入页码等信息。

　　步骤 1 单击"插入"选项卡的"页眉和页脚"选项组的"页眉"按钮，在其下拉列表中选择"编辑页眉"，进入页眉的编辑，同时标题栏自动出现"页眉和页脚"，功能区打开"设计"选项卡，如图 2.136 所示。

　　步骤 2 在页眉中输入"大学毕业论文"。

　　步骤 3 选择"插入"选项卡的"插图"选项组的"图片"命令，打开"插入图片"对话框。在文件列表中选取"校徽"图片，单击"插入"按钮，将图片插入到页眉中。

　　步骤 4 选中图片，单击"格式"选项卡的"文字环绕"按钮，在其下拉列表中选择"衬于文字下方"，调整图片的大小，将其移动到页眉的左边，如图 2.137 所示。

图 2.136　页眉和页脚的"设计"选项卡

　　　　　　　　　　　　大学毕业论文

图 2.137　页眉编辑

步骤 5　在页脚处单击鼠标，切换到页脚。单击"设计"选项卡的"页码"按钮，如图 2.138 所示，在其下拉列表中选择"页面底端"的"普通数字 1"，将页码插入到页脚中。

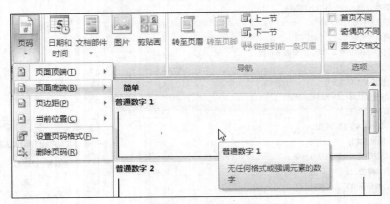

图 2.138　插入页码

步骤 6　在页码的左边输入"第"，右边输入"页"。

步骤 7　选中页脚的文字，单击"开始"选项卡的"段落"选项组的"右对齐"按钮▤，将其调整倒右边，如图 2.139 所示。

页脚　　　　　　　　　　　　　　　　　　　　　　　　　　　　　　　　第1页

图 2.139　页脚编辑

步骤 8　单击"设计"选项卡的"关闭页眉和页脚"按钮，关闭页眉和页脚的编辑。

10．设置不同的页眉页脚

具体要求： 设置摘要和目录部分的页码采用罗马数字，正文部分的页码采用阿拉伯数字，正文编码时不包含摘要和目录的页数。

若用户要对一个 Word 文档的各个部分，设置不同的页面大小、页眉页脚和页面边框，首先应在文档中插入分节符，将一个文档分成若干个节，再对不同的节分别进行设置。

步骤 1　将插入点定位到目录之后，单击"页面布局"选项卡的"分隔符"按钮，如图 2.140 所示，在其列表中选择 "分节符"的"下一页"选项。

目录之后加入了一个分节符，且下一节的起始位置另起一页，即正文部分从新的一页开始。

步骤 2　切换到第一页的页脚，单击"设计"选项卡的"页码"按钮，在其下拉列表中选择 "设置页码格式"，打开"页码格式"对话框。如图 2.141 所示，在"数字格式"的下拉列表中选择罗马数字。

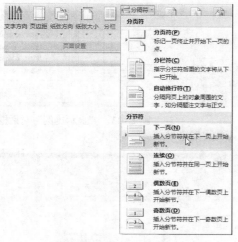

图 2.140　插入分页符

图 2.141　"页码格式"对话框

步骤 3　双击正文的页脚，进入页脚编辑状态，单击"设计"工具栏的"导航"选项组的 链接到前一条页眉 按钮，取消选中状态。页脚区"与上一节相同"的提示文字消失，表示此节的页脚设置不再与前一节的相同。

步骤 4　再次单击"设计"选项卡的"页码"按钮，在其下拉列表中选择"设置页码格式"，打开"页码格式"对话框。在对话框中，在"编号格式"的下拉列表中选择阿拉伯数字，在"页码编号"中选择"起始页码"单选按钮，并设置为"1"。

设置完成后，摘要及目录部分的页码格式采用罗马数字，而正文部分的页码格式采用阿拉伯数字。

页眉页脚的设置

在"设计"选项卡的"选项"中选择"首页不同"或"奇偶页不同"复选框，可设置文档第一页的页眉和页脚和其他页不同或文档的奇数页和偶数页的页眉和页脚不一样。

若用户要取消页眉处的横线，则将插入点定位到页眉编辑区，选择页眉的文字，单击"开始"选项卡的"段落"选项组的"边框"按钮右边的小箭头，在其下拉菜单中选择"无框线"。

---

11. 打印预览文档

具体要求： 打印预览文档。

打印预览是在打印之前看一下实际的打印效果，如果发现有不妥之处，可及时修改。

步骤 1　选择 Office 按钮下的"打印预览"命令，或单击"快速访问工具栏"中的"打印预览"按钮，打开预览视图，同时打开"打印预览"选项卡，如图 2.142 所示。

步骤2　单击"打印预览"选项卡的"双页"按钮，可在一个窗口同时预览两页。

单击"显示比例"按钮，打开"显示比例"对话框，如图 2.143 所示。在此对话框中，若设置显示比例为 75%，则可以在一个窗口同时预览 3 页，如图 2.144 所示。

图 2.142　"打印预览"选项卡　　　　　　图 2.143　"显示比例"对话框

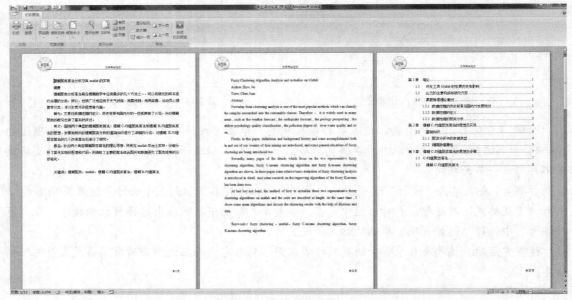

图 2.144　"打印预览"窗口

步骤3　鼠标指向页面，指针变为 形状，单击鼠标可放大页面，再次单击鼠标，将缩小页面。

步骤4　取消"预览"选项组的"放大镜"复选框 放大镜，将鼠标指向页面，指针变为 形状。可在页面上定位插入点，直接对文档进行编辑。

编辑完毕后，再次选中"放大镜"复选框，鼠标指针又变为 形状。

步骤5　确认无误后，单击"打印"按钮 打印，就可以打印文档了。

设置打印选项

选择 Office 按钮下的"打印"命令，打开"打印"对话框，如图 2.145 所示。用户可设置以下打印选项。

> ➤ 页码范围：在"页面范围"文本框中，可输入需要打印的页码编号或页码范围。例如，用户要打印文档的第 1 到第 5 页及第 10 页，则输入 1-5, 10。
>
> ➤ 份数：若用户要打印多份文档，可在"份数"数值框中输入要打印的份数。
>
> ➤ 缩放：若用户实际打印的纸张与页面设置的纸张大小不相符，可以在"按纸张大小缩放"的下拉列表中选择实际纸张大小，进行缩放打印。

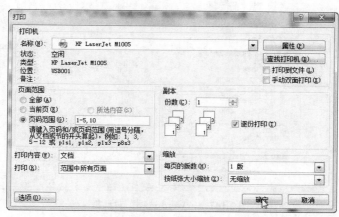

图 2.145　"打印"对话框

12. 拼写和语法检查

具体要求：对本文进行拼写和语法检查。

在输入文本时，Word 会实时地检查错误，并用红色波形下画线表示可能的拼写错误，用绿色波形下画线表示可能的语法错误。在标记为错误的文本上单击鼠标右键，在快捷菜单中也会出现修改的建议以及"忽略"等选项。使用"拼写和语法"功能，可集中处理文档中的多个错误。

步骤 1　单击"审阅"选项卡的"校对"选项组的"拼写和语法"按钮，打开"拼写和语法"对话框。

步骤 2　在"拼写和语法"对话框中，如图 2.146 所示，显示所找到的第一个可能的错误。

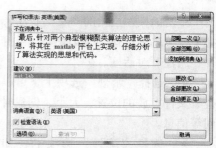

若单击"忽略一次"按钮，则不对当前识别的错误进行处理；若单击"全部忽略"按钮，则文档中所有此种拼写均不被标识。

选择"建议"列表中正确的拼写，单击"更改"按钮，则此错误拼写被所选择的文本所替换。单击"全部更改"按钮，则文档中所有此种错误拼写均被选择的文本所替换。

图 2.146　"拼写和语法"对话框

步骤 3　处理完此错误后，Word 将自动跳转到下一处可能出现的拼写错误项。

取消拼写和语法检查

若用户想取消拼写和语法检查，选择 Office 按钮的"Word 选项"按钮，打开"Word 选项"对话框。选择"校对"选项，如图 2.147 所示，用户可以取消"键入时检查拼写"、"键入时标记语法错误"等选项。

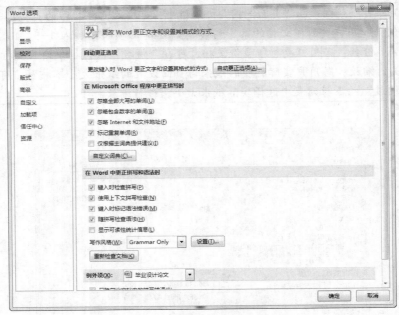

图 2.147   "Word 选项"对话框

13. 查看文件属性

具体要求: 查看文档的属性,为文件设置密码。

步骤 1 选择 Office 按钮的"准备"子菜单下的"属性"命令,在文档的上部出现文档信息面板,如图 2.148 所示。在此用户可设置文档的作者、标题、关键字等信息。

图 2.148   文档信息面板

单击面板左上角的"文档属性",在下拉菜单中选择"高级属性",可打开"属性"对话框。

➢ 选择"常规"选项卡,可以查看文件存放的位置、大小、创建时间等信息。

➢ 选择"统计"选项卡,如图 2.149 所示,可以查看文件页数、段落数、字数等信息。

步骤 2 选择 Office 按钮的"准备"子菜单下的"加密文档"命令,打开"加密文档"对话框,如图 2.150 所示。用户可以设置打开文件的密码,确定后需再输入一次进行确认。

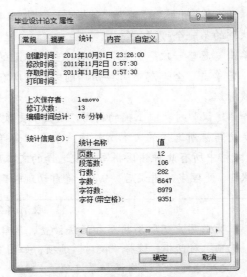

图 2.149   "属性"对话框的"统计"选项卡

统计字数

若用户想对选中的文本统计字数，选择"审阅"选项卡的"校对"选项组的"字数统计"按钮，打开"字数统计"对话框，如图 2.151 所示，显示当前所选中的文字的相关信息。

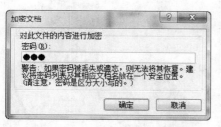

图 2.150　"加密文档"对话框

图 2.151　"字数统计"对话框

2.6　综 合 案 例

2.6.1　案例分析

本节通过建立一个求职书的 Word 文档，使读者进一步熟悉 Word 文档制作的技巧，了解如何在文档中编辑、格式化文本，插入表格、艺术字、图片和自选图形。

设计要求：

制作完成的文档分 4 页，如图 2.152 所示。第一页为封面，插入了自选图形和艺术字，并设置了页面边框；第二页为履历表，插入了艺术字和表格；第三页为自荐信；第四页为封底，并插入了照片。

图 2.152　求职书

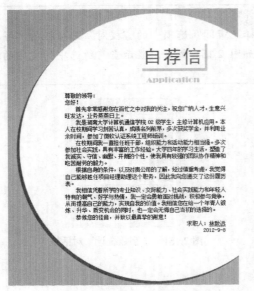

图 2.152　求职书（续）

2.6.2　设计步骤

启动 Word，系统已新建一文档"文档 1"。单击快速访问工具栏中的"保存"按钮，打开"另存为"对话框。选择保存位置，输入"求职书"作为文件名，单击"保存"按钮，此文档便被保存在选定文件夹下。

在编辑过程中，单击快速访问工具栏中的"保存"按钮，随时对文档进行保存。

1. 页面设置

具体要求： 设置页面纸张为 16 开，上下边距分别为 2 厘米，左右边距分别为 3 厘米。

步骤 1　单击"页面布局"选项卡的"页面设置"选项组的"纸张大小"按钮，在下拉列表中选择"16 开 18.4*26 厘米"。

步骤 2　单击"页面布局"选项卡的"页面设置"选项组的"页边距"按钮，在下拉列表中的选择"自定义边距"命令，打开"页面设置"对话框的"页边距"选项卡，如图 2.153 所示，在"上"、"下"数值框中分别输入"2"，在"左"、"右"数值框中分别输入"3"。

2. 设置页面颜色

具体要求： 设置页面颜色为填充效果为窄竖线的图案，前景色为"白色，背景 1，深色 15%"，背景色为"白色，背景 1，深色 50%"。

步骤 1　单击"页面布局"选项卡的"页面背景"选项组的"页面颜色"按钮，在下拉列表中选择"填充效果"，打开"填充效果"对话框。

步骤 2　在"填充效果"对话框的"图案"

图 2.153　"页面设置"对话框的"页边距"选项卡

选项卡中，如图 2.154 所示，选择图案为"窄竖线"，在"前景"下拉列表中选择"白色，背景 1，深色 15%"，在"背景"下拉列表中选择"白色，背景 1，深色 50%"。

3. 编辑第一页

（1）插入自选图形

具体要求： 在第一页插入若干个大小不同的圆形和一条直线，插入后的效果如图 2.155 所示。设置圆形的"形状轮廓"为"无轮廓"，"阴影效果"为"阴影样式 2"，阴影的颜色为黑色。

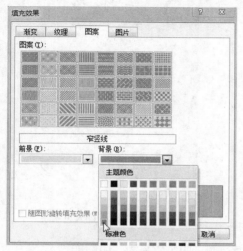

图 2.154　"填充效果"对话框的"图案"选项卡

图 2.155　插入自选图形

步骤 1　选择"插入"选项卡的"插图"选项组的"形状"按钮，在下拉菜单中选择基本形状中的"椭圆"。

步骤 2　鼠标指针变为十字形，将鼠标定位到页面上。按住 Shift 键，同时按下鼠标左键不动，拖曳鼠标，拖曳圆形到合适的大小后，释放鼠标。

步骤 3　选中圆形，按住 Ctrl 键，此时鼠标指针变为 形，用鼠标拖曳圆形，将复制出一个相同的圆形。总共复制 4 个圆形。

步骤 4　选中圆形，按住 Shift 键，用鼠标拖曳四角的控制点，以调整圆形的大小，并移动到合适的位置，如图 2.155 所示。

步骤 5　按住 Shift 键，依次单击各个圆形，选中所有的圆形。单击"格式"选项卡的"形状样式"选项组的"形状轮廓"按钮，如图 2.156 所示，在其下拉列表中选择"无轮廓"。

步骤 6　单击"阴影效果"选项组的"阴影效果"按钮，在其下拉菜单中选择"阴影样式 2"。

步骤 7　再次单击"阴影效果"选项组的"阴影效果"按钮，在其下拉菜单中选择"阴影颜色"中的"黑色"，并取消"半透明阴影"前面的勾号，如图 2.157 所示。

步骤 8　选择"插入"选项卡的"插图"选项组的"形状"按钮，在下拉菜单中选择基本形状中的"直线"，用鼠标在页面上拖曳出一条直线。

步骤 9　选中直线，选择"格式"选项卡的"排列"选项组的"置

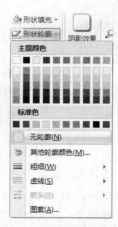

图 2.156　设置形状轮廓

于底层"按钮 ，将其调整到圆形的后面。

（2）插入艺术字

具体要求：插入艺术字"求职书"和"淡泊明志 宁静致远"，如图2.158所示。

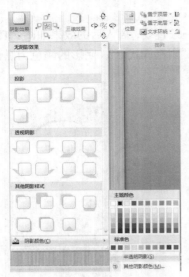

图2.157 设置阴影效果

图2.158 插入艺术字

两者都采用艺术字样式1，形状轮廓为"无轮廓"，阴影效果为"阴影样式5"。

"求职书"的字体为楷体，字号为60号，字形加粗。填充的样式为花岗岩的纹理。

"淡泊明志 宁静致远"的字体为华文中宋，字号为36号，字形加粗。文字间距为"稀疏"。

两者的文本环绕方式均设置为"四周环绕"，移动到合适的位置。

步骤1 选择"插入"选项卡的"文本"选项组的"艺术字"按钮，在下拉菜单中选择"艺术字样式1"，打开"编辑'艺术字'文字"对话框。

步骤2 在"编辑'艺术字'文字"对话框中，输入文本"求职书"，在"字体"下拉列表框中选择"楷体"，在"字号"下拉列表框中选择"60"，单击"加粗"按钮，单击"确定"按钮。

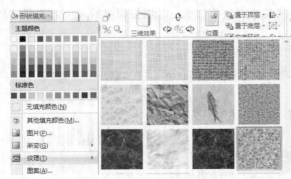

图2.159 设置填充纹理

步骤3 单击"格式"选项卡的"艺术字样式"选项组的"形状填充"按钮，如图2.159所示，在其下拉菜单中选择"纹理"中的"花岗岩"。

步骤4 单击"艺术字样式"选项组的"形状轮廓"按钮，在其下拉列表中选择"无轮廓"。

步骤5 单击"阴影效果"选项组的"阴影效果"按钮，在其下拉菜单中选择"阴影样式5"。

步骤6 单击"排列"选项组的"文本环绕"按钮，在其下拉菜单中选择"四周环绕"，再将其移动到圆形之中。

步骤7 再次插入艺术字，选择"艺术字样式1"。在"编辑'艺术字'文字"对话框中，输入文本"淡泊明志 宁静致远"，设置字体为"华文中宋"，字号为36号，单击"加粗"按钮。

步骤 8　同样，设置艺术字的形状轮廓为"无轮廓"，阴影效果为"阴影样式 5"。将艺术字的"文本环绕"方式设置为"四周环绕"，移动到斜线以下。

步骤 9　鼠标指向艺术字的绿色旋转按钮上，鼠标指针变为 ↻ 形。拖曳鼠标，如图 2.160 所示，指针变为 ↔ 形，显示虚线框表示艺术字旋转的方向。旋转艺术字到与斜线平行的方向，释放鼠标。

步骤 10　选取艺术字"淡泊明志 宁静致远"，单击"格式"选项卡的"文字"选项组的"间距"按钮 AV，在下拉菜单中选择"稀疏"，则艺术字中字与字的间距加大。

图 2.160　旋转艺术字

4. 编辑第二页

（1）插入分页符

具体要求：在第一页的尾部插入分页符，另起一页。

分页符

在 Word 中输入文本时，满一页后会自动分页。当已输入的内容未满一页，又需要将新的内容另起一页时，用户可以在需要分页的位置插入分页符来分页。

步骤 1　鼠标指向第一页的尾部，双击鼠标。

Word 具有即点即输功能，若用户要在文本编辑区之外定位插入点，只需在指定位置双击鼠标。Word 将自动插入空行，使插入点定位到指定位置。

步骤 2　选择"插入"选项卡的"页"选项组的"分页"按钮，则系统在鼠标所在的位置处插入分页符，将插入点定位到第二页。

（2）插入标题

具体要求：插入艺术字"履历表"，采用艺术字样式 1，字体为隶书，字号为 60 号，字形加粗。设置阴影效果为"阴影样式 1"，形状为两端近。

操作步骤：按照上述方法，插入艺术字"履历表"，并设置格式。

选中艺术字，单击"格式"选项卡的"艺术字样式"选项组的"更改形状"按钮，如图 2.161 所示，在其下拉菜单中选择"两端近"。

插入的艺术字如图 2.162 所示。

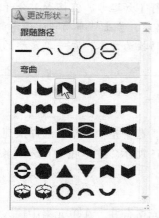

图 2.161　更改艺术字的形状

图 2.162　插入的艺术字

5. 编辑第二页的表格

（1）复制文本

具体要求： 打开 Word 文件"履历表"，将其中所有的内容复制到本文档中。

步骤 1 打开 Word 文件"履历表"，单击"开始"选项卡的"编辑"选项组的"选择"按钮，在下拉菜单中选择"全选"命令。再单击"剪贴板"选项组的"复制"按钮，将所有的内容复制到剪贴板中。或者先按下快捷键 Ctrl+A 全选文本，再按下快捷键 Ctrl+C 复制文本。

步骤 2 单击任务栏上的 Word 图标，选择"求职书"，切换到"求职书"文件。单击"开始"选项卡的"剪贴板"选项组的"粘贴"按钮，将剪贴板中的文本粘贴过来。或者按下快捷键 Ctrl+V 粘贴文本。

（2）文本转换为表格

具体要求： 将复制过来的文本转换为表格。

操作步骤： 选中复制过来的文本，单击"插入"选项卡的"表格"选项组的"表格"按钮，选择下拉菜单中的"文本转换为表格"命令，打开"将文字转换为表格"对话框，如图 2.163 所示。按照默认设置，单击"确定"按钮。

Word 自动将文本转换为表格，如图 2.164 所示。

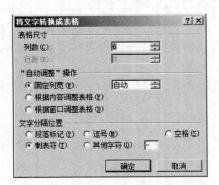

图 2.163　"将文字转换为表格"对话框

姓名	林致远		性别	男		出生年月	1984.6.
籍贯	湖南长沙		民族	汉		政治面貌	党员
毕业单位	大学计算机学院		所学专业	计算机科学与技术		英语水平	六级

图 2.164　转换得到的表格

知识点

表格和文本的相互转换

Word 可以把已经存在的文本转换为表格，进行转换的文本应该是格式化的文本，即文本中的每一行用段落标记隔开，每一列用分隔符（如逗号、空格等）分开。

Word 也可以把表格转换为文本。选中一个表格后，单击"布局"选项卡的"数据"选项组中的"转换为文本"按钮，表格中的文字就转换为文本，每一单元格的内容用指定的分隔符分开。

（3）设置单元格底纹

具体要求： 将表格中所有单元格的底纹设置为白色。

操作步骤： 鼠标指向表格左上角的 ⊞ 图标处，单击鼠标，选中整个表格。选择快捷菜单中的"边框和底纹"命令，打开"边框和底纹"对话框，如图 2.165 所示。在"底纹"选项卡中的"填充"列表中选择"白色"，单击"确定"按钮。

（4）插入行

具体要求： 在表格下面插入 4 行，并将每行的后 3 个单元格合并。在单元格中输入相应的文字，如图 2.166 所示。

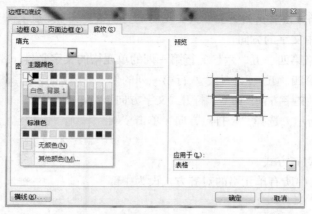

图 2.165 "边框和底纹"对话框的"底纹"选项卡

步骤 1 将插入点定位到表格第三行的任一单元格中，选择快捷菜单中"插入"的"在下方插入行"命令，插入新的一行。

步骤 2 选中此行的二、三、四、五、六列的单元格，在快捷菜单中选择"合并单元格"命令，将 5 个单元格合并。

步骤 3 按照同样的方式在表格下再插入 3 行。

步骤 4 在各个单元格输入相应的内容，完成的表格如图 2.166 所示。

（5）设置表格行高

具体要求： 设置表格第一行到第三行的行高为 0.8 厘米，第四行到第七行的行高为 3.4 厘米。

姓名	林致远	性别	男		出生年月	1984.6.
籍贯	湖南长沙	民族	汉		政治面貌	党员
毕业单位	大学计算机学院	所学专业	计算机科学与技术		英语水平	六级
获奖情况	.					
专业特长	.					
工作经历	.					
联系方式	.					

图 2.166 插入行后的表格

步骤 1 选中表格的第一、二、三行，在快捷菜单中选择"表格属性"命令，打开"表格属性"对话框。

步骤 2 在"表格属性"对话框中，选择"行"选项卡，如图 2.167 所示，选定"指定高度"复选框，在数值框中输入"0.8 厘米"，单击"确定"按钮。

图 2.167 "表格属性"对话框的"行"选项卡

步骤3 用同样的方法将第四、五、六、七行的行高设定为3.4厘米。

（6）改变单元格中文字的方向

具体要求：将表格第四、五、六、七行第一列的单元格的文字竖排。

操作步骤：选中第四、五、六、七、八行第一列的单元格，在快捷菜单中"文字方向"命令，打开"文字方向"对话框，如图2.168所示。选择"竖排"方向，单击"确定"按钮。

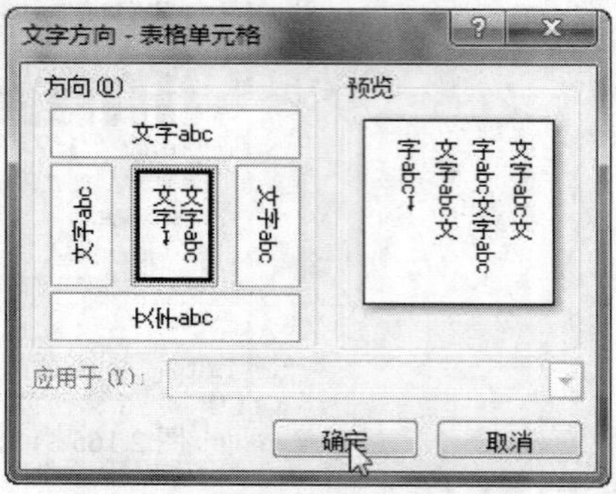

（7）设置单元格对齐方式

具体要求：将表格中所有单元格的对齐方式设为中部居中。

操作步骤：选中整个表格，在快捷菜单中选择"单元格对齐方式"下的"水平居中"命令。

（8）设置表格边框

具体要求：设置表格的边框为双线。

操作步骤：选中整个表格，打开"边框和底纹"对话框。选择"边框"选项卡，如图2.169所示，在"设置"中选择"全部"，在"线型"列表框中选择双线型。

图2.168 "文字方向"对话框

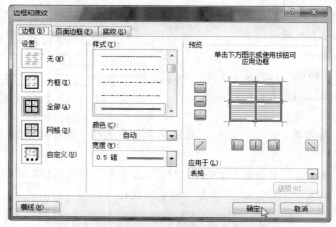

图2.169 "边框和底纹"对话框的"边框"选项卡

（9）设置单元格格式

具体要求：将表体部分的单元格的底纹设为"白色，背景1，深色15%"，字体设为楷体，字号设为小四，字形加粗。设置完成后的表格如图2.170所示。

步骤1 将鼠标指向第一行第一列单元格的上边框，鼠标指针变为↓形。单击鼠标左键，选中第一列所有的单元格。

步骤2 在快捷菜单中选择"边框和底纹"，在"边框和底纹"对话框的"底纹"选项卡中，在"填充"列表中选择"白色，背景1，深色15%"，单击"确定"按钮。

步骤3 在"开始"选项卡的"字体"选项组中设置这些单元格的字体为楷体，字号设为小四，字形加粗。

用同样方法将性别、民族、所学专业、出生年月、政治面貌、英语水平几个单元格的格式设置为如上样式。

6. 设置页面边框

（1）插入分节符

具体要求： 在第二页的表格后面插入分节符。

操作步骤： 将鼠标定位到表格的后面，选择"页面布局"选项卡的"页面设置"选项组的"分隔符"按钮，如图 2.171 所示，在其下拉菜单中选择"下一页"，则系统在鼠标所在的位置处插入分节符，并将插入点定位到下一页。

姓 名	林致远	性 别	男	出生年月	1984.6
籍 贯	湖南长沙	民 族	汉	政治面貌	党员
毕业单位	湖南大学	所学专业	计算机科学与技术	英语水平	六级
获奖情况		2004 年 3 月获校一级奖学金 2005 年 4 月获"熊晓鸽奖学金" 2003 年 9 月获"湖南大学英语演讲比赛"三等奖 2005 年 7 月参加微软认证中心培训，获 MCSE 证书			
专业特长		具有网站设计、系统分析、数据库设计经验 熟练掌握 VB、C++语言及 Delphi 语言 熟练使用 Sybase、SQL Server 大型数据库管理系统 熟悉 Office、Dreamweaver、Photoshop、Flash 等工具的使用 能熟练地进行英语笔译，流利地用英语交谈			
工作经历		参加学院教学网站建设开发的项目组 参加湖南省自学考试报考系统、省计生委多媒体咨询系统的开发 独立进行了御书楼图书管理系统、天环公司物业管理收费系统、 金澳袋鼠连锁服装销售管理系统等项目的开发			
联系方式		宅　电：0731-1234567 手　机：13507313721 电子邮件：linzhiyuan@163.com QQ：7415345 通信地址：湖南大学计算机通讯学院　邮编 410082			

图 2.170　第二页的表格

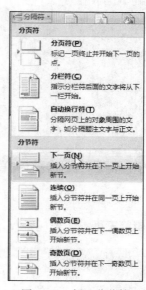

图 2.171　插入分节符

（2）设置页面边框

具体要求： 为第一、二页设置艺术型页面边框 ▓▓▓▓▓。

操作步骤： 选择"页面布局"选项卡的"页面背景"选项组的"页面边框"按钮▦，打开"边框和底纹"对话框。如图 2.172 所示，选择"页面边框"选项卡，在"艺术型"下拉列表中选择如图 2.172 所示的边框，在"应用于"下拉列表中选择"本节"。

图 2.172　"边框和底纹"对话框

设置完成后第一、二页的效果如图 2.171 所示。

图 2.173　第一页和第二页的效果图

7. 编辑第三页

图 2.174　第三页和第四页的外观

（1）插入自选图形

具体要求：在第三页中插入圆形，设置圆形的"形状轮廓"为"无轮廓"，"阴影效果"为"阴影样式 3"，阴影的颜色为黑色。

操作步骤：按前面所示的方法插入圆形，并设置格式。

（2）插入文本框

具体要求：

① 插入文本框，输入文字"自荐信"。设置字体为"黑体"，字号为"初号"，颜色为"红色"。设置文本框的"形状轮廓"为"无轮廓"，"阴影效果"为"阴影样式 2"。

② 插入文本框，输入文字"Application"。设置字体为"Broadway"，字号为"小二"，颜色为"白色，背景 1，深色 25%"。设置文本框的"形状轮廓"为"无轮廓"。

③ 插入文本框，将文件"自荐信"的文字复制过来。设置文本框"形状轮廓"为"无轮廓"。

步骤 1　选择"插入"选项卡的"文本"选项组的"文本框"按钮，在下拉菜单中选择"绘制文本框"。

步骤 2　将鼠标移到画布中，拖曳出文本框。

步骤 3　在文本框内的插入点处，输入文字"自荐信"。

步骤 4　选择文字"自荐信"，在浮动菜单中设置字体为"黑体"，字号为"初号"，颜色为"红色"。

步骤 5　选中文本框，在"格式"选项卡中设置"形状轮廓"为"无轮廓"，"阴影效果"为"阴影样式 2"。

步骤 6　按照上述方法，插入另外两个文本框。

8. 编辑第四页

（1）插入自选图形

具体要求：插入分页符，将第三页的圆形复制到第四页，并设置阴影效果为"阴影样式 4"。

操作步骤：按前面所示的方法插入分页符，复制圆形，并设置阴影效果。

（2）插入图片

具体要求：插入图片，设置图片的文字环绕为"浮于文字上方"，旋转图片，调整图片的大小和位置，并设置图片的样式。

步骤 1　将插入点定位到第四页，单击"插入"选项卡的"插图"选项组的"图片"按钮，在"插入图片"对话框中，选取需要插入的图片文件。

步骤 2　选中图片，单击"格式"选项卡的"排列"选项组的"文本环绕"按钮，在其下拉菜单中选择"浮于文字上方"。

步骤 3　将鼠标指向图片的控制点，拖曳鼠标来调整图片的大小。

步骤 4　将鼠标指向图片的绿色旋转按钮，拖曳鼠标来旋转图片。

步骤 5　在"格式"选项卡的"图片样式"选项组的列表中选择合适的图片样式。

步骤 6　按照上述方法，插入另两张图片。

2.7　操 作 练 习

操作题一

输入下列文字：

毛主席年轻时在长沙求学，时常与学友在此游憩、学习，现该亭匾额"爱晚亭"三字就是毛主席于五十年代初亲笔手书。亭内碑上刻有毛主席手书《沁园春·长沙》诗句。

爱晚亭始建于清乾隆五十七年（1792 年），原名红叶亭，又名爱枫亭，后据杜牧"停车坐爱枫林晚，霜叶红于二月花"诗意，将亭改名为爱晚亭。爱晚亭位于岳麓山下清风峡中，亭坐西向东，三面环山，古枫参天。亭顶重檐四披，攒尖宝顶，四翼角边远伸高翘，覆以绿色琉璃筒瓦，形制古雅。

1. 将文中的"毛主席"替换为"毛泽东"。

2. 将第二段（爱晚亭始建于……）移到第一段（毛主席年轻时……）的前面。

3. 所有文字设置为宋体、五号、两端对齐。

4. 第二段（毛主席年轻时……）的段前距设为 0.5 行。

5. 设置第二段为首字下沉（下沉行数为 2）。

6. 在最后一句上添加波浪线（亭内碑上刻……）。

7. 插入艺术字，文字为爱晚亭（采用艺术字库中第二行第三列式样），宋体，字号为 40，艺术字形状设置为两端远（第三行第四列的样式），居中。

8. 将第一段设置为两栏。

9. 插入文本框，输入"长沙景点"，字体为华文新魏，字形加粗，字号为四号，阴影效果，颜色为红色，字符间距紧缩 0.8 磅。

文本框版式为四周型环绕，文本框样式为"复合型轮廓-强调文字颜色 1"，阴影效果为"阴影样式 1"。

10. 正文中插入剪贴画如图 2.175 所示（主题为"architecture"），图片高度设置为 2.5 厘米（锁定纵横比），版式采用"四周型"，将图片拖动到适当位置。

在第二段下面插入一矩形框，填充效果设为"蓝色面巾纸"纹理，形状轮廓设为"无"，版式为"衬于文字下方"，三维效果为"三维样式 7"。

排版后的效果如图 2.175 所示。

图 2.175　操作题一排版后的效果

操作题二

1. 插入文档《第二题原文》中的文字。

2. 选中正文（从"湖南大学是全国重点大学"至"确定录取分数及考试名单"），设字体为宋体，字号为小四，行距为 1.5 倍，首行缩进 2 个字符。

3. 将"招生专业及考试科目"的字体设为幼圆，字号设为小三，字形为加粗，对齐方式设为居中，段前间距设为 0.5 行。

4. 选中"机械工程"至文章结尾（即"咨询电话 0731-8822856"），对齐方式设为居中，将其分为两栏，中间有分隔线。

5. 将各专业名称的字体设为华文行楷，字号为三号，红色，阴影效果。在各专业名称前插入项目符号☺（Windings 字体下的符号）。除了"机械工程"、"计算机技术"专业名称，其余的专业名称均设置段前距为 0.5 行。（提示：可用格式刷复制格式）

6. 将联系地址和咨询电话设置字符底纹，字形加粗。

7. 在文档页眉处输入"湖南大学欢迎你"。在页脚处输入页号，右对齐。

8. 插入竖排文本框，在文本框内输入"工程硕士招生"，字体为黑体，字号为一号字，间距加宽为 5 磅，文本左对齐。再在文本框内输入"湖南大学"，字体为华文行楷，字号为小初，文本右对齐。

9. 设置文本框高度为 10.5，宽度为 4，内部上、下边距分别为 0.8 厘米，文字环绕方式为"四周型"，形状轮廓为图案"编织物"，粗细为 8 磅。

10. 将图片文件"办公楼.GIF"插入到文章的右上角，设置文字环绕方式为"四周型"。

11. 在正文下插入一矩形框，将其填充效果设为系统预设的"红木"的渐变效果，底纹式样为"垂直"，形状轮廓设为"无"，文字环绕方式为"四周型"。

排版后效果如图 2.176 所示。

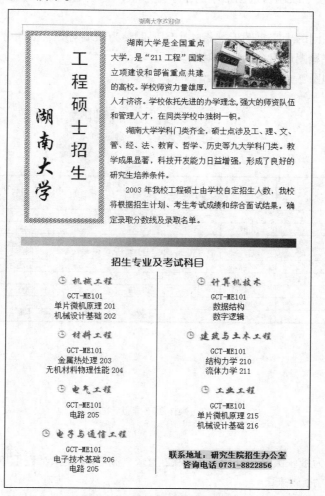

图 2.176　操作题二排版后的效果

操作题三

1. 插入艺术字"课表"，样式自选，文字环绕方式为"四周型"。

2. 插入剪贴画如图 2.177 所示（主题为"woman"），调整其大小，设其图片样式为矩形投影，文字环绕方式为"四周型"，移动到标题的右边。

3. 插入一个十行六列的表格，输入各个单元格的内容如图 2.177 所示。

4. 合并第二行所有单元格，输入"上午"；合并第七行的所有单元格，输入"下午"。

5. 将第一行的高度指定为 1.5 厘米。

6. 在第一行第一列的单元格内绘制斜线表头。

7. 将第一行第二列至第六列单元格中的文字字体设为幼圆，字号为小四，加粗；设置单元格底纹为"茶色，背景 2，深度 10%"。

8. 将所有单元格中文字的对齐方式设为水平居中。

9. 将表格的外边框设为 1.5 磅的粗细。

10. 插入图片文件"soap"，将其高度设为 7cm，宽度设为 15cm，文字环绕方式设为"衬于文字下方"，颜色模式为"冲蚀"，使其作为课表的背景图片。

11. 在课表的下方，绘制自选图形中的十字星形状，设置其形状样式为"对角渐变-强调文字，颜色 4"。

12. 复制 3 个相同的十字星图形，将 4 个图形调整为顶端对齐、横向分布。

13. 将 4 个十字星图形组合为一个对象。

编辑后的文档如图 2.177 所示。

课程\日期	星期一	星期二	星期三	星期四	星期五
上午					
1	高数	泛读	文学	高数	泛读
2	精读	口语	马哲	口语	日语
3	听力	日语	计算机	听力	计算机
4	体育	精读	军事理论	体育	军事理论
下午					
5	马哲		法律		马哲
6	上机		班会		上机
7	上机		班会		上机

图 2.177　操作题三排版后的效果

操作题四

1. 将页面设置为纸张大小自定义，宽 39.2 厘米，高 29.7 厘米，设上下边距分别为 2 厘米，左右页边距分别为 1.75 厘米。

2. 输入试卷标题"数学课程考试试卷"，设为黑体、二号字、居中对齐。

3. 插入表格如图 2.178 所示，设置第 1 列、第 12 列的列宽为 1.5 厘米，第 2 到第 11 列的列宽为 1 厘米。表格居中显示。表格中的文字为宋体、五号字、水平居中。

4. 输入各题的内容如图 2.178 所示，其中公式利用公式编辑器来编辑，图形通过绘图工具栏来绘制。注意不用输入题目编号。

5. 将试卷分两栏，中间有分隔线。

6. 设置各大题字体为黑体、小三号，编号样式为"一二三"，编号格式为编号加"、"号。

7. 设置各小题的编号样式为"123"，对齐位置为 1 厘米，文字缩进位置为 1.75 厘米。

8. 对试卷加上红色半透明的水印背景"保密"。

编辑后的文档如图 2.178 所示。

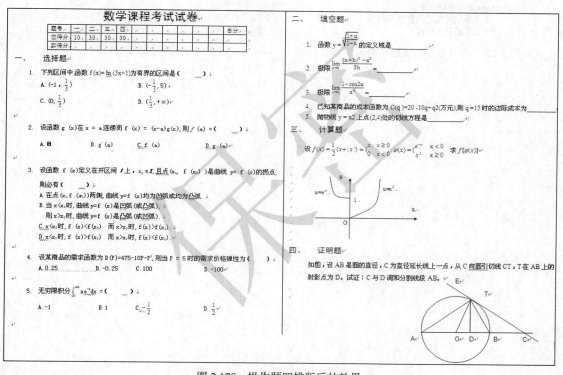

图 2.178　操作题四排版后的效果

操作题五

1. 打开文档《第五题原文》。

2. 设置正文样式为楷体，五号，首行缩进两字符。

3. 设置第一级标题样式为宋体，三号，加粗，居中，1.5 倍行距，无首行缩进，段前和段后为 15 磅。

4. 设置第二级标题样式为黑体，小四号，不加粗，单倍行距，段前和段后为 0.5 行。

5. 按要求将文字设为第一级和第二级标题，如图 2.179 所示。

6. 对第一级至第二级标题设多级符号，设第一级标题的编号形式为 chapter X。

打开文档结构图，如图 2.179 所示。

7. 切换至大纲视图，将第一章第三节的内容移到第一章第四节的后面，将其升级为第二章。

8. 在第一页插入文档的目录。要求目录中显示到第二级标题，显示页码，如图 2.180 所示。

9. 设置页眉和页脚为首页不同，在第二页的页眉中间输入自己的姓名，页脚的右边插入"第 X 页共 Y 页"（X 为页号，Y 为页码）。

10. 打印预览文档。

11. 查看文件的字数，为文件设置密码。

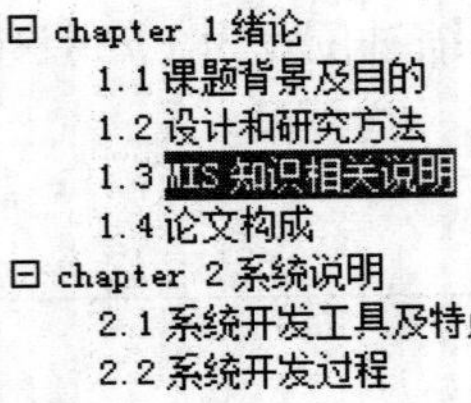

□ chapter 1 绪论
　　1.1 课题背景及目的
　　1.2 设计和研究方法
　　1.3 MIS 知识相关说明
　　1.4 论文构成
□ chapter 2 系统说明
　　2.1 系统开发工具及特点说明
　　2.2 系统开发过程

图 2.179　操作题五的文档结构图

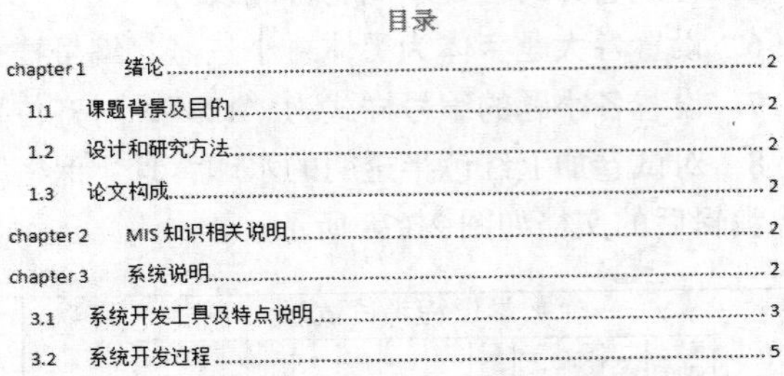

目录

图 2.180　操作题五的目录

第3章
Excel 2007 操作

3.1 基 本 概 念

Excel 能做什么

Excel 2007 是微软公司 Office 2007 组件之一。使用 Excel 制作的美观实用的电子表格，广泛应用在财务、管理、统计分析、市场营销、工程计算等方面。在 Excel 中，用户可以高效地输入数据，通过公式和函数计算数据，对数据进行排序、筛选、汇总等处理，还能轻松地将数据转化为各类图表。

Excel 的基本知识

启动 Excel 后，窗口如图 3.1 所示。

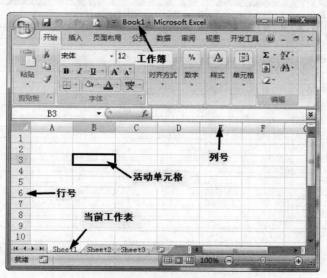

图 3.1　Excel 窗口界面

* 工作簿

工作簿是处理和存储数据的 Excel 文件，扩展名为 xlsx。

每个工作簿由多张工作表组成，最多可包含 255 个工作表。默认情况下，每个工作簿由 Sheet1、Sheet2、Sheet3 三张工作表组成。用户可以对工作表改名，也可根据需要添加或删除工作表。

- 工作表

工作表是由行和列构成的电子表格。行号用数字 1 ~ 65 535（共 65 535 行）表示，列号用字母 A、B、C、…、Z，AA、AB、AC、…、AZ，BA、…、IV（共 256 列）表示。

当前被选中的工作表称之为当前工作表，其标签显示为白色。

- 单元格

工作表中行和列相交处的小方格称为单元格，单元格是 Excel 处理信息的最小单位。

单元格内可存放文字、数值、日期、时间、公式和函数。

每个单元格的名称取决于它所在的行号与列号。例如，第 B 列（第 2 列）第 3 行处交叉的单元格的名称是 B3。

3.2 Excel 电子表格的编辑与格式化

3.2.1 案例分析

本实例示范在单元格中输入和编辑数据，填充序列，设置数据的有效性，插入、删除和移动单元格，修饰工作表。使读者基本掌握电子表格的编辑与格式化。

编辑完成的《成绩表》电子表格如图 3.2 所示。

	A	B	C	D	E	F	G	H	I	J	K
1	计算机学院成绩表										
2	科目 / 班级	姓名	学号	精读	泛读	听力	口语	总分	平均分	加权分	评语
3	计应一班	孙毅	200701	60	55	75	65				
4	计应一班	陈波	200702	80	88	95	90				
5	通信一班	张华	200703	85	78	75	80				
6	网络一班	李娟	200704	75	65	76	64				
7	计应一班	王向东	200705	98	95	90	90				
8	计应一班	赵兰	200706	45	74	40	53				
9	通信一班	钱仲	200707	95	90	85	85				
10	通信一班	欧阳波	200708	80	82	75	78				
11	网络一班	林致远	200709	65	60	85	60				
12	网络一班	林茂	200710	90	95	95	98				
13	网络一班	王勇	200711	78	75	80	80				
14	网络一班	张强	200712	85	95	98	89				
15	通信一班	赵晓燕	200713	95	95	94	93				
16	通信一班	李浩	200714	40	62	55	51				
17	网络一班	刘洁	200715	72	71	81	84				
18	网络一班	刘希	200716	81	83	74	78				
19	计应一班	黄滇	200717	50	53	60	52				
20	通信一班	杨义	200718	92	88	80	80				
21	计应一班	石湘	200719	96	94	92	95				
22	通信一班	陈红	200720	83	83	75	81				

图 3.2 成绩表

设计要求：

（1）启动 Excel 并输入数据；

（2）修改单元格的数据；

（3）删除行；

（4）插入列；

（5）填充序列；

（6）移动列；

（7）设置数据有效性；

（8）单元格合并居中；

（9）设置文字格式；

（10）调整行高；

（11）设置单元格格式；

（12）设置条件格式；

（13）设置表格边框；

（14）绘制斜线表头。

3.2.2　设计步骤

1. 启动 Excel 并输入数据

具体要求：启动 Excel，输入数据如图 3.3 所示。

	A	B	C	D	E	F	G	H	I	J
1	成绩表									
2	班级	姓名	精读	听力	泛读	口语	总分	平均分	加权分	评语
3	计应一班	孙毅	60	75	55	65				
4	计应一班	陈波	80	95	88	90				
5	通信一班	张华	85	75	78	80				
6	网络一班	李娟	75	76	65	64				
7	计应一班	王向东	98	90	95	90				
8	计应一班	赵兰	45	40	74	53				
9	通信一班	钱仲	95	85	90	85				
10	通信一班	欧阳波	80	75	82	78				
11	网络一班	林致远	65	85	60	60				
12	网络一班	林茂	90	95	95	98				
13	网络一班	王勇	78	80	75	80				
14	网络一班	张强	85	98	95	89				
15	通信一班	赵晓燕	95	94	95	93				
16	通信一班	李浩	40	55	62	51				
17	网络一班	刘洁	72	81	71	84				
18	网络一班	刘希	81	74	83	78				
19	计应一班	黄滇	50	60	53	52				
20	计应一班	伍华	90	85	95	80				
21	通信一班	杨义	92	80	88	80				
22	计应一班	石湘	96	92	94	95				
23	通信一班	陈红	83	75	83	81				

图 3.3　成绩表的原始数据

步骤 1　用户可以通过下列方式启动 Excel。

● 单击屏幕左下角的"开始"按钮，选择"所有程序" | "Microsoft Office" | "Microsoft Office Excel 2007"命令，如图 3.4 所示。

图 3.4　启动 Excel

- 双击桌面上的 Excel 快捷图标。

- 在"我的电脑"或"资源管理器"中双击任一个 Excel 文件，则启动 Excel，同时打开指定的电子表格文件。

步骤 2　启动 Excel 后，系统新建一个名为 Book1 的工作簿，并选定当前工作表为"Sheet1"。

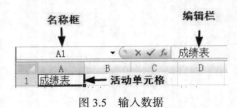

图 3.5　输入数据

用鼠标单击要输入数据的单元格，单元格的周围出现黑框，表示已选中为活动单元格。编辑栏左边的名称框显示活动单元格的名称，如图 3.5 所示，用户可直接在单元格内录入数据，也可在右边的编辑栏中录入数据。所输入的内容会同时出现在编辑栏和单元格中。

输入数据后，用户可通过下列方式确认。

➢ 按回车键确认，将活动单元格下移一个单元。

➢ 按 Tab 键确认，将活动单元格右移一个单元。

➢ 按 ↑↓←→光标键确认，切换到其他单元格。

➢ 单击编辑栏的"输入"按钮✓确认。

在未确认之前，按 Esc 键或单击编辑栏的"取消"按钮✕，可取消用户的输入。

在单元格中可输入文字、数值、日期和时间。

- 输入文字

文字是键盘上可输入的任何符号，默认情况下向左对齐。

对于数字形式的文字数据，如身份证号、学号、电话号码等，应在数字前加上单引号（英文状态下输入）。

例如，输入身份证号：'43010519700102102，单元格以 43010519700102102 形式显示。

- 输入数值

数值包含"0~9"数字符号，还包括 +（正号）、–（负号）、（）（括号）.（小数点）、（千位分隔符）、%（百分号）、$¥（货币符号）、E e（科学计数法）等特殊字符。默认情况下向右对齐。

若数据长度超过 11 位，系统将自动转换为科学计算法表示。例如，输入数值 123456789123，单元格以 1.23457E+11（1.23457×10^{11}）形式显示。

若要输入负数，应在数字前加一个负号（–）或将数字置于括号内。

若要输入分数，应先输入 0 和空格，再输入分子/分母。

- 输入日期和时间

Excel 中有多种日期格式，比较常见的有月/日（10/1）、月-日（10-1）、年/月/日（2007/10/1）、年-月-日（2007-10-1）。

时间格式为时：分：秒，若要以 12 小时制输入时间，需在时间数字后空一格，并键入字母 a、am（上午）或 p、pm（下午），如 2:00 p 表示下午两点钟。否则，Excel 以 24 小时制来处理时间。

按 Ctrl +;（分号）在单元格中插入系统日期，按 Ctrl +Shift+; 插入系统时间。

2. 修改单元格的数据

具体要求：将 A1 单元格的内容改为"计算机学院成绩表"

操作步骤：选中 A1 单元格为活动单元格，采取下列方法可修改单元格的数据。

➢ 在编辑栏中单击鼠标，出现插入点，将插入点移到"成绩表"的前面，输入"计算机学院"，单击"输入"按钮✓确认修改或按 Enter 键确认，如图 3.6 所示。

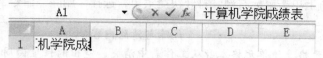

图 3.6　修改数据

➤　双击鼠标，在单元格内出现插入点，将插入点移到"成绩表"的前面，输入"计算机学院"，按 Enter 键确认修改，并将活动单元格下移一个单元。

提示　在 Excel 2007 中，默认情况下，不能直接在单元格中修改数据。单击 Office 按钮，在下拉菜单中单击"Excel 选项"按钮，打开"Excel 选项"对话框。如图 3.7 所示，在列表中选择"高级"，选中"允许直接在单元格内编辑"复选框，才可直接在单元格中编辑数据。

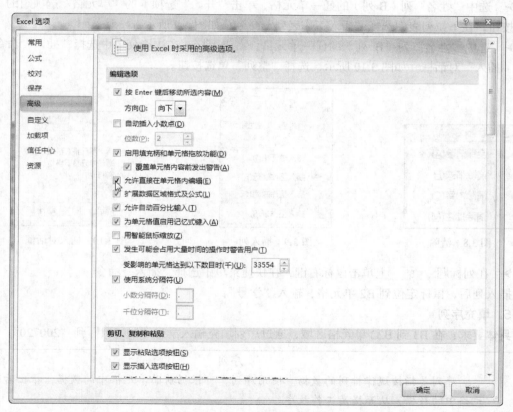

图 3.7　"Excel 选项"对话框

3. 删除行

具体要求：删除第 20 行。

操作步骤：采用下列方式可删除行。

➤　选中第 20 行的任一单元格，单击"开始"选项卡的"单元格"选项组的"删除"按钮，在下拉列表中选择"删除工作表行"命令。

➤　选中第 20 行的任一单元格，右击鼠标，在快捷菜单中选择"删除"命令，打开"删除"

对话框，选择"整行"单选按钮。

➢ 在行标题 20 上单击鼠标右键，打开快捷菜单，选择"删除"命令，则第20行被删除。

删除与清除内容

删除单元格，使单元格本身从工作表中消失，空出的位置由周围的单元格来补充。

而选中单元格后按 Del 键，只能将单元格的内容清除，空白单元格仍保留在工作表中。

此外，选中单元格，"开始"选项卡的"编辑"选项组的"清除"按钮，如图3.8所示，可在其下拉菜单中选择清除单元格的全部、格式、内容或批注。

4. 插入列

具体要求：在"姓名"列（B列）前插入一列，在B2单元格中输入学号。

操作步骤：采用下列方式可插入列。

➢ 选中"姓名"列（B列）的任一单元格，单击"开始"选项卡的"单元格"选项组的"插入"按钮，在下拉列表中选择"插入工作表列"命令，如图3.9所示。

➢ 选中"姓名"列（B列）的任一单元格，右击鼠标，在快捷菜单中选择"插入"命令，打开"插入"对话框。如图3.10所示，选择"整列"单选按钮。

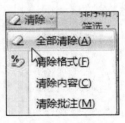

图3.8 清除

图3.9 插入列

图3.10 插入对话框

➢ 在列标题 B 上单击鼠标右键，在快捷菜单中选择"插入"命令。

插入列后，鼠标定位到B2单元格，输入"学号"。

5. 填充序列

具体要求：在B3到B22单元格区域，通过序列填充输入学号"200701"到"200720"。

序列

序列是指按规律排列的数据。使用序列，可根据前面单元格中的数据，推出后面单元格中的数据，从而提高工作效率。

Excel中有4种形式的序列：时间序列、等差序列、等比序列和自动填充序列。

如图3.11所示，时间序列的间隔可以是天数、月份、年份多种时间单位。

等差序列是指序列中每两个相邻的数间隔相同的值，这个固定的值被称为步长。

等比序列是指序列中每两个相邻的数之间的比例关系相等。

自动填充序列是时间序列和等差序列的结合，还包括系统预定义的填充序列和用户自定义的新序列。

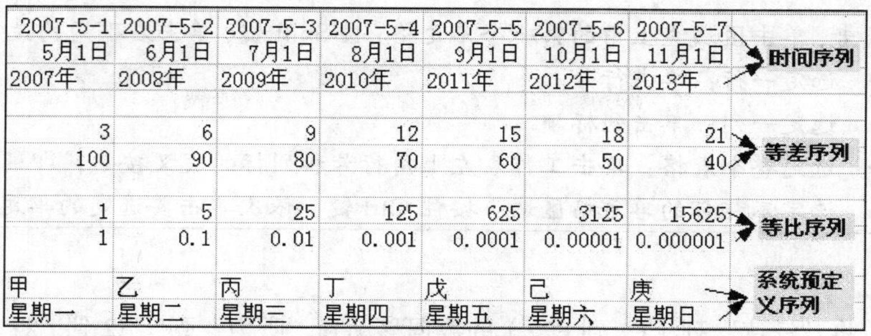

2007-5-1 2007-5-2 2007-5-3 2007-5-4 2007-5-5 2007-5-6 2007-5-7
5月1日 6月1日 7月1日 8月1日 9月1日 10月1日 11月1日
2007年 2008年 2009年 2010年 2011年 2012年 2013年
时间序列
3 6 9 12 15 18 21
100 90 80 70 60 50 40
等差序列
1 5 25 125 625 3125 15625
1 0.1 0.01 0.001 0.0001 0.00001 0.000001
等比序列
甲 乙 丙 丁 戊 己 庚
星期一 星期二 星期三 星期四 星期五 星期六 星期日
系统预定义序列

图 3.11　序列

操作步骤：选中 B3 单元格，由于学号是数字形式的文字数据，输入单引号，再输入 200701。

注意　必须在英文的标点符号状态下输入单引号。

采取下列方法可以填充序列。

➢ 将鼠标放在 B3 单元格的填充柄上（右下角的小黑点），鼠标指针变为实心十字+。

从填充柄向下拖曳鼠标，此时显示虚线框，表示填充的目的单元格，同时显示标签表示填充的值，如图 3.12 所示。

填充到 200720，释放鼠标，完成填充。

➢ 鼠标指向 B3 单元格，鼠标指针为空心十字✥，拖曳鼠标到 B22 单元格，选中 B3 到 B22 单元格。

单击“开始”选项卡的“编辑”选项组的“填充”按钮[填充]，在下拉列表中选择“序列”命令，打开“序列”对话框，如图 3.13 所示。

在“序列产生在”栏选择“列”单选按钮，在“类型”栏选择“自动填充”单选按钮。

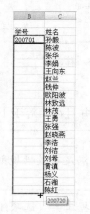

B C
学号 姓名
200701 孙毅
陈波
张华
李娟
王向东
赵兰
钱仲
欧阳波
林致远
林茂
王勇
张强
赵晓燕
李浩
刘洁
刘希
黄滇
杨义
石湘
陈红
200720

图 3.12　填充序列

B C D E F G
学号 姓名 精读 听力 泛读 口语
序列
序列产生在
行(R)
列(C)
类型
等差序列(L)
等比序列(G)
日期(D)
自动填充(F)
日期单位
日(A)
工作日(W)
月(M)
年(Y)
预测趋势(T)
步长值(S):
终止值(O):
确定
取消

图 3.13　“序列”对话框

技巧

选定单元格

在对单元格进行编辑或格式化时，首先要选定单元格，可采取下列方法来选定单元格。

➢ 选定一个单元格：单击要选定的单元格。

➢ 选定相邻的单元格区域：单击区域左上角的第一个单元格，沿对角线方向拖曳鼠标到区域右下角的最后一个单元格，释放鼠标。

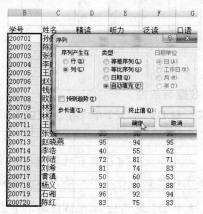

或者，单击区域左上角的第一个单元格，按 Shift 键，单击右下角的最后一个单元格。

> 选定一行：单击行号。
> 选定一列：单击列标。
> 选定整个表格：单击工作表左上角行号和列标的交叉按钮，即"全选"按钮。
> 选定不相邻的单元格区域：按住 Ctrl 键，依次单击要选定的单元格。

6. 移动列

具体要求：将"泛读"列（F2 到 F22）的数据移动到"听力"列（E2 到 E22）的前面。

操作步骤：采用下列方式可移动单元格。

> 选中单元格区域 F2 到 F22，将鼠标移到选中区域的边框，鼠标指针变为 形。

按下 Shift 键，拖曳鼠标到 E 列的前面，当 D 列和 E 列之间出现灰色的工字形，并显示图标 E2:E22，如图 3.14 所示，释放鼠标。

> 选中单元格区域 F2 到 F22，在快捷菜单中选择"剪切"命令，再右击 E2 单元格，如图 3.15 所示，在快捷菜单中选择"插入已剪切的单元格"命令。

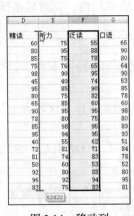

图 3.14 移动列

图 3.15 移动列

7. 设置数据有效性

具体要求：对 D3 到 G22 单元格区域设置数据有效性：大于等于 0 并且小于等于 100。

数据有效性

对于单元格可设置有效的数据输入范围。当输入的数据不满足有效性规则时，系统将不允许此数据存入单元格，从而有效地减少输入数据的错误。

步骤 1 选中 D3 到 G22 单元格区域，单击"数据"选项卡的"数据工具"选项组的"数据有效性"按钮 ，打开"数据有效性"对话框。

步骤 2 在"数据有效性"对话框中，选择"设置"选项卡，如图 3.16 所示。

在"允许"下拉列表中选择"整数"，在"数据"下拉列表中选择"介于"，在"最小值"文本框中输入"0"，在"最大值"文本框中输入"100"。

步骤 3 在"数据有效性"对话框中，选择"出错警告"选项卡，如图 3.17 所示。

在"错误信息"编辑框中输入"成绩必须在 0 到 100 之间"。

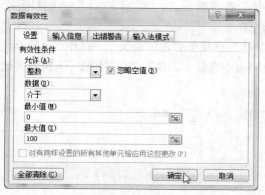
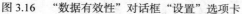

图 3.16　"数据有效性"对话框"设置"选项卡

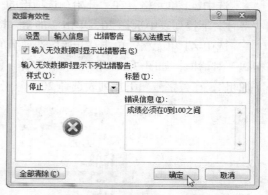

图 3.17　"数据有效性"对话框"出错警告"选项卡

将 D3 到 G22 的任一单元格中的数据改为一个小于 0 或大于 100 的数,试图离开该单元格时,系统打开一个警告对话框,如图 3.18 所示。

如果选择"重试",则该单元格仍为活动单元格,要求用户输入正确的数据;如果选择"取消",则取消用户对数据的修改。

8. 单元格合并居中

具体要求:将 A1 到 K1 单元格区域合并为一个单元格,设置对齐方式为居中。

操作步骤:选中 A1 到 K1 单元格,采用下列方式可合并及居中单元格。

➢　单击"开始"选项卡的"对齐方式"选项组的"合并后居中"按钮 合并后居中,使其被按下,则 A1 到 K1 单元格区域合并为一个单元格,文字显示在单元格的中央。

➢　单击"开始"选项卡的"对齐方式"选项组旁边的箭头 ,打开"设置单元格格式"对话框,如图 3.19 所示,在"水平对齐"的下拉列表中选择"居中",再选中"合并单元格"复选框,单击"确定"按钮。

图 3.18　警告对话框

图 3.19　"设置单元格格式"对话框的"对齐"选项

若要取消单元格的合并,选中已合并的单元格,再次单击"合并及居中"按钮,取消其按下的状态。

或者,在"设置单元格格式"对话框的"对齐"选项卡中,取消"合并单元格"复选框。

9. 设置文字格式

具体要求:设置 A1 单元格中字体为宋体,字号为 20,字形为加粗。

操作步骤:采用下列方式可设置单元格的格式。

➢ 选中 A1 单元格，在"开始"选项卡的"字体"选项组的"字体"下拉列表中选择宋体，在"字号"下拉列表中选择 20，单击"加粗"按钮 **B**。

➢ 选中 A1 单元格，单击"开始"选项卡的"字体"选项组旁边的箭头 ⬚，打开"设置单元格格式"对话框，如图 3.20 所示。在"字体"下拉列表中选择"宋体"，在"字形"下拉列表选择"加粗"，在"字号"下拉列表选择 20。

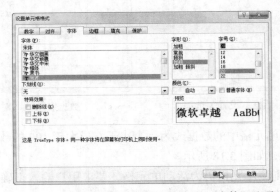

图 3.20　"设置单元格格式"对话框的"字体"选项

技巧

选中单元格的部分数据

选中单元格后所设置的字体格式，将改变单元格中所有的文字。

若要对单元格中的部分文字设置格式，则应在单元格中双击鼠标，当单元格内出现插入点后，拖曳鼠标以选中需设置格式的文字，如图 3.21 所示。

图 3.21　选中单元格中的部分数据

10. 调整行高

具体要求： 将第二行的行高设置为 30。

操作步骤： 采用下列方式可设置单元格的行高。

图 3.22　"行高"对话框

➢ 在第二行的行标上单击鼠标右键，选择快捷菜单中的"行高"命令，打开"行高"对话框。"行高"对话框如图 3.22 所示，在"行高"文本框中输入"30"。

此外，选中第二行的任一单元格，单击"开始"选项卡的"单元格"选项组的"格式"按钮，在下拉列表中选择"行高"命令，也可打开"行高"对话框。

➢ 将鼠标指向行标题的分隔线，指针变为带箭头的十字 ✛，拖曳鼠标可调整行高。

➢ 直接双击行标题的分隔线，Excel 会根据单元格的内容自动设置适当的行高。

11. 设置单元格格式

具体要求： 设置 A2 到 K2 单元格区域字形加粗，底纹颜色为蓝色，字体颜色为白色，居中对齐。

操作步骤： 选中 A2 到 K2 单元格区域，采用下列方式可设置单元格的格式。

> 单击"开始"选项卡的"字体"选项组的"加粗"按钮 B；单击"填充颜色"按钮 右边的小三角形，在其下拉列表中选择"蓝色"；单击"字体颜色"按钮 右边的小三角形，在其下拉列表中选择"白色"。再单击"对齐方式"选项组的"居中"按钮

> 单击"开始"选项卡的"字体"选项组的 旁变的箭头，打开"设置单元格格式"对话框。选择"对齐"选项卡，在"水平对齐"的下拉列表中选择"居中"。选择"字体"选项卡，在"字形"下拉列表中选择"加粗"，在"颜色"下拉列表中选择"白色"。选择"填充"选项卡，如图 3.23 所示，在"背景色"中选择"蓝色"。

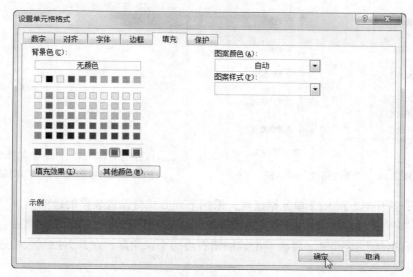

图 3.23　"单元格格式"对话框的"填充"选项卡

12. 设置条件格式

具体要求：对 D3 到 G22 单元格区域设置条件格式：平均分 60 分以下的，设置为浅红色填充深红色文本，字形加粗。

条件格式

知识点　条件格式是指根据单元格的数据动态地显示格式。当单元格中的数据符合指定条件时，就应用所设的条件格式；不符合指定条件时，沿用以前的格式。

步骤 1　选中 D3 到 G22 单元格区域，单击"开始"选项卡的"样式"选项组的"条件格式"按钮，如图 3.24 所示，在下拉列表中选择"突出显示单元格规则"中的"小于"，打开"小于"对话框。

步骤 2　在"小于"对话框中，如图 3.25 所示，在文本框中输入"60"，在"设置为"列表框中选择"浅红填充深红色文本"，单击"确定"按钮。

步骤 3　再次打开"小于"对话框，在文本框中输入"60"，在"设置为"列表框中选择"自定义格式"，打开"设置单元格格式"对话框。如图 3.26 所示，在"字形"列表框中选择"加粗"。

13. 设置表格边框

具体要求：设置 A2 到 K22 单元格区域的外边框为粗线，内边框设为细线。

在打印 Excel 文档时，编辑时所显示的灰色表格线不会被打印出来。必须对单元格设置边框

后，才能打印带表格线的表格。

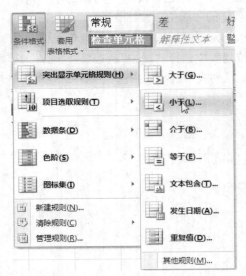

图3.25 "小于"对话框

图3.24 "条件格式"对话框　　　　图3.26 "设置单元格格式"对话框

操作步骤：选中 A2 到 K22 单元格区域，采用下列方式可设置表格的边框。

➢ 单击"开始"选项卡的"字体"选项组的"边框"按钮 右边的小三角形，在其下拉列表中选择"所有框线"按钮⊞。再次单击该按钮右边的小三角形，在其下拉列表中选择"粗匣框线"按钮▢。

➢ 右击鼠标，在快捷菜单中选择"设置单元格格式"命令，打开"设置单元格格式"对话框。选择"边框"选项卡，如图3.27所示，在"线条样式"列表框中选择一种粗线后，单击"预置"的"外边框"按钮；在"线条样式"列表框中选择一种细线后，单击"预置"的"内边框"按钮。

14. 绘制斜线表头

具体要求：在 A2 的单元格中设置斜线表头 班级 科目 。

在 Excel 中，用户可通过插入文本框和设置边框来设置斜线表头，如图3.28所示。

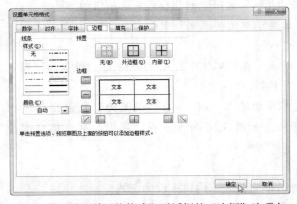

图3.27 "设置单元格格式"对话框的"边框"选项卡

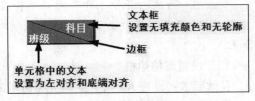

图3.28 斜线表头

步骤 1　选中 A2 单元格,单击"开始"选项卡的"对齐"选项组的"底端对齐"按钮▤和"左对齐"按钮▤,将"班级"两个字调整到单元格的左下角。

步骤 2　单击"开始"选项卡的"字体"选项组的"边框"按钮▦·右边的小三角形,在其下拉列表中选择"绘图边框"按钮,此时鼠标指针变为⌀,在 A2 单元格中画出一条对角线。

步骤 3　单击"插入"选项卡的"插图"选项组的"形状"按钮,在其下拉列表中选择"文本框"▭,此时鼠标指针变为↓形状。

将鼠标移到 A2 单元格,按下鼠标左键拖曳,在 A2 单元格中出现一个文本框,中间有插入点,输入"科目"。

步骤 4　将鼠标指针放在文本框的边框上,鼠标指针变为⛶形状,单击鼠标,选中文本框。

单击"格式"选项卡的"形状样式"选项组的"形状填充"按钮▧·,在其下拉列表中选择"无填充颜色"。

单击"形状轮廓"按钮▱形状轮廓·,在其下拉列表中选择"无轮廓颜色"。

单击"开始"选项卡的"字体"选项组的"字体颜色"按钮Ａ·右边的小三角形,在下拉菜单中选择"白色"。

步骤 5　将鼠标指针放在文本框的控制点上,鼠标指针变为⬉形状,拖曳鼠标,将文本框调整到适当的大小。

步骤 6　将鼠标指针放在文本框的边框上,鼠标指针变为⛶形状,拖曳鼠标,将文本框移动到单元格的右上方。

3.3　Excel 电子表格的数据处理

3.3.1　公式和函数

公式是在工作表中对数据进行运算、分析的等式。

它以"="号开头,由常量、单元格引用、函数和运算符组成。

例如,公式=B1/10 是计算 1 行 2 列的单元格值除以 10 的商。

其中,B1 是单元格引用,/是除法运算符,10 是常量。

- 运算符

在构造公式时,可使用下列 3 类运算符。

➢ 算术运算符:+(加)、-(减)、*(乘)、/(除)、百分号(%)和乘方(^)

其优先级的顺序是:百分号和乘方➔乘、除➔加、减。

例如,公式=3*2^3 的结果为 24。

➢ 关系运算符:=、<、>、>=、<=、<>(不等于)

关系运算符用于比较两个值,产生逻辑值 TRUE 或 FALSE。例如,公式=I3>=60,当 I3 单元格的值大于或等于 60,结果为 TRUE,否则为 FALSE。

➢ 文本运算符:&(文本连接符)

例如,公式="一月"&"销售表"的结果为"一月销售表"。

- 单元格引用

单元格引用是在公式中通过单元格的名称来引用此单元格的数据。

当公式中所引用单元格的数据发生变化时，公式会自动更新计算结果。

➢ 相对引用

默认的引用方式，直接由单元格的列号和行号组成。当公式被复制到其他单元格，引用单元格的地址会根据位置的变化自动调节。

例如，在 G3 单元格输入公式"=D3+E3"，将其复制到 H4 单元格时，变为"=E4+F4"。

➢ 绝对引用

在单元格的列号和行号加上符号$。当公式被复制到其他单元格，引用单元格的地址固定不变。

例如，在 G3 单元格输入公式"=$D$3+$E$3"，将其复制到 H4 单元格时，公式仍为"=$D$3+$E$3"。

➢ 混合引用

在单元格的列号或行号加上符号$。当公式被复制到其他单元格，若行号为绝对引用，行地址不变；若列号为绝对引用，列地址不变。

例如，在 G3 单元格输入公式"=D$3+$E3"，将其复制到 H4 单元格时，为"=E$3+$E4"。

• 函数

函数是预定义的内置公式。

函数的语法形式为 函数名（参数 1，参数 2，…）

函数的名称表明了函数的功能，参数是函数运算的对象。参数可以是常量、单元格、单元格区域、公式或其他函数。

例如，=SUM（5,1+2,D4:E5,F3）表示对 5、公式 1+2 的计算结果、D4 到 E5 单元格区域和 F3 单元格求和。

Excel 提供了财务、日期与时间、数学和三角、统计、查询和引用、数据库文本、逻辑、信息等函数。下面列出部分常用函数：

➢ 求和函数 SUM（number1,number2,…）
➢ 求平均值 AVERAGE（number1,number2,…）
➢ 计数函数 COUNT（value1,value2,…）
➢ 最大值函数 MAX（number1,number2,…）
➢ 最小值函数 MIN（number1,number2,…）

3.3.2 案例分析

本实例示范通过自动计算来查看数据计算的结果，运用公式和函数对数据进行计算。介绍常用函数 sum、average、if、countif 的使用规则。

讲解数据清单的概念，示范如何进行数据的排序、筛选、分类汇总等数据管理。

设计要求：

（1）查看自动计算的结果；
（2）自动求和按钮；
（3）编辑公式；
（4）设置单元格的数字格式；
（5）IF 函数；
（6）工作表管理；
（7）COUNTIF 函数；

（8）计算百分比；

（9）自动套用格式；

（10）自动筛选；

（11）高级筛选；

（12）数据排序；

（13）分类汇总。

编辑完成的《成绩表》电子表格如图 3.29 和图 3.30 所示。

班级\科目	学号	姓名	精读	泛读	听力	口语	总分	平均分	加权分	评语
						计算机学院成绩表				
计应一班	200717	黄潇	50	53	60	52	215	53.75	54.00	差
计应一班	200706	赵兰	45	74	40	53	212	53.00	50.90	差
计应一班	200702	陈波	80	88	95	90	353	88.25	88.10	良
计应一班	200719	石湘	96	94	92	95	377	94.25	94.20	优
计应一班	200705	王向东	98	95	90	90	373	93.25	93.40	优
计应一班	200701	孙毅	60	55	75	65	255	63.75	64.50	中
计应一班　平均值			71.5	76.5	75.33333	74.16667				
通信一班	200714	李浩	40	62	55	51	208	52.00	51.10	差
通信一班	200707	钱仲	95	90	85	85	355	88.75	89.00	良
通信一班	200718	杨义	92	88	80	80	340	85.00	85.20	良
通信一班	200720	陈红	83	83	75	81	322	80.50	80.20	良
通信一班	200713	赵晓燕	95	95	94	93	377	94.25	94.30	优
通信一班	200703	张华	85	78	75	80	318	79.50	79.60	中
通信一班	200708	欧阳波	80	82	75	78	315	78.75	78.50	中
通信一班　平均值			81.42857	82.57143	77	78.28571				
网络一班	200710	林茂	90	95	95	98	378	94.50	94.10	优
网络一班	200712	张强	85	95	98	89	367	91.75	91.70	优
网络一班	200716	刘希	81	83	74	78	316	79.00	78.70	中
网络一班	200711	王勇	78	75	80	80	313	78.25	78.40	中
网络一班	200715	刘洁	72	71	81	84	308	77.00	76.90	中
网络一班	200704	李娟	75	65	76	64	280	70.00	71.10	中
网络一班	200709	林致远	65	60	85	60	270	67.50	69.00	中
网络一班　平均值			78	77.71429	84.14286	79				
总计平均值			77.25	79.05	79	77.3				

图 3.29　Sheet1 工作表

等级	人数	比例
差	3	15.00%
中	8	40.00%
良	4	20.00%
优	5	25.00%
总计	20	

图 3.30　成绩分析工作表

3.3.3　设计步骤

1.　自动计算

具体要求： 在自动计算区域查看所有成绩的平均值。

操作步骤： 选中 D3 到 G22 单元格区域，在状态栏右边的自动计算区域会显示所有成绩的平均值、计数、求和信息。如图 3.31 所示，单击鼠标右键，打开快捷菜单，还可选择是否显示最大值、最小值等。

2.　自动求和按钮

具体要求： 利用自动求和按钮计算总分和平均分。

✓	平均值(A)	78.15
✓	计数(C)	80
	数值计数(T)	
	最小值(I)	
	最大值(X)	
✓	求和(S)	6252
✓	视图快捷方式(V)	
✓	显示比例(Z)	100%
✓	缩放滑块(Z)	

平均值: 78.15　　计数: 80　　求和: 6252　　　100%

图 3.31　自动计算

步骤 1　选中 H3 单元格，单击"开始"选项卡的"编辑"选项组的"自动求和" Σ 自动求和 · 按钮。

步骤 2　在 H3 单元格中出现函数=SUM(D3:G3)，表示对 3 行 4 列到 3 行 7 列的单元格求和，按回车键表示确认。在 H3 单元格中显示出根据公式计算的结果，在编辑栏中显示出此单元格所引用的公式。

也可以直接在 H3 单元格中输入 "=D3+E3+F3+G3" 或 "=SUM（D3:G3）"。

步骤 3　用户可以通过下列方式将公式复制到其余单元格。

➢ 将鼠标指针指向 H3 单元格右下角的填充柄上，当鼠标指针变为黑色的十字 ✚，向下拖曳鼠标填充公式，直到 H22 单元格。

由于函数 SUM（D3:G3）的参数为相对引用，当该公式被填充到其他位置时，Excel 能够根据公式所在单元格位置的改变自动调节所引用的单元格。

例如，在 H4 单元格，公式自动变为 SUM（D4:G4）。

在 H22 单元格右下角出现"自动填充选项"的按钮，单击其右边的小三角形，出现下拉菜单如图 3.32 所示，选择"不带格式填充"单选按钮。否则，由于默认为带格式填充，G22 单元格的下边框的粗线将被自动填充修改。

➤ 用户也可以将公式复制到其他单元格。在 G3 单元格上，单击鼠标右键，打开快捷菜单，选择"复制"命令。选中 G4 到 G22 单元格区域，单击鼠标右键，在快捷菜单中选择"选择性粘贴"命令，打开"选择性粘贴"对话框。如图 3.33 所示，选择"粘贴"下的"公式"单选按钮，单击"确定"按钮，则在 G4 到 G22 单元格区域中出现了求和的公式。

步骤 4　选中 I3 单元格，单击"开始"选项卡的"编辑"选项组的"自动求和" Σ 自动求和 ˇ 按钮右边的小三角形，在下拉菜单中选择"平均值"，如图 3.34 所示。

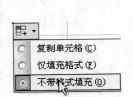
图 3.32　自动填充选项

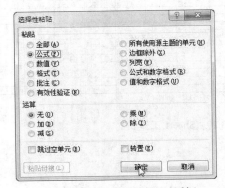
图 3.33　"选择性粘贴"对话框

图 3.34　自动求和按钮

步骤 5　在 I3 单元格中出现函数"=AVERAGE（D3:H3）"，默认的参数"D3:H3"不对，需重新设置。将鼠标指向 D3 单元格，拖曳到 G3 单元格，显示虚线框表示被选中的作为参数的区域。如图 3.35 所示，此时函数参数已设为"D3:G3"，按回车键表示确认。

也可以直接在 I3 单元格中将公式改为"=AVERAGE（D3:G3）"或输入公式"=H3/4"。

步骤 6　同样，将求平均值函数填充或复制到其他单元格。

精读	泛读	听力	口语	总分	平均分	加权分	评语
60	55	75	65	255	=AVERAGE(D3:G3)		
80	88	95	90	353	AVERAGE(**number1**, [number2], ...)		

图 3.35　求平均值

3.　编辑公式

具体要求：应用公式求加权分，"精读"课程的权值为 30%，"泛读"课程的权值为 20%，"听力"课程的权值为 30%，"口语"课程的权值为 20%。

操作步骤：加权分是每科成绩与其所占权值的乘积的和。

选中 J3 单元格，在"编辑栏"中输入"=D3*0.3+E3*0.2+F3*0.3+G3*0.2"，如图 3.36 所示，单击"输入"按钮或按回车键确认输入。

然后，通过"填充"或"选择性粘贴"将公式复制到 J4 到 J22 单元格区域。

在编辑公式时，用户可直接单击需要引用的单元格，其名称将自动出现在公式中。如图 3.36 所示，公式中的单元格地址与被引用单元格的周围都以相同的色彩显示，用于提示用户。

图 3.36　输入公式

4. 设置单元格的数字格式

具体要求：设置平均分和加权分显示出小数点后两位。

对单元格可设置数值、货币、百分比、科学计数等多种数字格式。设置格式后，单元格中显示的是格式化后的结果，编辑栏中显示的是原始数据。

操作步骤：选中 I3 到 J22 单元格区域，单击"开始"选项卡的"数字"选项组"数字格式"列表框右边的箭头，如图 3.37 所示，在下拉菜单中选择"数字"。

或单击"数字"选项组的右下角的箭头，打开"设置单元格格式"对话框。如图 3.38 所示，在"分类"列表框中选择"数值"，在"小数位数"数值框中输入"2"。

图 3.37　"数字格式"列表

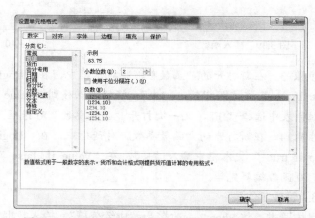

图 3.38　"设置单元格格式"对话框的"数字"选项卡

5. IF 函数

具体要求：通过插入 IF 函数，根据每位同学的平均分给出相应的评语。其中，平均分 60 分以下评语为差，60~79 分评语为中，80~89 分评语为良，90 分及以上评语为优。

IF 函数

IF 函数的语法格式为 IF（logical_test,value_if_true,value_if_false）。

函数功能是根据逻辑表达式的结果返回不同的表达式的值。

其中，Logical_test 是表示逻辑判断的表达式，若计算结果为 TRUE，返回 Value_if_true 表达式的值；若计算结果为 FALSE，返回 Value_if_false 表达式的值。

例如，IF（I3<60,"不及格","及格"），表示若 I3 单元格的值小于 60，返回"不及格"；若大于等于 60，返回"及格"。

操作步骤： 选中 K3 单元格，输入 = IF（I3<60，"差"，IF（I3<80，"中"，IF（I3<90，"良"，"优"）））。

此处为 IF 的嵌套，表示若 I3 单元格的值小于 60，返回"差"；若大于等于 60，则再做判断。若 I3 单元格的值小于 80，返回"中"；若大于等于 80，则再做判断，若 I3 单元格的值小于 90，返回"良"，否则（即大于等于 90），返回"优秀"。注意：输入的双引号必须是英文字符。

通过"填充"或"选择性粘贴"将公式复制到 K4 到 K22 单元格区域。

也可通过函数向导来插入函数，其步骤如下。

步骤 1 选中 K3 单元格，单击编辑栏的"插入函数" _fx_ 按钮，打开"插入函数"对话框。如图 3.39 所示，在"选择函数"列表框中选择"IF"，打开"函数参数"对话框。

步骤 2 在"函数参数"对话框中，如图 3.40 所示，在"Logical_test"文本框中输入"I3<60"，在"Value_if_true"文本框中输入"差"。将插入点移到"Value_if_false"文本框，再次在编辑栏左边的函数下拉列表中选择"IF"，再次打开"函数参数"对话框。

图 3.39　插入函数

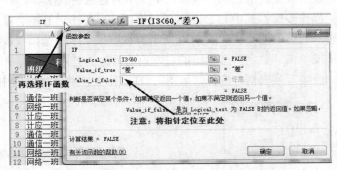

图 3.40　"函数参数"对话框

步骤 3 在新打开的"函数参数"对话框中，在"Logical_test"文本框中输入"I3<80"，在"Value_if_true"文本框中输入"中"。将插入点移到"Value_if_false"文本框，在编辑栏左边的函数下拉列表中选择"IF"，又一次打开"函数参数"对话框。

步骤 4 在新打开的"函数参数"对话框中，在"Logical_test"文本框中输入"I3<90"，在"Value_if_true"文本框中输入"良"，在"Value_if_false"文本框中输入"优"，单击"确定"按钮，则函数编辑完毕。

6. 管理工作表

具体要求： 将 Sheet2 表改名为"成绩分析"，输入数据如图 3.42 所示。

操作步骤： 单击"Sheet2"标签，切换到 Sheet2 工作表。

在"Sheet2"标签上双击，或者在"Sheet2"标签上单击鼠标右键，在快捷菜单中选择"重命名"命令，如图 3.41 所示。

Sheet2 被选中，处于反白状态。输入工作表名称"成绩分析"，按回车键确认。

在 Sheet2 工作表中，输入各单元格的数据，如图 3.42 所示。

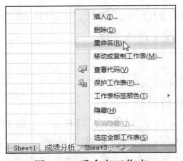

图 3.41　重命名工作表

图 3.42　成绩分析表

此外，用户还可以按下列方式管理工作表。

- 插入工作表

➢ 在工作表标签上单击鼠标右键，打开快捷菜单，如图 3.41 所示，选择"插入"命令，在"插入"对话框中选择"工作表"。

➢ 选择"开始"选项卡的"单元格"选项组的"插入"按钮下的小三角形，在下拉列表中选择"插入工作表"命令。

- 删除工作表

➢ 在工作表标签上单击鼠标右键，打开快捷菜单，选择"删除"命令。

➢ 选择"开始"选项卡的"单元格"选项组的"删除"按钮下的小三角形，在下拉列表中选择"删除工作表"命令。

- 在同一个工作簿中移动或复制工作表

➢ 在同一个工作簿中移动工作表，只需单击要移动的工作表标签，拖曳鼠标，此时鼠标指针变为带箭头的白纸，同时出现一个小箭头，如 Sheet1 成绩分析 Sheet3 所示，拖曳工作表到目标位置，松开鼠标左键。

➢ 在拖曳工作表的同时按住 Ctrl 键，可复制工作表。

- 在不同的工作簿中移动或复制工作表

若要将当前的工作表移动或复制到其他工作簿文件，其操作步骤如下。

步骤 1 打开目的工作簿。

步骤 2 在源工作表标签上单击鼠标右键，在快捷菜单中选择"移动或复制工作表"命令，打开"移动或复制工作表"对话框，如图 3.43 所示。

步骤 3 在"移动或复制工作表"对话框的"工作簿"下拉列表中选择目的工作簿，在"下列选定工作表之前"选择其中一个工作表。

步骤 4 若要复制工作表，则选中"建立副本"复选框；若要移动工作表，则取消"建立副本"复选框。

单击"确定"按钮，则当前工作表移动或复制到目的工作簿的选定工作表之前。

图 3.43 "移动或复制工作表"对话框

7. COUNTIF 函数

具体要求：通过插入 COUNTIF 函数，统计各个等级的人数。

知识点

COUNTIF 函数

COUNTIF 函数的语法格式为 COUNTIF（Range,Criteria）。

函数功能是计算单元格区域中满足指定条件的单元格个数。

Range 指定要进行数据计算的单元格区域，Criteria 指定计算的条件，其形式可以为数字、表达式或文本。

例如，COUNTIF（B2:B10,">60"）是计算 B2 到 B10 单元格区域中大于 60 的单元格的数目。

步骤 1 选中 B2 单元格，单击编辑栏的"插入函数"按钮 f_x，打开"插入函数"对话框，如图 3.44 所示。

步骤 2 在"插入函数"对话框的"选择类别"下拉列表中选择"统计"，在"选择函数"的列表中选择"COUNTIF"，单击"确定"按钮，打开"函数参数"对话框，如图 3.45 所示。

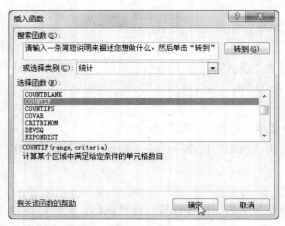

图 3.44　"插入函数"对话框　　　　　　图 3.45　"函数参数"对话框

步骤 3　在"函数参数"对话框中，将插入点移到"Range"文本框，鼠标单击 Sheet1 标签，切换到 Sheet1 表。选中 K3 到 K22 单元格区域，显示虚线框表示被选中的作为参数的区域，参数 Range 设为"Sheet1!K3:K22"。

将插入点移到"Criteria"文本框，单击 A2 单元格，参数 Criteria 设为"A2"，单击"函数参数"对话框的"确定"按钮。

也可直接在 B2 单元格中输入公式"= COUNTIF（Sheet1!K3:K22,A2）"，表示计算 Sheet1 表的 K3 到 K22 单元格中，与 A2 单元格数值相同的单元格的数目，即评语为差的学生的数目。

步骤 4　为了使公式能复制，改公式为"COUNTIF（Sheet1!K\$3:K\$22,A2）"，如图 3.45 所示。在 K3:K22 的行号前面加上\$符号，代表绝对引用单元格的行号。当该公式复制到该列其他行的单元格时，所引用单元格的行号不会变。

例如，将公式复制到 B3 单元格时，变为"COUNTIF（Sheet1!K\$3:K\$22,A3）"。

步骤 5　通过"填充"或"选择性粘贴"将 B2 单元格的公式复制到 B3 到 B5 单元格区域。

步骤 6　选中 B6 单元格，单击"开始"选项卡的"编辑"选项组的"自动求和"Σ 自动求和· 按钮。

在 B6 单元格中出现公式"=SUM（B2:B5）"，表示对 2 行 2 列到 5 行 2 列的单元格求和。

引用其他工作表中的单元格

公式中可引用同一个工作簿中其他工作表的单元格，引用格式为：工作表名称! 单元格名称。

还可引用其他工作簿中的单元格，引用格式为：[工作簿名称]工作表名称! 单元格名称。

8. 计算百分比

具体要求：通过公式统计各个等级人数占总人数的百分比。

步骤 1　选中 C2 单元格，输入公式"=B2/B\$6"，统计等级为差的学生占总人数的比例。

B\$6 表示绝对引用总人数单元格的行号，当填充此公式到该列其他行，计算其他等级人数所占比例时，公式中所引用的单元格 B\$6 不会变化。

步骤 2　通过"填充"或"选择性粘贴"将公式复制到 C3 到 C5 单元格区域。

步骤 3　选中 C2 到 C5 单元格区域，单击"开始"选项卡的"数字"选项组"数字格式"列表框右边的箭头，在下拉菜单中选择"百分比"，则 C2 到 C5 单元格区域的数据显示为百分比样式。

9.　自动套用格式

具体要求： 对 Sheet2 表自动套用一种格式。

Excel 提供了多种已经制作好的表格格式供用户直接套用，可以方便快速地美化表格。

步骤 1　选择 A1 到 C6 单元格区域，单击"开始"选项卡的"样式"选项组的"套用表格格式"按钮，如图 3.46 所示，在下拉列表中选择一种需要套用的格式。

步骤 2　系统打开"套用表格格式"对话框，如图 3.47 所示，选择单元格区域"$A$1:$C$6"作为表数据的来源。

格式化后的表格如图 3.48 所示。

图 3.47　"套用表格格式"对话框

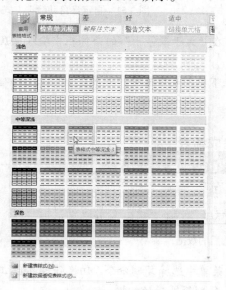

图 3.46　选择表格格式

等级	人数	比例
差	3	15.00%
中	8	40.00%
良	4	20.00%
优	5	25.00%
总计	20	

图 3.48　套用格式的表格

10.　自动筛选

具体要求： 筛选出通信一班平均分在 70~90 分的学生，按平均分升序排列，将筛选结果复制到 Sheet3 工作表。

数据筛选

通过数据筛选，将满足指定条件的记录显示出来，将不满足条件的记录暂时隐藏。

使用数据菜单下的自动筛选和高级筛选，可实现数据筛选。

自动筛选可以对各列设置筛选条件，筛选出同时满足各列条件的数据。

步骤 1　将成绩表中任一单元格作为活动单元格，单击"数据"选项卡的"排序和筛选"选项组的"筛选"按钮，在每列的列名上出现小三角形。

步骤 2　单击"班级"列名的三角形，打开下拉列表，如图 3.49 所示，选择"通信一班"前面的复选框，取消其他班级前面的复选框。

步骤 3　单击"平均分"列名的三角形，打开下拉列表，如图 3.50 所示，选择"数据筛选"中的"介于"命令，打开"自定义自动筛选方式"对话框，如图 3.51 所示。

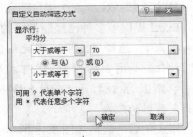

图 3.49　筛选班级　　　　　　图 3.50　筛选平均分　　　　　图 3.51　自定义自动筛选方式

步骤 4　在"自定义自动筛选方式"对话框中，在"大于或等于"的条件框中输入"70"，在"小于或等于"的条件框中输入"90"。

步骤 5　再次单击"平均分"列名的三角形，在下拉列表中选择"升序"命令。自动筛选后的数据如图 3.52 所示。

	科目	学号	姓名	精读	泛读	听力	口语	总分	平均分	加权分	评语
班级											
通信一班	200708	欧阳波	80	82	75	78	315	78.75	78.50	中
通信一班	200703	张华	85	78	75	80	318	79.50	79.60	中
通信一班	200720	陈红	83	83	75	81	322	80.50	80.20	良
通信一班	200718	杨义	92	88	80	80	340	85.00	85.20	良
通信一班	200707	钱仲	95	90	85	85	355	88.75	89.00	良

图 3.52　自动筛选后的数据

步骤 5　选中筛选后的数据，右击鼠标，在快捷菜单中选择复制命令。切换到 Sheet3 工作表，选中 A1 单元格，在快捷菜单中选择"粘贴"命令，复制筛选后的数据。

如果要取消某列的筛选条件，例如，要取消对班级的筛选条件，单击此列名的三角形，在下拉列表中选择"从'班级'中清除筛选"命令。

如果要取消自动筛选，再次单击"筛选"按钮，使其变为浮起的状态。

11. 高级筛选

具体要求： 筛选出通信一班的所有学生以及所有"精读"成绩大于 80 分小于 90 分的学生，将筛选结果复制到 Sheet3 工作表。

高级筛选

若针对复杂的条件进行筛选，应使用高级筛选。

使用高级筛选，先要在数据列表以外建立条件区域。

条件区域的第一行为与数据列表匹配的列名，下面为对该列设置的条件。若要求筛选出来的数据，同时满足某几个条件，应将这几个条件写在同一行；若只要求满足其中的一个条件，应将这些条件写在不同的行。

步骤 1　在数据列表以外建立条件区域，在 A25 到 C27 单元格中输入文本如图 3.53 所示。

步骤 2　由于要将筛选的数据复制到 Sheet3 工作表，需将鼠标定位到 Sheet3 工作表，单击"数据"选项卡的"排序和筛选"选项组的"高级"按钮，打开"高级筛选"对话框，如图 3.54 所示。

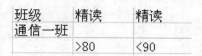

班级	精读	精读
通信一班		
	>80	<90

图 3.53　筛选条件　　　　　　　　　图 3.54　"高级筛选"对话框

步骤 3　在"高级筛选"对话框中，选择方式为"将筛选结果复制到其他位置"。首先指定列表区域为成绩表所在的位置，即 Sheet1 表的 A2 到 K22 单元格区域。然后指定条件区域为图 3.53 所在的单元格区域，即 Sheet1 表的 A25 到 C27 单元格区域。最后指定复制到的目标地址为 Sheet3 表的 A8 单元格。

单击"确定"按钮后，系统筛选出通信一班的所有学生以及所有"精读"成绩大于 80 分小于 90 分的学生，如图 3.55 所示。

8	班级	科目 学号	姓名	精读	泛读	听力	口语	总分	平均分	加权分	评语
9	通信一班	200708	欧阳波	80	82	75	78	315	78.75	78.50	中
10	通信一班	200703	张华	85	78	75	80	318	79.50	79.60	中
11	通信一班	200720	陈红	83	83	75	81	322	80.50	80.20	良
12	网络一班	200712	张强	85	95	98	89	367	91.75	91.70	优
13	网络一班	200713	赵晓燕	95	95	94	93	377	94.25	94.30	优
14	通信一班	200714	李浩	40	62	55	51	208	52.00	51.10	差
15	网络一班	200716	刘希	81	83	74	78	316	79.00	78.70	中
16	通信一班	200718	杨义	92	88	80	80	340	85.00	85.20	良
17	通信一班	200707	钱仲	95	90	85	85	355	88.75	89.00	良

图 3.55　高级筛选后的数据

12．数据排序

具体要求：将同一种评语的学生排列在一起，同评语的学生按平均分从高到低地排列。

数据排序

按照数据清单中一列或多列的值，将所有数据重新排列，称为排序。

按关键字从小到大排列，称为升序排列；从大到小排列的，称为降序排列。

若要根据某一列数据排序，将此列的任一单元格作为活动单元格（不用选中整列），单击"数据"选项卡的"排序和筛选"选项组的"升序"按钮 ↓↑ 或"降序"按钮 ↓↑ 即可。

若要根据多列数据进行复杂的排序，单击"数据"选项卡的"排序和筛选"选项组的"排序…"按钮 实现。

步骤 1　将成绩表中任一单元格作为活动单元格，单击"数据"选项卡的"排序和筛选"选项组的"排序…"按钮 ，打开"排序"对话框，如图 3.56 所示。

步骤 2　在"排序"对话框中的"主要关键字"下拉列表中选择"评语"。

步骤 3　单击"添加条件"按钮，在"次要关键字"下拉列表选择"平均分"，再在"次序"的下拉列表中选择"降序"，单击"确定"按钮。

排序结果如图 3.57 所示。

图 3.56 "排序"对话框

图 3.57 排序后的数据

13. 分类汇总

具体要求： 计算每个班级的各门功课的平均成绩，将统计的平均成绩拷贝到 Sheet3 工作表，最后，删除 Sheet1 工作表的分类汇总。

分类汇总

分类汇总就是对数据清单按指定字段进行分类，将此字段值相同的连续的记录作为一类，进行求和、平均值、计数等汇总运算。

注意：在分类汇总前，必须按分类的字段排序，使此字段值相同的记录排列在一起。

步骤1 将班级所在区域（A2 到 A22）的任一单元格作为活动单元格，单击"数据"选项卡的"排序和筛选"选项组的"升序"按钮 ⏶↓，则数据记录按班级的升序排列。

步骤2 将成绩表数据区域中任一单元格作为活动单元格，选择"数据"选项卡的"分级显示"选项组的"分类汇总"按钮 ，打开"分类汇总"对话框。

步骤3 在"分类汇总"对话框中，分类字段是指按照哪个字段对数据进行分类汇总；汇总方式是指计算分类汇总值的方法；汇总项指出对哪些字段进行汇总。

如图 3.58 所示，在"分类字段"的下拉列表中选择"班级"，在"汇总方式"下拉列表中选择"平均值"，在"选定汇总项"列表框中，选中需要统计的"精读"、"泛读"、"听力"和"口语"字段前的复选框。

步骤4 数据表显示出分类汇总的结果，如图 3.59 所示。

图 3.58 "分类汇总"对话框

图 3.59 分类汇总结果

单击分级显示按钮 2 ，显示出各班的汇总结果，如图 3.60 所示。

班级 科目	学号	姓名	精读	泛读	听力	口语	总分	平均分	加权分	评语
9　计应一班 平均值			71.5	76.5	75.33333	74.16667				
17　通信一班 平均值			81.42857	82.57143	77	78.28571				
25　网络一班 平均值			78	77.71429	84.14286	79				
26　总计平均值			77.25	79.05	79	77.3				

图 3.60　显示第二级汇总数据

　　步骤 5　选择"开始"选项卡的"编辑"选项组的"查找和选择"按钮，在下拉列表中选择"定位条件"命令，打开"定位条件"对话框，如图 3.61 所示。在"定位条件"对话框中，选择"可见单元格"单选按钮，单击"确定"按钮后，选中了各班的汇总结果。

　　步骤 6　单击"开始"选项卡的"剪贴板"选项组的"复制"按钮 复制 ，将选中的区域复制到剪贴板。

　　切换到 Sheet3 工作表，定位到 A19 单元格，在快捷菜单中选择"选择性粘贴"命令，打开"选择性粘贴"，对话框如图 3.62 所示。

　　步骤 7　在"选择性粘贴"对话框中，选择"数值"单选按钮，将各班的汇总结果粘贴到 Sheet3 工作表中。

图 3.61　"定位条件"对话框

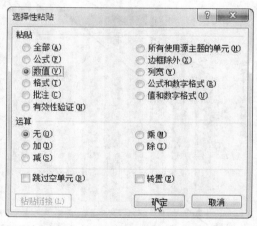

图 3.62　"选择性粘贴"对话框

　　步骤 8　切换到 Sheet1 工作表，再次选择"数据"选项卡的"分级显示"选项组的"分类汇总"按钮，打开"分类汇总"对话框。单击"全部删除"命令按钮，删除汇总数据。

查看分类汇总的数据

在查看分类汇总的结果时：

单击左上角的分级显示按钮 1 ，只显示总的汇总结果，即总计项的内容；

单击分级显示按钮 2 ，显示出各班的汇总结果，如图 3.60 所示；

单击分级显示按钮 3 ，显示出所有的明细数据，如图 3.59 所示；

单击 + 按钮可以展开明细数据，单击 - 按钮可以隐藏明细数据。

3.4　Excel 电子表格的图形化和打印

3.4.1　图表

图表可以直观地显示数据报表的结果，使用户看到数据之间的关系和变化趋势。

Excel 中有嵌入图表和独立图表。图表和工作表数据放在同一工作表中，称为嵌入图表；图表单独存放在一个工作表内，称为独立图表。

嵌入图表和独立图表都与建立它们的单元格数据相链接，当改变了单元格数据时，这两种图表都会随之更新。

典型的图表如图 3.63 所示。

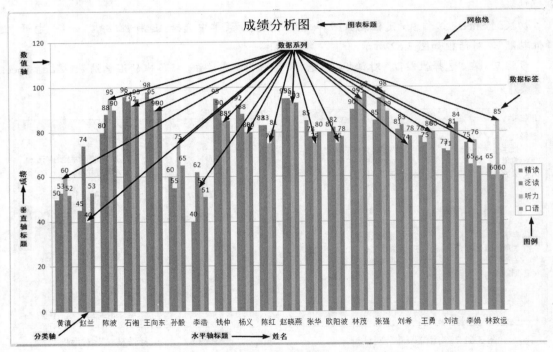

图 3.63　典型的图表

- 图表区：整个图表及图表中包含的元素。
- 绘图区：以两条坐标轴为界，包含刻度线及全部数据系列的矩形区域。
- 数据标记：一个数据标记对应于工作表中一个单元格中的具体数值的图形化。

根据不同的图表类型，数据标志的表现形式柱形、折线、扇形等。

如图 3.63 所示，每个柱形表示一个数据标记。

- 数据系列：绘制在图表中的一组相关的数据标记，来源于工作表中的一行或一列数值数据。

图表中的每个数据系列以不同的颜色和图案加以区别。

如图 3.63 所示，数据系列产生在列，即每门成绩表示一个数据系列。

- 数据标签：为数据标志提供附加信息的标签，源于单元格的数值。

- 坐标轴：由分类轴的水平 x 轴和数值轴的垂直 y 轴组成。

为图表中的数据标记提供计量和比较的参照模型。

- 图例：解释数据系列的符号、图案和颜色，每个数据系列的名字作为图例的标题。

选中图表后，标题栏出现"图表工具"，下面有"设计"、"布局"和"格式" 3 个选项卡，如图 3.64 所示。

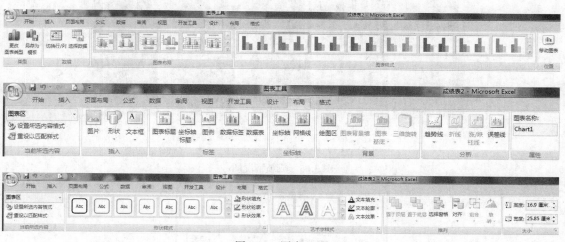

图 3.64 图表工具

3.4.2 案例分析

本实例示范图表的建立、编辑和格式化，以及数据表的页面设置。

设计要求：

（1）建立独立图表；

（2）编辑图表数据源；

（3）设置图表系列；

（4）编辑图表标题；

（5）设置图例位置；

（6）设置图表纵坐标；

（7）建立嵌入图表；

（8）调整图表大小及移动图表；

（9）设置图表数据标签；

（10）设置图表数据点格式；

（11）设置图表形状样式；

（12）插入标注；

（13）设置页面方向；

（14）设置页眉页脚；

（15）打印预览。

编辑完成的图表如图 3.65 和图 3.66 所示。

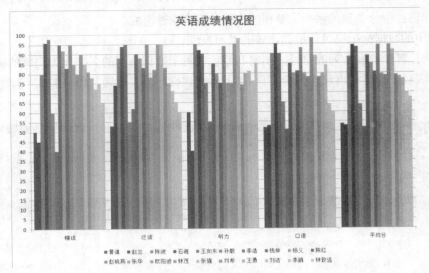

图 3.65 成绩情况图

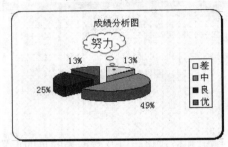

图 3.66 成绩分析图

3.4.3 设计步骤

1. 建立独立图表

具体要求：根据姓名、精读、泛读、口语、听力、加权分的数据生成簇状柱形图，将柱形图放在新的工作表中。

步骤 1 选中 C2 到 G22 单元格区域，再按住 Ctrl 键不动，选中 J2 到 J22 单元格区域。

步骤 2 单击"插入"选项的"图表"选项组的"柱形图"按钮，如图 3.67 所示，在下拉列表中选择"簇状柱形图"，则系统自动生成了一个图表。

步骤 3 在图表上右击鼠标，在快捷菜单中选择"移动图表"命令，或单击"设计"选项卡的"位置"选项组的"移动图表"按钮 ，打开"移动图表"对话框。

步骤 4 在"移动图表"对话框中，选择"新工作表"单选按钮，如图 3.68 所示。

则系统产生一个新的工作表"Chart1"显示所建的图表，

图 3.67 插入图表

图 3.68 "移动图表"对话框

如图 3.69 所示。

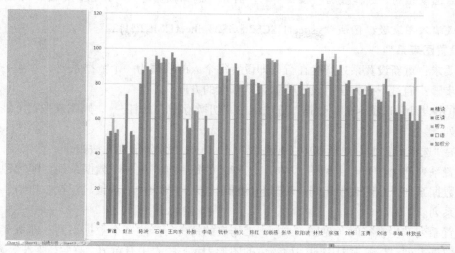

图 3.69　簇状柱形图

2. 编辑图表数据源

具体要求： 去掉图表中表示加权分的系列，加入表示平均分的系列。

步骤 1　在图表上"加权分"系列的任一点上单击鼠标，选中图表中的加权分数据系列。

步骤 2　按键盘上的 Delete 键，或如图 3.70 所示，在加权分数据系列上单击鼠标右键，选择快捷菜单的"删除"命令，删除加权分数据系列。

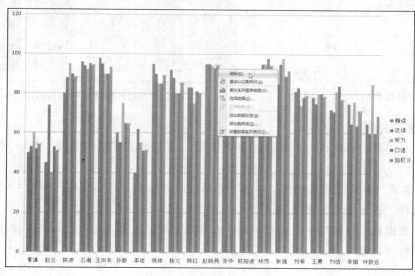

图 3.70　删除数据系列

步骤 3　切换到 Sheet1 工作表，选中 I2 到 I22 单元格区域（平均分），在快捷菜单中选择"复制"命令。

步骤 4　切换到 Chart1 工作表，在图表区的快捷菜单中选择"粘贴"命令，平均分系列出现在图表中。

或者在图表区单击鼠标右键，在快捷菜单中选择"选择数据"命令，或单击"设计"选项卡的"数据"选项组的"选择数据"按钮 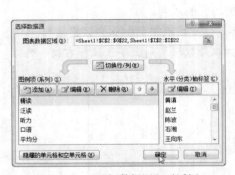，打开"选择数据源"对话框，如图3.71所示，重新选择数据或输入图表数据区域"=sheet1!$C$2:$G$22,Sheet1!$I$2:$I$22"。

3. 设置图表系列

具体要求： 重新设置系列产生在行，即设置每个人的成绩为一个数据系列。

操作步骤： 通过下列方法可设置数据系列产生的方向。

➤ 单击设计"选项卡的"数据"选项组的"切换行/列"按钮，则图表按行（姓名）来产生数据系列。

➤ 在"选择源数据"对话框中（见图3.71），单击"切换行/列"按钮。

当设置系列产生在列时（见图3.69），工作表的每一列产生一个数据系列，即每种科目的成绩为一个数据系列，在图表中用同一种颜色的图形表示。图表中有静读、泛读、口语、听力和平均分数据系列。

当设置系列产生在行时（见图3.72），工作表的每一行产生一个数据系列，即每个学生的成绩为一个数据系列，在图表中用同一种颜色的图形表示。图表中有黄滇、赵兰、陈波等数据系列。

图3.71　"选择数据源"对话框

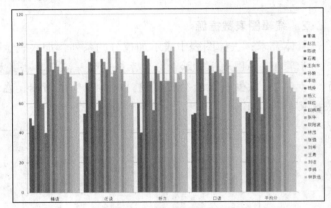

图3.72　设置数据系列为行的图表

4. 编辑图表标题

具体要求： 将图表标题设为"英语成绩情况图"，并设置其字体为黑体，字号为20号，颜色为红色。

步骤1　单击"布局"选项卡的"标签"选项组的"图表标题"按钮，如图3.73所示，在其下拉列表中选择"图表上方"选项。

步骤2　在图表上方出现一个图表标题。在标题上单击鼠标，出现插入点，修改标题中的文字为"英语成绩情况图"。

步骤3　选中标题中的文字，右击鼠标，如图3.74所示，在浮动工具栏的字体下拉列表中选择"黑体"，在字号下拉列表中选择"20"，单击字体颜色按钮，在其列表中选择红色。也可通过"开始"选项卡的"字体"选项组来设置格式。

图3.73　设置图表标题

图3.74　设置图表标题的格式

5. 设置图例位置

具体要求：设置图例显示在图表下方。

操作步骤：单击“布局”选项卡的“标签”选项组的“图例”按钮，如图 3.75 所示，在其下拉列表中选择“在底部显示图例”选项。

另外，在图例上右击鼠标，在快捷菜单中选择“设置图例格式”，打开“设置图例格式”对话框，如图 3.76 所示，也可设置图例的位置。

图 3.75　设置图例位置

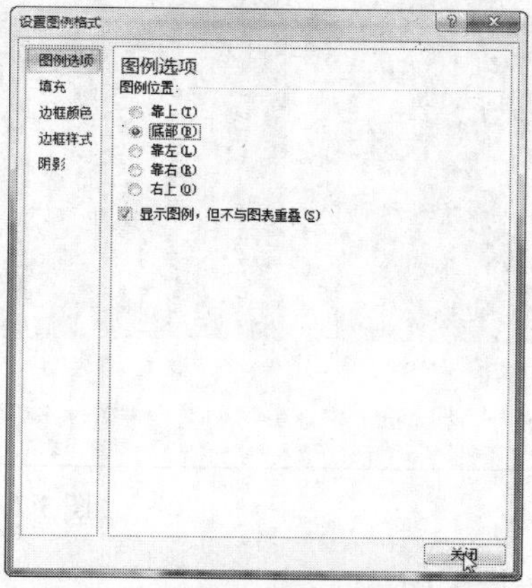

图 3.76　“设置图例格式”对话框

6. 设置图表纵坐标

具体要求：设置图表纵坐标的最大值为 100，主要刻度单位为 5。

步骤 1　单击“布局”选项卡的“坐标轴”选项组的“坐标轴”按钮，如图 3.77 所示，在其下拉列表中选择“主要纵坐标轴”的“其他主要纵坐标轴选项”，打开“设置坐标轴格式”对话框，如图 3.78 所示。

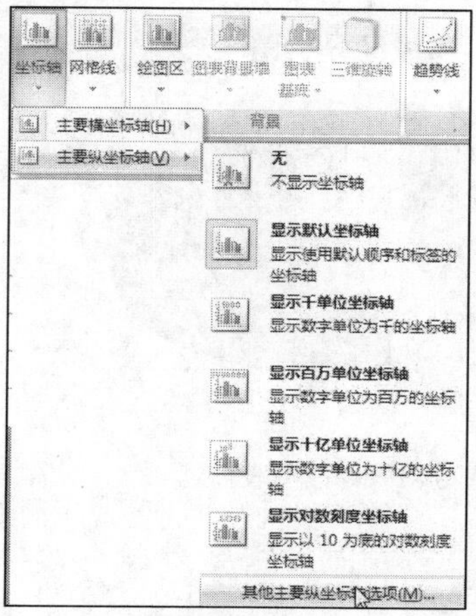

图 3.77　“图表区格式”对话框“字体”选项卡

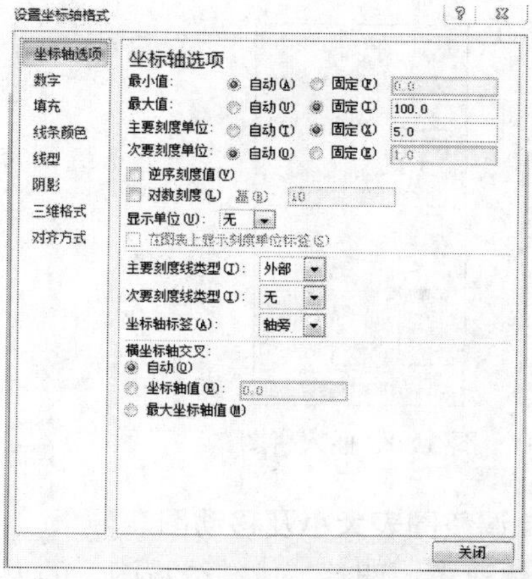

图 3.78　“设置坐标轴格式”对话框

步骤 2　在“设置坐标轴格式”对话框中，在“最大值”中选择“固定”单选按钮，在文本框中输入“100”。在“主要刻度单位”中选择“固定”单选按钮，在文本框中输入“5”。

设置完成后的图表如图 3.79 所示。

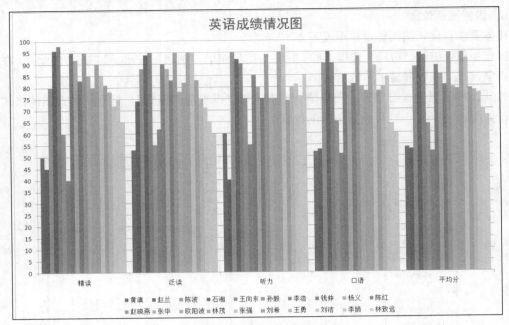

图 3.79　编辑后的图表

7. 建立嵌入图表

具体要求：根据"成绩分析"表中各个等级的人数产生三维分离型饼图，设置图表标题为"成绩分析图"。

步骤 1　切换到"成绩分析"工作表，选中 A1 到 B5 单元格区域，单击"插入"选项卡的"图表"选项组的"饼图"按钮，如图 3.80 所示，选择三维饼图下的分离型饼图。

步骤 2　系统根据选择的数据生成一个图表，如图 3.81 所示。选择图表的标题，将文字更改为"成绩分析图"。

图 3.80　插入饼图

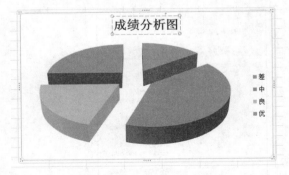

图 3.81　修改图表标题

8. 调整图表大小及移动图表

具体要求：调整"成绩分析图"的大小并移动图表。

步骤 1　选中图表，鼠标指向图表的控制点，鼠标指针变为 形。

按下鼠标左键不动，拖曳鼠标，显示线框表示图表调整后的大小。

调整图表到适当的大小，释放鼠标。

步骤 2　鼠标指向图表的空白处，按下鼠标左键不动，拖曳鼠标，鼠标指针变为 形，显示虚线框表示图表移动后的位置。

移动图表到合适的位置，释放鼠标。

9. 设置图表数据标签

具体要求：设置在图表外部显示类别名称和百分比数据标签，不显示图例。

步骤 1　单击"布局"选项卡的"标签"选项组的"数据标签"按钮，如图 3.82 所示，在其下拉列表中选择"其他数据标签选项"，打开"设置数据标签格式"对话框，如图 3.83 所示。

步骤 2　在"设置数据标签格式"对话框的"标签包括"中选择"类别名称"复选框和"百分比"复选框，在"标签位置"中选择"数据标签外"单选按钮。

 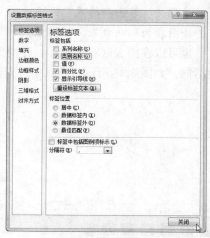

图 3.82　设置数据标签　　　图 3.83　"设置数字标签格式"对话框

步骤 3　单击"布局"选项卡的"标签"选项组的"图例"按钮，在其下拉列表中选择"无"。或者直接选中图表的图例，按 Del 键将其删除。

10. 设置图表数据点格式

具体要求：设置各个数据点的颜色为黄、绿、蓝、红。

步骤 1　首先单击图表中的饼图区域，再单击饼图中表示"差"的数据点，数据点四周出现控制点，处于选中状态。如图 3.84 所示，单击"格式"选项卡的"形状样式"选项组的"形状填充"按钮，在其下拉列表中选择"黄色"。

步骤 2　用同样的方法，将表示"中"的数据点设置为"绿色"，表示"良"的数据点设置为"蓝色"，表示"优"的数据点设置为"红色"。

也可以在选择数据点后，右击鼠标，在快捷菜单中选择"设置数据点格式"，打开"设置数据点格式对话框"，如图 3.85 所示，通过"填充"选项来设置数据点的颜色。

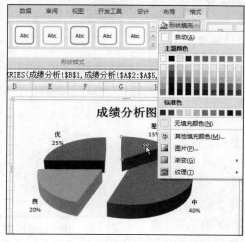 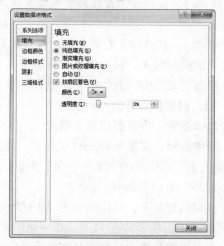

图 3.84　设置数据点格式　　　图 3.85　"设置数据点格式"对话框

11. 设置图表形状样式

具体要求：为饼图选择一种形状样式和形状效果。

步骤 1 选中整个图表，在"格式"选项卡的"形状样式"选项组的列表中，如图 3.86 所示，可选择一种图表的样式。

步骤 2 单击"格式"选项卡的"形状样式"选项组的"形状效果"按钮，在其下拉列表中可选择图表的形状效果，如图 3.87 所示。

也可以在图表区右击鼠标，在快捷菜单中选择"设置数据区格式"，打开"设置数据区格式"对话框，如图 3.88 所示，在其中设置图表区的格式。

 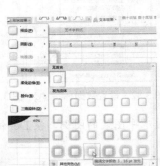 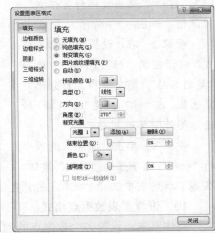

图 3.86 设置图表形状样式　　　　图 3.87 设置图表形状效果　　　　图 3.88 "设置图表区格式"对话框

12. 插入标注

具体要求：在表示"差"的数据点上加入云形标注，输入文字"加油"。

步骤 1 单击"插入"选项卡的"插图"选项组的"形状"按钮，在其下拉列表中选择"云形标注"，如图 3.89 所示。

步骤 2 将指针移到工作表的适当位置，拖曳鼠标，绘制标注。

步骤 3 鼠标指向标注的黄色顶点◇，将其拖曳到需要标注的数据点上。

步骤 4 在标注上右击鼠标，在快捷菜单中选择"编辑文字"，标注中出现插入点，输入文字"加油"。

设置完成后的图表如图 3.90 所示。

13. 设置页面方向

具体要求：将页面设置为横向。

操作步骤：切换至 Sheet1 工作表，单击"页面布局"选项卡的"页面设置"选项组的"纸张方向"按钮，在其下拉列表中选择"横向"，如图 3.91 所示。

图 3.89 插入云形标注

在默认情况下，打印纸张为 A4（宽 21 厘米，高 29.7 厘米）。由于 Sheet1 工作表共有 11 列，在一张纸上无法打印出所有的列。将打印方向设置为横向，纸张的宽度变为 29.7 厘米，高度变为 21 厘米，可实现在一张纸上打印所有的列。

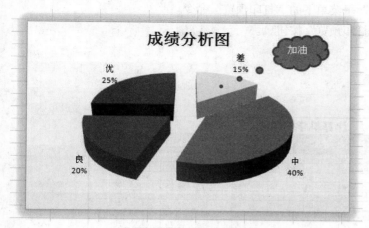

图 3.90　成绩分析图

图 3.91　设置页面横向

14. 设置页眉页脚

具体要求：设置页脚显示当前页号和总页数，页眉为"梅花香自苦寒来"。

步骤 1　单击"插入"选项卡的"文本"选项组的"页眉和页脚"按钮，文档进入到页眉和页脚的编辑界面。

步骤 2　如图 3.92 所示，在页眉处输入"梅花香自苦寒来"。再单击"设计"选项卡的"页眉和页脚"选项组的"页脚"按钮，在下拉列表中选择"第 1 页，共？页"。

图 3.92　设置页眉页脚

15. 打印预览

具体要求：对 Sheet1 工作表进行打印预览，调整页边距使工作表显示在页面的中央。

操作步骤：用户可通过下列方式进行打印预览。

➢ 选择 Office 按钮的"打印"子菜单下的"打印预览"命令。

➢ 单击快速启动工具栏的"打印预览"按钮 🔍 。

预览状态如图 3.93 所示。

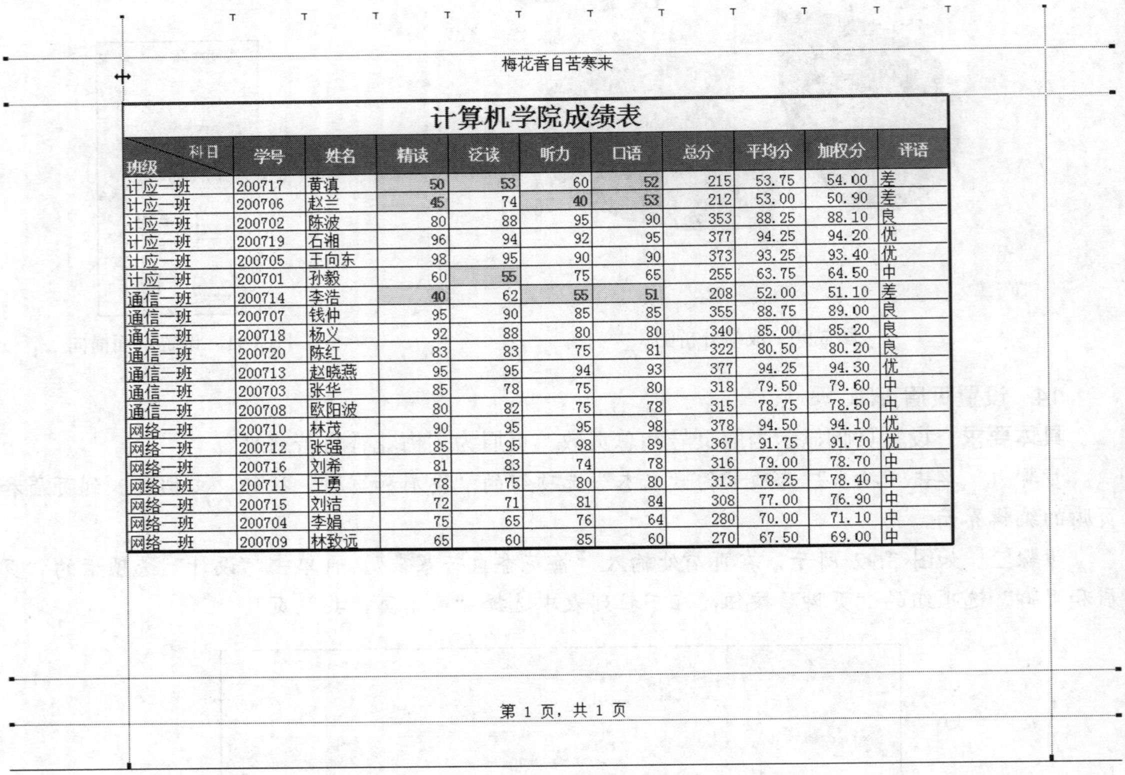

梅花香自苦寒来

计算机学院成绩表

科目班级	学号	姓名	精读	泛读	听力	口语	总分	平均分	加权分	评语
计应一班	200717	黄滇	50	53	60	52	215	53.75	54.00	差
计应一班	200706	赵兰	45	74	40	53	212	53.00	50.90	差
计应一班	200702	陈波	80	88	95	90	353	88.25	88.10	良
计应一班	200719	石湘	96	94	92	95	377	94.25	94.20	优
计应一班	200705	王向东	98	95	90	90	373	93.25	93.40	优
计应一班	200701	孙毅	60	55	75	65	255	63.75	64.50	中
通信一班	200714	李浩	40	62	55	51	208	52.00	51.10	差
通信一班	200707	钱仲	95	90	85	85	355	88.75	89.00	良
通信一班	200718	杨义	92	88	80	80	340	85.00	85.20	良
通信一班	200720	陈红	83	83	75	81	322	80.50	80.20	良
通信一班	200713	赵晓燕	95	95	94	93	377	94.25	94.30	优
通信一班	200703	张华	85	78	75	80	318	79.50	79.60	中
通信一班	200708	欧阳波	80	82	75	78	315	78.75	78.50	中
网络一班	200710	林茂	90	95	95	98	378	94.50	94.10	优
网络一班	200712	张强	85	95	98	89	367	91.75	91.70	优
网络一班	200716	刘希	81	83	74	78	316	79.00	78.40	中
网络一班	200711	王勇	78	75	80	80	313	78.25	78.40	中
网络一班	200715	刘洁	72	71	81	84	308	77.00	76.90	中
网络一班	200704	李娟	75	65	76	64	280	70.00	71.10	中
网络一班	200709	林致远	65	60	85	60	270	67.50	69.00	中

第 1 页，共 1 页

图 3.93　打印预览

单击"显示边距"复选框，页面上显示出设置页边距的虚线。

鼠标指向虚线，指针变为 ✛ 形。拖曳鼠标，调整边距到合适的位置，使图表显示在页面中央。

3.5　综　合　案　例

3.5.1　案例分析

本节通过建立一个工资表的 Excel 电子表格，使读者进一步掌握电子表格的输入技巧，如何查看数据量大的表格，了解数据透视表的使用。

设计要求：

本电子表格共有 4 个工作表，一个工作表为 9 月工资表，如图 3.94 所示；一个工作表为 9 月水电读数；一个工作表为应发工资统计图，如图 3.95 所示；一个工作表为数据透视表，如图 3.96 所示。

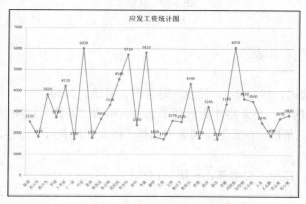

图 3.94　9 月工资表

图 3.95　应发工资统计图　　　　　　　　　图 3.96　数据透视表

3.5.2　设计步骤

打开电子表格文件"工资表原始"，执行以下操作。

1. 工作表管理

（1）修改工作表的名称

具体要求：将 Sheet1 工作表改名为"9 月工资表"。

操作步骤：在 Sheet1 标签上单击鼠标右键，打开快捷菜单，如图 3.97 所示，选择"重命名"命令，"Sheet1"处于反白状态，输入新的工作表名称"9 月工资表"，按回车键确认。

（2）删除工作表

具体要求：删除 Sheet2 工作表。

操作步骤：在"Sheet2"工作表标签上单击鼠标右键，选择快捷菜单中的"删除"命令。

（3）复制工作表

具体要求：将"水电表读数"工作簿的"9月水电读数"工作表复制到本工作簿文件中。

步骤1　打开"水电表读数"工作簿，切换至"9月水电读数"工作表，在工作表标签上单击鼠标右键，选择快捷菜单中的"移动或复制工作表..."命令，打开"移动或复制工作表"对话框，如图3.98所示。

步骤2　在"移动或复制工作表"对话框的"工作簿"下拉列表中选择"工资表原始"，在"下列选定工作表之前"列表框中选择"移至最后"，选中"建立副本"复选框。

单击"确定"按钮后，在工资表原始工作簿的最后，新增了一个"9月水电读数"工作表。

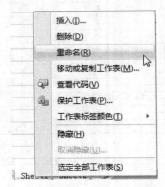

图 3.97　修改工作表的名称

图 3.98　复制工作表

2. 编辑"工资表"数据

单击"工资表"标签，切换到"工资表"工作表。

（1）插入行

具体要求：在第11行前插入一行：林致远，1974-2-8，长沙，财会部，科级，1430。

操作步骤：选中11行（姓名张志峰）的任一单元格作为活动单元格，单击"开始"选项卡的"单元格"选项组的"插入"按钮下的小三角形，在其下拉列表中选择"插入工作表行"命令，则在第11行的前面插入了空行。

在空行中输入数据：林致远，1974-2-8，长沙，财会部，科级，1430。

输入数据

在输入分公司、部门、职务等级这几列的数据时，选中单元格后，单击鼠标右键，在快捷菜单中选择"从下拉列表中选择"，如图3.99所示。单元格的下面出现列表，显示出上面的行中曾输入的数据，如图3.100所示。用户可直接从列表中选择需要输入的数据。

图 3.99　录入数据的快捷菜单

图 3.100　从列表中选择数据

（2）填充等差序列

具体要求： 在 A3 至 A32 单元格中填充工号 1～30。

操作步骤： 工号 1～30 是等差序列，可采取下列方式填充。

➢ 在 A3 单元格输入 1。将鼠标放在 A3 单元格的填充柄上，按住 Ctrl 键，鼠标指针变为带有加号的实心十字 ➕。向下拖曳鼠标，填充到 A32 单元格。

➢ 在 A3 单元格输入 1，在 A4 单元格输入 2。选中 A3 到 A4 单元格，鼠标指向 A4 单元格的填充柄，向下拖曳鼠标，填充到 A32 单元格。

➢ 在 A3 单元格输入 1，单击"开始"选项卡的"编辑"选项组的"填充"按钮，在其下拉列表中选择"系列…"命令，打开"序列"对话框，如图 3.101 所示。在"序列产生在"栏中选择"列"单选按钮，在"类型"栏中选择"等差序列"单选按钮，在"步长值"文本框中输入"1"，在"终止值"文本框中输入"30"。

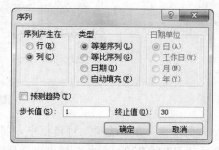

图 3.101　"序列"对话框

（3）在多个单元格中输入相同的数据

具体要求： 在 H3 至 H32 单元格中输入相同的生活补贴"220"。

操作步骤： 在多个单元格中输入相同的数据，可采取下列方式。

➢ 在 H3 单元格输入"220"，鼠标指向 H3 单元格的填充柄，向下拖曳鼠标，填充到 H32 单元格。

➢ 选中 H3 到 H32 单元格，输入数据"220"，再按 Ctrl+Enter 组合键。

（4）设置数据有效性

具体要求： 在 G3 到 G32 单元格设置数据有效性为 1000 到 4000。

步骤 1　选中 G3 到 G32 单元格区域，单击"数据"选项卡的"数据工具"选项组的"数据有效性"按钮，打开"数据有效性"对话框。

步骤 2　在"数据有效性"对话框中，选择"设置"选项卡，在"允许"下拉列表中选择"小数"，在"数据"下拉列表中选择"介于"，在"最小值"文本框中输入"1000"，在"最大值"文本框中输入"4000"。

步骤 3　选择"输入信息"选项卡，在"输入信息"下拉列表中输入"1000～4000"。

步骤 4　选择"出错警告"选项卡，在"错误信息"下拉列表中输入"基本工资最低 1000，最高 4000"。

当选中基本工资列的单元格为活动单元格时，下面出现标签显示设置的输入信息。

若输入的数据小于 1000 或大于 4000，将会打开出错警告窗口，显示所设置的出错信息。

3. 自定义序列

具体要求： 将 9 月工资表的 B3 到 B32 单元格中的数据导入为自定义序列，在"9 月水电读数"的 A2 到 A31 单元格中填充此序列。

输入数据时，用户可以填充"星期一、星期二、星期三……"或"甲、乙、丙……"等序列，这些都是系统预先设置的序列。

通过 Excel 选项，用户可根据自己的需要来定义序列。

步骤 1　单击 Office 按钮，单击"Excel 选项"按钮，打开"Excel 选项"对话框。

步骤 2　在"Excel 选项"对话框中，选择"常用"选项，单击"编辑自定义列表"按钮，打开"选项"对话框，如图 3.102 所示。

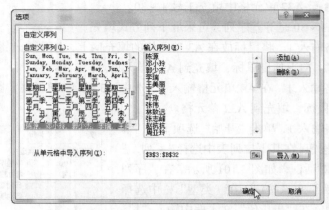

图 3.102　导入自定义序列

步骤 3　在"选项"对话框中，将鼠标定位到"从单元格中导入序列"文本框，再选定单元格区域 B3 到 B32。在文本框中出现所选择的单元格区域，单击"导入"按钮，则员工的姓名"陈源、邓小玲……"被定义为一个序列。

步骤 4　切换到"9 月水电读数"工作表，在 A2 单元格中输入"陈源"，鼠标指向单元格的填充柄，向下拖曳到第 31 行，其他各位员工的名字将被填充出来。

4. 编辑公式

首先，通过公式计算第一位职工的岗位津贴、应发工资、水费、电费、个人所得税、扣款合计和实发工资，再将公式填充到其他行。

（1）计算岗位津贴

具体要求：根据职务等级计算岗位津贴：厅级职务津贴为 3000；处级职务津贴为 2000；科级职务津贴为1000；办事员职务津贴为 500。

操作步骤：选中 I3 单元格，输入公式 "=IF（F3="厅级",3000, IF（F3="处级",2000,IF（F3="科级",1000, 500)))"。

（2）计算应发工资

具体要求：计算应发工资，应发工资为基本工资、岗位津贴和生活补贴之和。

操作步骤：选中 J3 单元格，输入公式 "=G3+H3+I3 或=SUM（G3:I3）"。

（3）计算水费

具体要求：计算水费，水费为用水度数与水费单价的乘积。

操作步骤：选中 K3 单元格，输入公式 "='9月水电读数'!B2*'9月水电读数'!F\$2"。

由于输入公式所在的工作表是"9 月工资表"，需要引用的是"9 月水电读数"工作表的单元格中的数据，需在单元格名称前加上表名"'9月水电读数'和!"。

另外，向下填充公式时，由于所引用的水费单价 F2 单元格的名称不应变化，需在 2 前要加上\$，表示对行号的绝对引用。

（4）计算电费

具体要求：计算电费，电费为用电度数与电费单价的乘积。

操作步骤：选中 L3 单元格，输入公式 "='9月水电读数'!C2*'9月水电读数'!F\$3"。

（5）计算个人所得税

具体要求：根据应发工资计算个人所得税，1000 元以下不扣税，1000～2000 元之间扣税 5%，2000 以上扣税 10%。

操作步骤：选中 M3 单元格，输入公式=IF（J3<1000,0,IF（J3<2000,（J3−1000）*0.05,1000*0.05+（J3−2000）*0.1 ）））。

（6）计算扣款合计

具体要求：计算扣款合计，扣款合计为水费、电费和个人所得税之和。

操作步骤：选中 N3 单元格，输入公式 "=K3+L3+M3 或=SUM（K3:M3）"。

（7）计算实发工资

具体要求：计算实发工资，实发工资为应发工资减去扣款合计。

操作步骤：选中 O3 单元格，在编辑栏中输入公式 "=J3−N3"。

（8）填充公式

具体要求：将公式填充到其他行。

操作步骤：选中 I3 到 O3 单元格区域，鼠标指向选定单元格区域右下角的填充柄，填充到第 32 行，释放鼠标。

5. 设置表格格式

（1）设置单元格的数字格式

具体要求：设置 C3 到 C32 单元格的格式为 "年月日"，K3 到 N32 单元格保留小数点后一位。

步骤 1　选中 C3 到 C32 单元格区域，单击鼠标右键，在快捷菜单中选择 "设置单元格格式" 命令，打开 "设置单元格格式" 对话框。

选择 "数字" 选项卡，如图 3.103 所示。在 "分类" 列表框中选择 "日期"，在 "类型" 列表框中选择 "2001 年 3 月 14 日"。

步骤 2　选中 K3 到 N32 单元格区域，同样，打开 "设置单元格格式" 对话框。

选择 "数字" 选项卡，如图 3.104 所示，在 "分类" 的列表框中选择 "数字"，在 "小数位数" 的数值框中输入 "1"。

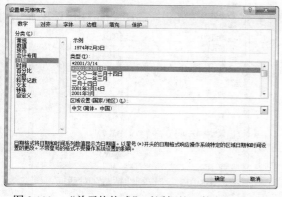

图 3.103　"单元格格式" 对话框的 "数字" 选项卡　　图 3.104　"单元格格式" 对话框的 "数字" 选项卡

（2）格式化单元格

具体要求：合并 A1 到 O1 单元格，设置单元格对齐方式为居中，字体为华文彩云，字号为 24，字形加粗，字体颜色为红色。

步骤 1　选中 A1 到 O1 单元格区域，单击 "开始" 选项卡的 "对齐方式" 选项组的 "合并后居中"按钮 。

步骤2　在"开始"选项卡的"字体"选项组的"字体"下拉列表中选择"华文彩云"，在"字号"下拉列表中选择"24"，单击"加粗"按钮 **B**。单击"字体颜色"按钮右边的小三角形，在其菜单中选择"红色"。

（3）设置单元格填充颜色

具体要求：设置 C3 到 F32 及 K3 到 N32 单元格的样式为"好"，G3 到 J32 及 O3 到 O32 单元格的样式为"适中"。

图 3.105　设置单元格样式

操作步骤：选中 C3 到 F32 单元格区域，按住 Ctrl 键，再选中 K3 到 N32 单元格区域，在"开始"选项卡的"样式"选项组的列表中选择"好"，如图 3.105 所示。

选中 G3 到 J32 单元格区域，按住 Ctrl 键不动，再选中 O3 到 O32 单元格区域，在样式列表中选择"适中"。

（4）复制格式

具体要求：选中 A2 到 O2 单元格区域，设置居中对齐，字形加粗，填充颜色为蓝色，字体颜色为白色，并将此格式复制到 A3 到 B32 单元格区域。

步骤1　选中 A2 到 O2 单元格区域，单击"开始"选项卡的"对齐方式"选项组的按钮 。

单击"字体"选项组的"加粗"按钮 **B**。单击"填充颜色"按钮右边的小三角形，在其下拉菜单中选择"深蓝色"。单击"字体颜色"按钮右边的小三角形，在其下拉菜单中选择"白色"。

步骤2　选中 A2 单元格，右击鼠标，在快捷菜单中选择"复制"命令。

步骤3　选中 A3 到 B32 单元格区域，右击鼠标，在快捷菜单中选择"选择性粘贴"命令，打开"选择性粘贴"对话框。如图 3.106 所示，选中"粘贴"下的"格式"单选按钮。

复制格式后，A3 到 B32 单元格的格式与 A2 单元格的格式一致，而数据并无变化。

通过"开始"选项卡的"剪贴板"选项组的"格式刷"按钮 格式刷 也可实现格式的复制。

（5）设置边框

具体要求：设置表格的外边框为粗线，内边框为细线。

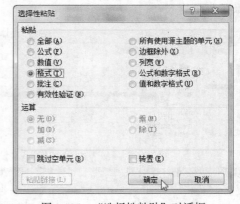

图 3.106　"选择性粘贴"对话框

操作步骤：选中 A2 到 O32 单元格区域，右击鼠标，在快捷菜单中"设置单元格格式"命令，打开"设置单元格格式"对话框。选择"边框"选项卡，如图 3.107 所示。在"线条样式"中选择一种粗线，单击"预置"的"外边框"按钮；在"线条样式"中选择一种细线，单击"预置"的"内边框"按钮。

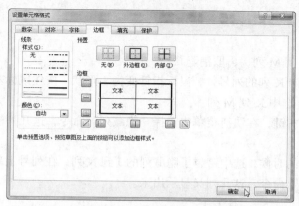

图 3.107　"单元格格式"对话框的"边框"选项卡

（6）设置列宽

具体要求：设置表格各列为最适合的列宽。

操作步骤：鼠标指向 A 列的列号处，鼠标指针变为 ↓ 形状。按住鼠标左键不动，向右拖曳鼠标，直到 O 列的列号，选中 A 到 O 列。单击"开始"选项卡的"单元格"选项组的"格式"按钮，在其下拉列表中选择"自动调整列宽"命令，系统根据各列的内容自动调整各列的宽度。

设置完成后，9 月工资表如图 3.108 所示。

工号	姓名	出生年月	分公司	部门	职务等级	基本工资	生活补贴	岗位津贴	应发工资	水费	电费	个人所得税	扣款合计	实发工资
1	陈源	1974年2月3日	北京	销售部	科级	1300	220	1000	2520	15.0	72.0	102.0	189.0	2331.0
2	邓小玲	1980年3月5日	上海	行政部	办事员	1100	220	500	1820	7.5	90.0	41.0	138.5	1681.5
3	郭少杰	1960年3月4日	广州	财会部	处级	1600	220	2000	3820	10.5	54.0	232.0	296.5	3523.5
4	李瑞	1970年5月6日	北京	行政部	处级	1500	220	1000	2720	12.0	39.0	122.0	173.0	2547.0
5	王美丽	1958年6月7日	北京	财会部	处级	2000	220	2000	4220	4.5	51.0	272.0	327.5	3892.5
6	王一波	1982年7月3日	上海	财会部	办事员	1000	220	500	1720	6.0	45.0	36.0	87.0	1633.0
7	叶琼	1955年9月10日	上海	行政部	厅级	2800	220	3000	6020	13.5	57.0	452.0	522.5	5497.5
8	张伟	1982年4月4日	上海	销售部	办事员	1050	220	500	1770	9.0	63.0	38.5	110.5	1659.5
9	林致远	1974年2月8日	长沙	财会部	科级	1430	220	1000	2650	18.0	132.0	115.0	265.0	2385.0
10	张志峰	1968年6月8日	广州	经理室	科级	2100	220	1000	3320	22.5	192.0	182.0	396.5	2923.5
11	赵抗抗	1960年4月4日	广州	经理室	处级	2320	220	2000	4540	21.0	108.0	304.0	433.0	4107.0
12	周亚玲	1957年4月3日	上海	行政部	厅级	2500	220	3000	5720	30.0	57.0	422.0	509.0	5211.0
13	金钊	1976年5月3日	上海	销售部	科级	1150	220	1000	2370	37.5	63.0	87.0	187.5	2182.5
14	李鑫	1949年3月4日	上海	经理室	厅级	2600	220	3000	5820	19.5	72.0	432.0	523.5	5296.5
15	潘婷	1981年9月8日	长沙	销售部	办事员	1100	220	500	1820	12.0	93.0	41.0	146.0	1674.0
16	王倩	1982年10月4日	长沙	销售部	办事员	1000	220	500	1720	18.0	88.2	36.0	142.2	1577.8
17	吴伟	1977年11月19日	北京	行政部	科级	1350	220	1000	2570	30.0	117.0	107.0	254.0	2316.0
18	杨洁平	1978年4月4日	北京	财会部	科级	1300	220	1000	2520	22.5	39.0	102.0	163.5	2356.5
19	杨秋雨	1966年7月4日	北京	销售部	处级	2120	220	2000	4340	33.0	52.8	284.0	369.8	3970.2
20	曾蕾	1933年2月1日	上海	销售部	办事员	1050	220	500	1770	21.0	33.6	38.5	93.1	1676.9
21	侯莎	1965年5月15日	上海	行政部	科级	2025	220	1000	3245	31.5	150.0	174.5	356.0	2889.0
22	蒋洁	1977年6月10日	广州	行政部	办事员	1500	220	500	1720	33.0	86.4	36.0	155.4	1564.6
23	李斌	1950年7月4日	北京	经理室	科级	2150	220	1000	3370	37.5	72.0	187.0	296.5	3073.5
24	刘国强	1954年4月3日	北京	经理室	厅级	2350	220	3000	6070	25.5	99.0	457.0	531.5	5438.5
25	彭伶俐	1975年4月3日	北京	销售部	处级	1400	220	2000	3620	28.5	24.0	212.0	264.5	3355.5
27	石小娟	1960年10月10日	广州	财会部	科级	2280	220	1000	3820	7.5	37.8	200.0	245.3	3254.7
27	王芳	1976年8月4日	上海	行政部	科级	1250	220	1000	2470	15.0	30.0	97.0	142.0	2328.0
29	王志聪	1972年2月6日	北京	行政部	办事员	1150	220	500	1870	22.5	28.8	43.5	94.8	1775.2
29	邓志雄	1969年4月7日	上海	财会部	科级	1450	220	1000	2670	24.0	27.0	117.0	168.0	2502.0
30	郑小艳	1960年8月7日	上海	财会部	科级	1600	220	1000	2820	15.0	33.0	132.0	180.0	2640.0

图 3.108　格式化后的表格

6.　查看数据

当用户要处理数据量大的工作表时，可以通过改变显示比例、暂时隐藏列、冻结窗格等方法来查看工作表。

（1）改变显示比例

具体要求：改变工作表的显示比例。

操作步骤：通过调整状态栏右下角的显示比例滑标 100% ⊖ ⎯⎯⎯ ⊕ ，可放大或缩小数据表。

（2）隐藏列

具体要求：隐藏 K 到 M 列，再取消隐藏。

操作步骤：鼠标指向 K 列的列号处，鼠标指针变为 ↓ 形状。按住鼠标左键不动，向右拖曳鼠标，直到 M 列的列号，选中 K 到 M 列。

在列号上单击鼠标右键，在快捷菜单中选择"隐藏列"命令，这几列被隐藏起来，暂时不会显示。

当需要查看隐藏列的时候，选中跨越了隐藏列的 J 到 N 列，在列号上单击鼠标右键，在快捷菜单中选择"取消隐藏"命令，这几列又显示出来。

（3）冻结窗格

具体要求：将工作表的第 1、2 行和第 A、B 列冻结起来。

操作步骤：选中 C3 单元格，单击"视图"选项卡的"窗口"选项

组的"冻结窗格"按钮，在其下拉列表中选择"冻结拆分窗格"命令，如图 3.109 所示，则 C3 单元格上面的第 1、2 行和左边的第 A、B 列被冻结起来。

当窗口向下滚动的时候，第 1、2 行不会滚动；当窗口向右滚动的时候，第 A、B 列不会滚动。

图 3.109　冻结窗格

选择"冻结窗格"按钮的下的"取消冻结窗格"命令，用户可取消窗口的冻结。

7.　数据处理

（1）数据排序

具体要求：数据首先按职务等级从低到高排列，职务等级相同的按基本工资从高到低排列。

默认情况下，汉字是按拼音顺序排列，职务等级将按"办事员、处级、科级、厅级"的顺序排列。如果要求按职务高低来排列数据，首先要将"办事员、科级、处级、厅级"定义为一个序列，然后在排序时设置按照自己定义的序列来排列。

步骤 1　将工资表中任一单元格作为活动单元格，单击"数据"选项卡的"排序和筛选"选项组的"排序…"按钮，打开"排序"对话框，如图 3.110 所示。

图 3.110　"排序"对话框

步骤 2　在"排序"对话框的"主要关键字"下拉列表中选择"职务等级"。在"次序"下拉列表中选择"自定义序列"，打开"自定义序列"对话框。

步骤 3　在"自定义序列"对话框中，单击"自定义序列"列表框的"新序列"，在"输入序

列"编辑框中输入序列中的各项值，单击"添加"按钮，将"办事员、科级、处级、厅级"定义为一个序列。

步骤 4　在"排序"对话框中，单击"添加条件"按钮，在"次要关键字"下拉列表选择"基本工资"，再在次序的下拉列表中选择"降序"。

（2）自动筛选

具体要求：筛选出实发工资最高的 10 名职工，拷贝到新建的工作表"数据筛选"中。筛选出所有姓王和姓杨的职工，按姓名的升序排列，拷贝到"数据筛选"工作表中。

步骤 1　将工资表数据区域中任一单元格作为活动单元格，单击"数据"选项卡的"排序和筛选"选项组的"筛选"按钮，在每列的列名上出现小三角形。

步骤 2　单击"实发工资"列名的三角形，打开下拉菜单，选择"数据筛选"下的"10 个最大的值"命令，打开"自动筛选前 10 个"对话框，如图 3.111 所示。

单击"确定"按钮，筛选出实发工资最高的 10 名员工。

步骤 3　单击状态栏的"插入工作表"图标 　，新建一个空工作表"Sheet1"。双击工作表标签，将其改名为"数据筛选"。

步骤 4　选中筛选的数据，右击鼠标，在快捷菜单中选择"复制"命令。切换到"数据筛选"工作表，在快捷菜单中选择"粘贴"命令，将筛选的数据复制过来。

切换到"9 月工资表"工作表，在"实发工资"列名的下拉菜单中选择"从实发工资中清除筛选"命令，则取消了筛选。

步骤 5　单击"姓名"列名的三角形，在下拉菜单中选择"文本筛选"下的"开头是"命令，打开"自定义自动筛选方式"对话框。

步骤 6　在"自定义自动筛选方式"对话框中，如图 3.112 所示。

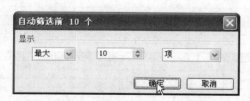

图 3.111　"自动筛选前 10 个"对话框

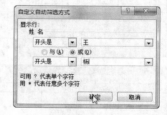

图 3.112　"自定义自动筛选方式"对话框

在符号下拉列表中选择"开头是"，在条件下拉列表中输入"王"。

单击"或"单选按钮，在下一行的符号下拉列表中选择"开头是"，在条件下拉列表中输入"杨"。

在"姓名"列的下拉菜单中选择"升序"命令，将筛选后的数据拷贝到"数据筛选"工作表。

再次单击"筛选"按钮，取消对数据的自动筛选。

（3）高级筛选

具体要求：筛选出长沙和北京的所有员工及所有职务为厅级的员工，将筛选的数据复制到"数据筛选"工作表。

步骤 1　在工资表数据区域外的单元格输入筛选条件，如图 3.113 所示。第一行为列名，下面分别设置对该列数据要筛选的条件。

步骤 2　单击"数据"选项卡的"排序和筛选"选项组的"高级"按钮，打开"高级筛选"对话框，如图 3.114 所示。

步骤3 在"高级筛选"对话框中，设置列表区域为 A2:O32。

单击条件区域的文本框，选定刚才输入条件的单元格区域。

单击"确定"按钮，将筛选的数据复制到"数据筛选"工作表。

分公司	职务等级
北京	
长沙	
	厅级

图 3.113　自定义筛选条件

图 3.114　"高级筛选"对话框

"数据筛选"工作表的数据如图 3.115 所示。

步骤4 单击"数据"选项卡的"排序和筛选"选项组的"清除"按钮，取消筛选。

姓 名	出生年月	分公司	部 门	职务等级	基本工资	生活补贴	岗位津贴	应发工资	水 费	电 费	个人所得税	扣款合计	实发工资
石小娟	1960年10月10日	广州	财会部	科级	2280	220	1000	3500	7.5	37.8	200.0	245.3	3254.7
赵抗抗	1960年4月4日	广州	经理室	处级	2320	220	2000	4540	21.0	108.0	304.0	433.0	4107.0
杨秋雨	1966年7月9日	北京	销售部	处级	2120	220	2000	4340	33.0	52.8	284.0	369.8	3970.2
王美丽	1958年6月7日	北京	财会部	处级	2000	220	2000	4220	4.5	51.0	272.0	327.5	3892.5
郭少杰	1960年3月4日	广州	财会部	处级	1600	220	2000	3820	10.5	54.0	232.0	296.5	3523.5
彭伶俐	1975年4月3日	北京	销售部	处级	1400	220	2000	3620	28.5	24.0	212.0	264.5	3355.5
刘国强	1954年4月3日	上海	经理室	厅级	2850	220	3000	6070	25.5	99.0	457.0	581.5	5488.5
叶琼	1955年9月10日	上海	行政部	厅级	2800	220	3000	6020	13.5	57.0	452.0	522.5	5497.5
李蕊	1949年3月4日	上海	经理室	厅级	2600	220	3000	5820	19.5	72.0	432.0	523.5	5296.5
周亚玲	1957年4月3日	北京	行政部	厅级	2500	220	3000	5720	30.0	57.0	422.0	509.0	5211.0
姓 名	出生年月	分公司	部 门	职务等级	基本工资	生活补贴	岗位津贴	应发工资	水 费	电 费	个人所得税	扣款合计	实发工资
王芳	1976年8月9日	上海	行政部	科级	1250	220	1000	2470	15.0	30.0	97.0	142.0	2328.0
王美丽	1958年6月7日	北京	财会部	处级	2000	220	2000	4220	4.5	51.0	272.0	327.5	3892.5
王倩	1982年10月4日	长沙	销售部	办事员	1000	220	500	1720	18.0	88.2	36.0	142.2	1577.8
王一波	1982年7月3日	上海	财会部	办事员	1000	220	500	1720	6.0	45.0	36.0	87.0	1633.0
王志鹏	1972年2月6日	长沙	行政部	办事员	1150	220	500	1870	22.5	28.8	43.5	94.8	1775.2
杨洁平	1978年4月6日	北京	财会部	处级	1300	220	1000	2520	22.5	39.0	102.0	163.5	2356.5
杨秋雨	1966年7月9日	北京	销售部	处级	2120	220	2000	4340	33.0	52.8	284.0	369.8	3970.2
姓 名	出生年月	分公司	部 门	职务等级	基本工资	生活补贴	岗位津贴	应发工资	水 费	电 费	个人所得税	扣款合计	实发工资
潘婷	1981年9月8日	长沙	销售部	办事员	1100	220	500	1820	12.0	93.0	41.0	146.0	1674.0
王美丽	1958年6月7日	北京	财会部	处级	2000	220	2000	4220	4.5	51.0	272.0	327.5	3892.5
王倩	1982年10月4日	长沙	销售部	办事员	1000	220	500	1720	18.0	88.2	36.0	142.2	1577.8
李翰	1950年7月4日	北京	经理室	科级	2150	220	1000	3370	37.5	72.0	187.0	296.5	3073.5
侯莎	1965年5月5日	长沙	行政部	科级	2025	220	1000	3245	31.5	150.0	174.5	356.0	2889.0
李璐	1970年5月6日	北京	销售部	科级	1500	220	1000	2720	12.0	39.0	122.0	173.0	2547.0
吴伟	1977年11月19日	长沙	行政部	科级	1350	220	1000	2570	30.0	117.0	107.0	254.0	2316.0
陈源	1974年2月3日	北京	销售部	科级	1300	220	1000	2520	15.0	72.0	102.0	189.0	2331.0
王志鹏	1972年2月6日	长沙	行政部	办事员	1150	220	500	1870	22.5	28.8	43.5	94.8	1775.2
林致远	1974年8月1日	长沙	财会部	科级	1430	220	1000	2650	15.0	33.0	115.0	163.0	2487.0
杨洁平	1978年4月6日	北京	财会部	处级	1300	220	1000	2520	22.5	39.0	102.0	163.5	2356.5
杨秋雨	1966年7月9日	北京	销售部	处级	2120	220	2000	4340	33.0	52.8	284.0	369.8	3970.2
彭伶俐	1975年4月3日	北京	销售部	处级	1400	220	2000	3620	28.5	24.0	212.0	264.5	3355.5
刘国强	1954年4月3日	上海	经理室	厅级	2850	220	3000	6070	25.5	99.0	457.0	581.5	5488.5
叶琼	1955年9月10日	上海	行政部	厅级	2800	220	3000	6020	13.5	57.0	452.0	522.5	5497.5
李蕊	1949年3月4日	上海	经理室	厅级	2600	220	3000	5820	19.5	72.0	432.0	523.5	5296.5
周亚玲	1957年4月3日	北京	行政部	厅级	2500	220	3000	5720	30.0	57.0	422.0	509.0	5211.0

图 3.115　筛选的数据

（4）数据汇总

具体要求：统计出各个分公司的人数，应发工资和实发工资的和，将汇总的结果复制到新建的工作表"数据汇总"中。

步骤1 在数据汇总以前，首先要按分类字段进行排序。

定位到分公司所在区域（D2 到 D32）的任一单元格，单击"数据"选项卡的"排序和筛选"选项组的"升序"按钮，同一分公司的员工排列在一起。

步骤 2　选择"数据"选项卡的"分级显示"选项组的"分类汇总"按钮，打开"分类汇总"对话框。

如图 3.116 所示，在"分类字段"的下拉列表中选择"分公司"，在"汇总方式"下拉列表中选择"求和"，在"选定汇总项"列表框中，选中需要统计的"应发工资"、"实发工资"字段前的复选框。

步骤 3　再次选择"分类汇总"按钮，打开"分类汇总"对话框。

如图 3.117 所示，在"分类字段"的下拉列表中选择"分公司"，在"汇总方式"下拉列表中选择"计数"，在"选定汇总项"列表框中，选中需要统计的"工号"字段前的复选框，去掉"替换当前分类汇总"复选框的勾选，单击"确定"按钮。

数据表中显示出统计结果，在数据清单的左上角单击分级显示符号"2"，显示出按分公司对应发工资和实发工资求和的汇总结果；单击分级显示符号"3"，显示出两次汇总的结果；单击分级显示符号"4"，显示出明细的数据。

图 3.116　"分类汇总"对话框

图 3.117　"分类汇总"对话框

步骤 4　单击分级显示符号"3"，选择"开始"选项卡的"编辑"选项组的"查找和选择"按钮，在下拉列表中选择"定位条件"命令，打开"定位条件"对话框，选择"可见单元格"单选按钮，单击"确定"按钮后，选中了汇总结果。

步骤 5　单击"开始"选项卡的"剪贴板"选项组的"复制"按钮，将选中的区域复制到剪贴板。

步骤 6　单击状态栏的"插入工作表"图标，新建一个空工作表"Sheet1"。双击工作表标签，将其改名为"数据汇总"。

步骤 7　定位到 A1 单元格，单击"开始"选项卡的"剪贴板"选项组的"粘贴"按钮下的小三角形，在其下拉列表中选择"粘贴值"命令。

粘贴后的数据如图 3.118 所示。

	A	B	C	D	E	F	G	H	I	J	K	L	M	N	O
1	东方公司2007年9月工资表														
2	工　号	姓　名	出生年月	分公司	部　门	职务等级	基本工资	生活补贴	岗位津贴	应发工资	水　费	电　费	个人所得	扣款合计	实发工资
3		8		北京 计数											
4				北京 汇总						29030					26737.2
5		5		广州 计数											
6				广州 汇总						16900					15373.3
7		11		上海 计数											
8				上海 汇总						35320					32585.9
9		6		长沙 计数											
10				长沙 汇总						13875					12617
11		30		总计数											
12				总计						95125					87313.4

图 3.118　按分公司分类汇总的结果

步骤 8　再次选择"分类汇总"按钮，打开"分类汇总"对话框，单击"全部删除"按钮，则删除汇总的数据。

（5）数据透视表

具体要求： 在新的工作表中建立数据透视表，以"分公司"为筛选，"部门"为行标签，"职务等级"为列表签，"姓名"作为数值，统计出各部门各职务等级的人数。

数据透视表

数据透视表是一种对数据进行交叉分析的三维表格。

知识点　它将数据的排序、筛选和分类汇总3个过程结合在一起，可以转换行和列以查看源数据的不同汇总结果，可以显示不同页面以筛选数据，还可以根据需要显示所选区域中的明细数据，非常便于用户组织和统计数据。

步骤 1　将工资表数据区域中任一单元格作为活动单元格，选择"插入"选项卡的"表"选项组的"数据透视表" 命令，打开"创建数据透视表"对话框，如图 3.119 所示。

步骤 2　在"创建数据透视表"对话框中，指定数据区域，选择"新工作表"单选按钮，单击"确定"按钮。

步骤 3　系统新建一个工作表，用户需设置数据透视表的筛选、行、列、数值以确定汇总不同组合的数据透视表报表。

如图 3.120 所示，从字段列表中选择所需的字段拖到下部相应的区域中。

将"分公司"字段拖至"报表筛选"区域，"部门"字段拖至"行标签"区域，"职务等级"字段拖至"列标签"区域，"姓名"字段拖至"数值"区域，则统计出各部门各职务等级的人数。

图 3.119　"创建数据透视表"对话框　　　　图 3.120　新建的数据透视表

- 用户可以按页框中的字段筛选数据透视表

单击"分公司"的小三角形，在下拉菜单中选择"长沙"，如图 3.121 所示，则只显示出长沙分公司的数据。

如果要取消筛选，选择下拉菜单中的"全部"即可。

- 可以按行、列中的字段筛选数据透视表

单击职务等级右边的小箭头，在列表中取消"处级"、"厅级"复选框的选择，单击"确定"按钮，则汇总结果只统计办事员、科级的人数，如图 3.122 所示。

- 可以添加要统计的数据值

如果还要统计各部门各职务等级的实发工资的和，在字段列表中选择"实发工资"项，拖曳到"数据值"中。汇总结果如图 3.123 所示。

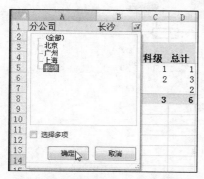

图 3.121　筛选长沙分公司的数据

图 3.122　筛选职务等级后的数据

图 3.123　添加数据项后的数据透视表

- 可以改变数据项的统计方式

如果要统计的是实发工资的平均值，在"求和项：实发工资"上单击鼠标右键，在快捷菜单中选择"数据汇总方式"下的"平均值"命令，则汇总结果如图 3.124 所示。

图 3.124　改变汇总方式后的数据透视表

- 可以删除要统计的数据项

如果不需统计实发工资的平均值，单击字段列表中"平均值项：实发工资"右边的小三角形，如图 2.125 所示，在其下拉列表中选择"删除字段"，则实发工资的平均值项被移除。

- 可以灵活地设置筛选、行、列、数据值的字段

用户可以根据需要灵活设置各字段。

例如，将"职务等级"字段删除，将"分公司"字段拖至列标签字段，则汇总结果变为各分公司各部门的人数，如图 3.126 所示。

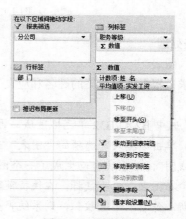

图 3.125　删除字段

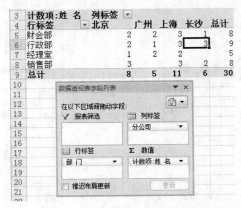

图 3.126　改变字段布局后的数据透视表

● 可以生成数据透视图

单击"插入"选项卡的"图表"选项组的各类图表按钮，则系统自动生成自动透视图，如图 3.127 所示。类似于数据透视表，数据透视图也可以重新进行字段的设置，进行数据的筛选。

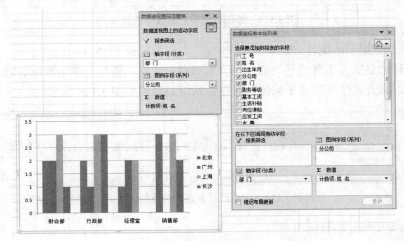

图 3.127　数据透视图

8. 图表处理

（1）插入图表

具体要求：根据各位职工的姓名和应发工资生成带数据标记的折线图，图表放在新的工作表"工资图"中。

步骤 1　选中 B2 到 B32 单元格区域，再按住 Ctrl 键不动，选中 J2～J32 单元格区域。

步骤 2　单击"插入"选项的"图表"选项组的"折线图"按钮，在下拉列表中选择"带数据标记的折线图"，则系统自动生成了一个图表。

步骤 3　在图表上右击鼠标，在快捷菜单中选择"移动图表"命令，打开"移动图表"对话框。选择"新工作表"单选按钮，则系统产生一个新的工作表"Chart1"显示所建的图表。

（2）设置图表选项

具体要求：修改图表标题为应发工资统计图，设置图表中不产生图例，显示每个数据标记的数值。

步骤 1　选中图表标题，单击鼠标，出现插入点，修改标题中的文字为"应发工资统计图"。

步骤 2　单击"布局"选项卡的"标签"选项组的"图例"按钮，在其下拉列表中选择"无"选项，则图表中不显示图例。

步骤 3　单击"布局"选项卡的"标签"选项组的"数据标签"按钮，在其下拉列表中选择"上方"，则图表中显示出每个数据标记的数值。

设置图表选项后，图表如图 3.128 所示。

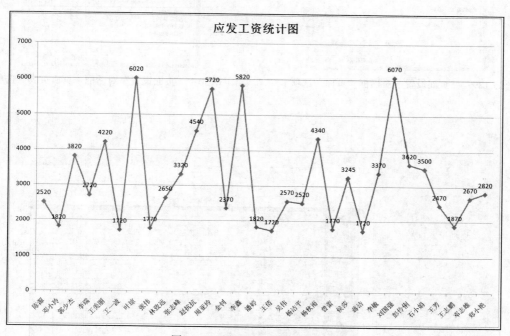

图 3.128　设置图表选项后的图表

9. 打印预览

具体要求：将页面设置为横向，缩放比例为 80%，页脚为制作人名称、日期、页号，调整页边距，打印预览工作表。

步骤 1　切换到"9 月工资表"工作表，单击快速访问工具栏中的"打印预览"按钮，进入到预览状态。

步骤 2　由于表格数据量较大，一页上无法打印出来。

单击"页面设置"按钮，打开"页面设置"对话框，选择"页面"选项卡，如图 3.129 所示。在方向中选择"横向"单选按钮，在"缩放比例"数值框中输入 80%。

步骤 3　选择"页面设置"对话框中的"页眉页脚"选项卡，如图 3.130 所示，在"页脚"下拉列表中选择带有制作人名称、日期、页号的选项。

步骤 4　选中"显示边距"复选框，页面上显示出设置页边距的虚线。将鼠标指向虚线，鼠标指针变为╋形状。按住鼠标左键不动，拖曳鼠标，调整各边距到合适的位置，使图表显示在页面中央，如图 3.131 所示。

图3.129 "页面设置"对话框"页面"选项卡

图3.130 "页面设置"对话框"页眉页脚"选项卡

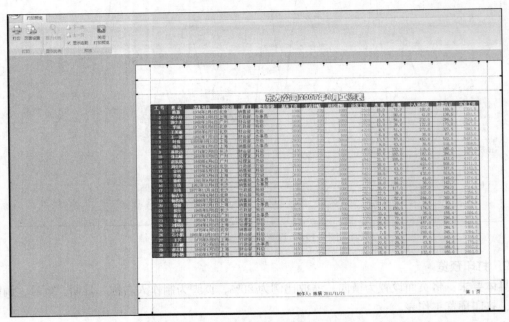

图3.131 打印预览

10. 保护工作簿和工作表

具体要求： 对工作簿和工作表设置密码。

● 为有效地防止他人在工作簿中建立、删除、重命名工作表，用户可保护工作簿。

步骤1 选择"审阅"选项卡的"更改"选项组的"保护工作簿"按钮，在其下拉列表中选择"保护结构和窗口"命令，打开"保护结构和窗口"对话框，如图3.132所示。

步骤2 在"保护结构和窗口"对话框中的"密码"文本框中输入保护密码。

步骤3 系统打开"确认密码"对话框，再次输入密码，单击"确定"按钮。

再次选择"保护结构和窗口"命令，输入正确密码，可取消对工作簿的保护。

● 为有效地防止他人修改工作表中的数据，用户可保护工作表。

步骤1 选择"工具"选项卡的"更改"选项组的"保护工作表"命令，打开"保护工作表"对话框，如图3.133所示。

步骤 2 在“保护工作表”对话框中，选择允许其他用户进行的操作选项，输入保护密码，单击“确定”按钮。

步骤 3 系统打开“确认密码”对话框，再次输入密码，单击“确定”按钮。

选择“工具”选项卡的“更改”选项组的“撤销工作表保护”命令，输入正确密码，可取消对工作表的保护。

图 3.132 “保护工作簿”对话框

图 3.133 “保护工作表”对话框

3.6 操作练习

操作题一

1. 重命名 Sheet1 工作表为“学历情况”。
2. 在 Sheet1 工作表中输入数据，如图 3.134 所示。
3. 输入公式计算“人数”列的“总计”项及“所占百分比”列的值（所占百分比=人数/总计，其数字格式为“百分比”型，小数点后位数为 2）。
4. 为表格加实线边框（边框样式如图 3.135 所示）。
5. 合并 A1 到 C1 单元格区域，并设置为宋体、16 磅、居中。
6. 表中数据设置为宋体、14 磅；表中数据垂直方向居中对齐，水平方向上文字型数据居中对齐、数值型数据右对齐。
7. 自动调整各列的宽度。
8. 按“学历”和“人数”列建立“分离型饼图”，图表标题为“学历情况分布图”，“图例”位置靠右，数据标签显示值，并将生成的图表插入到 D1 到 H10 单元格区域。

操作题一排版后的效果如图 3.135 所示。

	A	B	C
1	学历情况调查表		
2	学历	人数	所占百分比
3	小学	2	
4	初中	8	
5	高中	12	
6	大专	28	
7	本科	40	
8	硕士	12	
9	博士	6	
10	博士后	2	
11	总计		

图 3.134 操作题一输入的数据

	A	B	C
1	学历情况调查表		
2	学历	人数	所占百分比
3	小学	2	1.82%
4	初中	8	7.27%
5	高中	12	10.91%
6	大专	28	25.45%
7	本科	40	36.36%
8	硕士	12	10.91%
9	博士	6	5.45%
10	博士后	2	1.82%
11	总计	110	

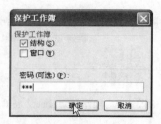

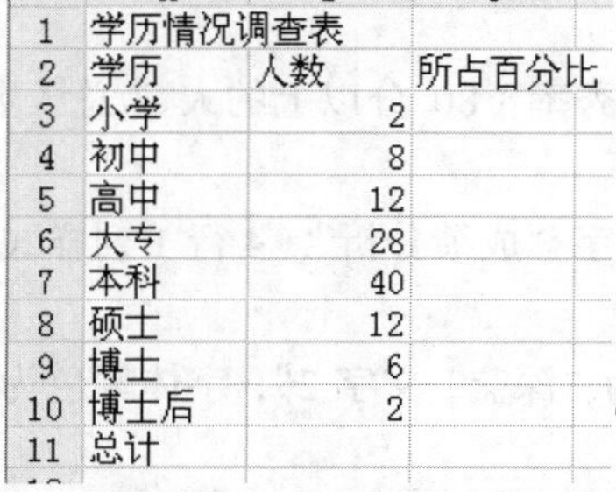

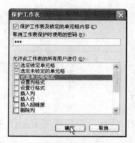

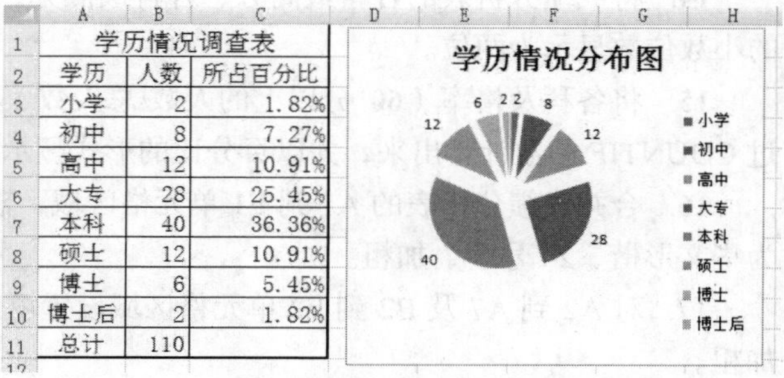

图 3.135 操作题一排版后的效果

操作题二

1. 在 Sheet1 工作表中输入如图 3.136 所示的数据，在 Sheet2 工作表输入如图 3.137 所示的数据。

	A	B	C	D	E	F	G	H	I
1		成绩表							
2			高等数学	大学英语	计算机	马哲	总成绩	平均分	评语
3		张明	80	87	82	77			
4		刘星	85	80	79	75			
5		李纹	65	66	60	54			
6		黄天	56	69	65	63			
7		朱可	68	78	79	74			
8		赵兰	89	87	85	85			
9		陈雅	99	98	96	92			
10		林霖	75	74	71	71			
11		张小芬	65	65	64	62			
12		梁伟	88	87	85	80			
13		叶雨	78	79	75	76			
14		陈心	54	56	52	51			
15		徐志	89	95	94	93			
16		赵月	80	85	89	82			

图 3.136　操作题二 sheet1 表输入的数据

	A	B	C	D	E
1					
2		高等数学	大学英语	计算机	马哲
3	各科最高分				
4	各科最低分				
5	各科平均分				
6	各科及格率				
7	各科优秀率				

图 3.137　操作题二 sheet2 表输入的数据

2. 将 Sheet1 表改名为"成绩表"，Sheet2 表改名为"成绩分析表"。

3. 合并 B1 到 I1 单元格区域，并设置为黑体、20 号、居中。

4. 将第二行的行高设为 26，第 B 列的列宽设为 12，在 B2 单元格输入 姓名╱成绩。

5. 对 C3 到 F16 单元格区域设置有效性规则为在 0 到 100 之间，并设置输入信息为 0 ~ 100。

6. 将总成绩、平均分通过公式计算出来，要求平均分的小数位数显示为两位。

7. 将所有同学按平均分从高到低的顺序排列。

8. 将每位同学的评语通过 IF 函数计算出来，规则为 60 分以下显示不及格，60 ~ 79 分显示及格，80 ~ 100 分显示优秀。

9. 对 C3 到 F16 和 H3 到 H16 单元格区域设置条件格式为小于 60 分，以红色加粗的格式显示。

10. 将成绩表的 B2 到 I16 单元格区域加上粗线样式的外部边框和细线样式的内部线条。

11. 将 B2 到 B16 及 C2 到 I2 单元格区域设置填充颜色为"白色，背景 1，深色 5%"。

12. 将成绩表的 B2 到 F16 单元格区域的数据生成簇状柱形图，将图表移到表格的下方。再将 H2 到 H16 的数据也添加到图表中。

13. 将图表区字体设置为宋体、10 号字。

排版后的效果如图 3.138 所示。

14. 将成绩分析表的各科最高分、各科最低分、各科平均分通过函数计算出来，要求平均分的小数位数显示为两位。

15. 将各科及格率（60 分以上的人数/总人数）、各科优秀率（80 分以上的人数/总人数）通过 COUNTIF 函数计算出来，并以百分比的形式显示。

16. 合并成绩分析表的 A1 到 E1 单元格区域，输入艺术字"成绩分析"（4 行 1 列样式），设为华文形楷、24 号字、加粗。

17. 对 A2 到 A7 及 B2 到 E2 单元格区域设置填充颜色为"深蓝，文字 2"，字体颜色为白色，加粗。

18. 各科平均分生成圆柱图，将数据系列的填充效果为斜纹布，字体设置为加粗、倾斜、宋体 12 号，不显示图例，显示数据标签。

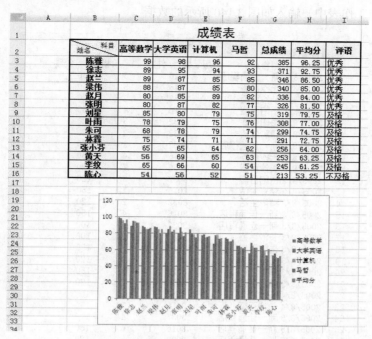

图 3.138　操作题二成绩表排版后的效果

19. 设置图表标题为"各科平均分"，字体设置为加粗、宋体、14 号字、红色。
20. 插入自选图形显示提示："各科成绩接近"。

排版后的效果如图 3.139 所示。

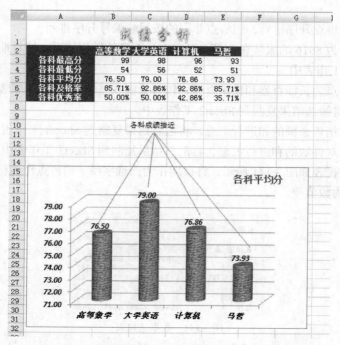

图 3.139　操作题二 成绩分析表排版后的效果

操作题三

1. 在 Sheet1 工作表中，输入如图 3.140 所示的数据。

	A	B	C	D	E	F
1	销售情况表					
2	日期	销售点	服装编号	件数	价格	金额
3	2005/8/1	新一佳通程店	8016	3	150	
4	2005/8/1	长沙百盛	8016	5	150	
5	2005/8/1	长沙百盛	8032	2	120	
6	2005/8/1	岳阳百盛	8016	4	150	
7	2005/8/1	岳阳百盛	8032	3	120	
8	2005/8/1	精彩生活	8032	2	120	
9	2005/8/2	新一佳通程店	8032	2	120	
10	2005/8/2	长沙百盛	8016	4	150	
11	2005/8/2	长沙百盛	8032	7	120	
12	2005/8/2	岳阳百盛	8032	3	120	
13	2005/8/2	精彩生活	8016	2	150	
14	2005/8/2	精彩生活	8032	2	120	
15	2005/8/3	新一佳通程店	8016	4	150	
16	2005/8/3	新一佳通程店	3037	6	100	
17	2005/8/3	长沙百盛	3037	2	100	
18	2005/8/3	岳阳百盛	8016	2	150	
19	2005/8/3	岳阳百盛	8032	4	120	
20	2005/8/3	精彩生活	8016	2	150	
21	2005/8/3	精彩生活	8032	2	120	
22	2005/8/4	长沙百盛	3037	3	100	
23	2005/8/4	长沙百盛	8016	3	150	
24	2005/8/5	新一佳通程店	3037	4	100	
25	2005/8/5	新一佳通程店	8016	6	150	
26	2005/8/5	新一佳通程店	8032	6	120	
27	2005/8/5	长沙百盛	8032	2	120	
28	2005/8/5	精彩生活	8016	2	150	

图 3.140　输入的数据

2. 将销售额通过公式计算出来，计算规则为：5 件以下的是件数×价格，5 件及以上是件数×价格×0.9。

3. 将数据按销售点升序排列，销售点相同的按服装编号升序排列。

4. 筛选出编号为 8016 的服装在 8 月 1 日和 8 月 2 日的销售情况，按日期升序排列，将筛选结果复制到 Sheet2 工作表中。

5. 筛选出销售点为长沙百盛和岳阳百盛，销售金额在 500 元以上的服装销售情况，按销售金额的降序排列，将筛选结果复制到 Sheet2 工作表中。

6. 按销售点对销售金额的和进行汇总，将汇总结果复制到 Sheet3 工作表中。

7. 按服装编号对件数的和进行汇总，将汇总结果复制到 Sheet3 工作表中。

8. 建立数据透视表如图 3.141 所示，将日期作为筛选字段，销售点作为行字段，服装编号作为列字段，金额作为数值项。

图 3.141　数据透视表

第4章

PowerPoint 2007 操作

4.1 基本概念

PowerPoint 能做什么

PowerPoint 2007 是微软公司 Office 2007 组件之一。使用 PowerPoint，用户可以轻松地制作出专业化高品质的演示文稿。演示文稿可以通过计算机播放或打印成标准幻灯片，广泛应用在会议、报告、产品演示、教学等各个方面。

演示文稿制作的基本流程

PowerPoint 类型的文件称为演示文稿，其扩展名为 pptx。每个演示文稿由一张或多张幻灯片组成，每张幻灯片上可以有文字、图片、表格、组织结构图、声音、影像等多个对象。

一般来说，创建一份完整的演示文稿需要完成以下的几个步骤。

1. 准备素材

主要是搜集和整理演示文稿中所需要的一些文字、图片、声音、动画等文件。

2. 确定方案

对演示文稿的整个构架进行设计，确定每张幻灯片上应该有哪些素材。

3. 初步制作

新建演示文稿，插入多张幻灯片，在每张幻灯片上输入文本、图片等对象。

4. 装饰美化

格式化幻灯片的文字，改变幻灯片的版式、背景、配色方案等，利用设置母版来统一修改演示文稿的外观，对演示文稿进行装饰美化处理。

5. 播放

设置动画效果和超级链接，播放演示文稿查看其效果。

下列流程图描述了演示文稿的制作过程。

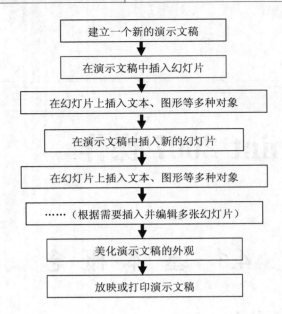

4.2 演示文稿的建立与编辑

4.2.1 案例分析

本实例示范如何建立、打开和保存演示文稿，在演示文稿上插入新幻灯片，在幻灯片上编辑文字和图片，复制、移动和删除幻灯片。使读者基本掌握演示文稿的制作流程，了解 PowerPoint 各个视图的特点。

编辑完成的《自我介绍》演示文稿如图 4.1 所示。

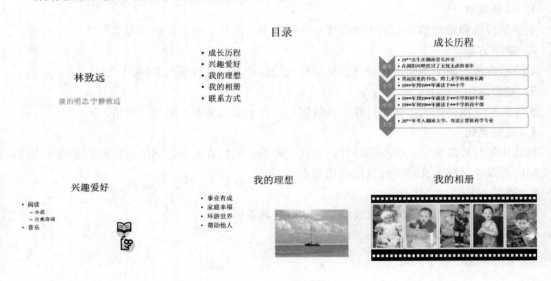

图 4.1 "自我介绍"演示文稿

联系方式

0731-12345678

linzhiyuan@163.com

123456789

湖南长沙岳麓山湖南大学

图 4.1　"自我介绍"演示文稿（续）

设计要求：

（1）启动 PowerPoint，通过内容提示向导建立演示文稿；

（2）观察演示文稿的各个视图；

（3）利用"新建空演示文稿"的方法新建演示文稿，添加并编辑第一张幻灯片；

（4）插入新幻灯片并编辑 Smart Art 图形；

（5）插入新幻灯片并编辑文本和剪贴画；

（6）复制幻灯片并修改幻灯片上的文本和图片；

（7）插入新幻灯片并编辑自选图形；

（8）在幻灯片上插入多张图片并设置格式；

（9）插入新幻灯片并编辑文本框；

（10）插入新幻灯片，将其他幻灯片的标题复制过来；

（11）移动幻灯片；

（12）删除幻灯片并撤销删除。

4.2.2　设计步骤

1. 启动 PowerPoint，通过内容提示向导建立演示文稿

具体要求：启动 PowerPoint，利用系统提供的模板新建一个演示文稿。

- **PowerPoint 的启动**

用户可以通过下列方式启动 PowerPoint。

➢ 单击屏幕左下角的"开始"按钮，选择"所有程序"|"Microsoft Office"|"Microsoft Office PowerPoint 2007"命令，如图 4.2 所示。

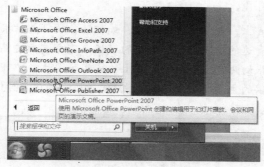

图 4.2　启动 PowerPoint

➢ 双击桌面上的 PowerPoint 的快捷图标  。

➤ 在"计算机"窗口中双击任一个 PowerPoint 文件，则启动 PowerPoint，同时打开指定的演示文稿文件。

步骤 1　选择 Office 按钮的"新建"命令或单击快速启动工具栏中的"新建"按钮 ，打开"新建演示文稿"窗口，如图 4.3 所示。

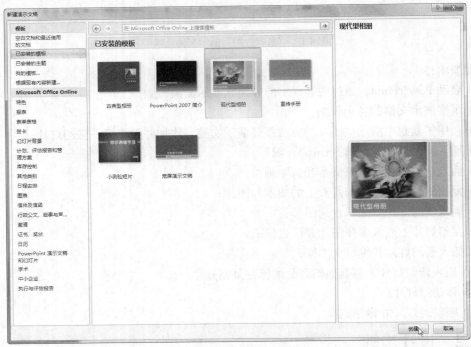

图 4.3　"新建演示文稿"任务窗口

步骤 2　单击"新建演示文稿"窗口中的"已安装的模板"选项，选择"现代型相册"选项，单击"创建"按钮，一个演示文稿创建成功。

新建演示文稿的方法

用户可以通过空演示文稿、模板、主题、现有演示文稿等多种方式来创建演示文稿。

空演示文稿方式就是 PowerPoint 对演示文稿没有任何设置，完全由用户从空白的演示文稿来进行设计。

在 Office.com 上，提供了许多模板，如相册、项目总结报告、年度营销计划等。用户可以根据所要表达的内容，选择适合的模板来建立演示文稿。根据模板所建立的演示文稿中将包含多张幻灯片，修改幻灯片上的文字和图片，即可完成演示文稿。

根据系统提供的主题所新建的演示文稿，幻灯片的背景图形、字体的格式、项目符号均被系统设定。

---

2. 观察演示文稿的各个视图

视图

所谓视图，是指用户编辑演示文稿的工作环境。PowerPoint 有普通视图、幻灯片浏览、幻灯片放映和备注页 4 种基本的视图模式，每一种视图都有特定的显示方式和加工特色。

- 普通视图

默认的情况下，打开的演示文稿都是在"普通视图"方式下显示。

普通视图如图 4.4 所示，左边的区域称为大纲窗格，在幻灯片状态下，显示出幻灯片的外观，可以通过改变版式、背景来美化幻灯片；在大纲状态下，显示出演示文稿的大纲内容，可编辑演示文稿文字资料。通过左上角的"幻灯片"和"大纲"选项卡可切换两种不同的显示状态。

图 4.4　普通视图方式

右上方的幻灯片窗格，显示幻灯片的外观，可以编辑幻灯片的文本、图片和其他对象。

右下方的备注页窗格，可让用户针对该幻灯片撰写一些备注说明，这些备注在幻灯片放映时不会显示出来。

将鼠标放在各个窗格的分隔线上，当鼠标指针变为 ✛ 形状，拖曳鼠标可调整各个窗格的大小。

当用户在大纲窗格中单击某张幻灯片的时候，在幻灯片窗格就显示出对应的幻灯片。用户可以通过操作幻灯片窗格右边的滚动条或按键盘上的 Page Up 键、Page Down 键、↓键、↑键来切换幻灯片。

- 幻灯片浏览视图

在幻灯片浏览视图下，如图 4.5 所示，窗口中同时显示多张幻灯片，幻灯片的号码出现在每张幻灯片的右下方。

此视图适用于幻灯片的复制、删除和移动。

图 4.5　幻灯片浏览视图方式

- 幻灯片放映视图

在幻灯片放映视图下，如图 4.6 所示，幻灯片将一张一张地全屏播放。

图 4.6　幻灯片浏览视图方式

在放映过程中，用户按回车键或单击鼠标切换到下一张幻灯片，按 Esc 键终止放映。在放映时，单击鼠标右键，弹出快捷菜单，也可以控制放映的流程。

- 切换视图

单击屏幕右下角的视图切换按钮，如图 4.7 所示；或通过"视图"选项卡的"演示文稿视图"选项组的按钮，如图 4.8 所示，可切换视图。

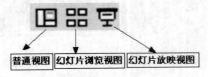

图 4.7　切换按钮切换视图

图 4.8　视图选项卡切换视图

3. 利用"新建空演示文稿"的方法新建演示文稿，添加并编辑第一张幻灯片

具体要求：利用"新建空演示文稿"的方法新建演示文稿，添加一张以"标题和副标题"为版式的幻灯片，输入标题为：自己的姓名，文本为：自己的座右铭。

版式

为了幻灯片的美观及简化输入，PowerPoint 2007 提供了多种版式。用户选择了幻灯片的版式，就决定了此幻灯片上占位符的种类、数目及其排列位置。

占位符是幻灯片上一种带有虚线的框，有的占位符中可放置文字（例如，标题和文本），有的占位符中可放置幻灯片内容（例如，表格、图表、图片、图示和剪贴画等）。

步骤 1　选择 Office 按钮的"新建"命令或单击快速启动工具栏中的"新建"按钮，打开"新建演示文稿"窗口（见图 4.3），单击"空白文档和最近使用的文档"选项中的"空白演示文稿"链接，创建一个新的演示文稿。

步骤 2　在新建的演示文稿中，已插入一张版式为"标题幻灯片"的幻灯片。单击幻灯片上"单击此处添加标题"占位符，此时占位符四周出现控制点，里面出现一闪烁的短直线（插入点），表示占位符进入编辑模式，如图 4.9 所示，输入文字为自己的姓名。然后单击占位符以外的地方，表示输入完毕，占位符的虚线框和提示文字就消失了。

单击幻灯片上"单击此处添加副标题"占位符，输入文字为自己的座右铭。

图 4.9　在占位符中输入文本

图 4.10　通过大纲窗格插入新幻灯片

需要修改文本时，将鼠标指针移到幻灯片窗格中的文字上，当鼠标指针变为 I 形状时单击鼠标，出现不停地闪烁的插入点，用户便可对文本进行修改。修改完后，单击占位符以外的地方，则结束修改。

用户也可直接在大纲窗格的大纲状态下修改占位符中输入的文本。

4. 插入新幻灯片并编辑 SmartArt 图形

具体要求：在《自我介绍》演示文稿中插入以“标题和内容”为版式的第二张幻灯片，标题为“成长历程”，内容为 SmartArt 中的垂直 V 型列表，对自己经历进行简单介绍，如图 4.11 所示。

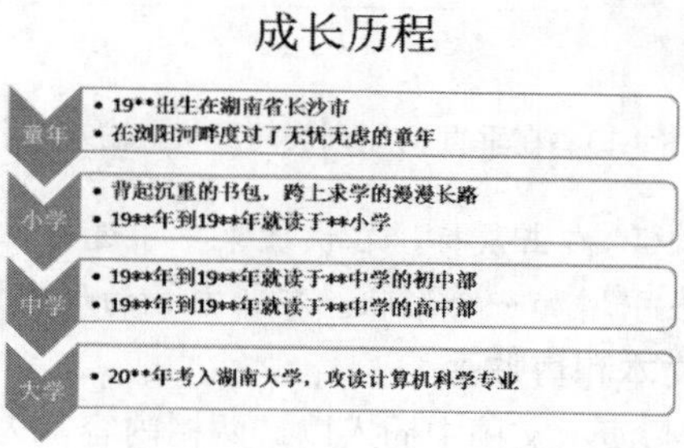

成长历程
童年
• 19**出生在湖南省长沙市
• 在浏阳河畔度过了无忧无虑的童年
小学
• 背起沉重的书包，跨上求学的漫漫长路
• 19**年到19**年就读于**小学
中学
• 19**年到19**年就读于**中学的初中部
• 19**年到19**年就读于**中学的高中部
大学
• 20**年考入湖南大学，攻读计算机科学专业

图 4.11　第二张幻灯片

步骤 1　新建的演示文稿中只包含一张幻灯片，采用下列方法可在演示文稿中添加以“标题和内容”为版式的新的幻灯片。

➢ 单击“开始”选项卡的“幻灯片”选项组的“新建幻灯片”按钮，PowerPoint 将在演示文稿中当前所编辑的幻灯片后面自动添加一张“标题和内容”版式的幻灯片。

➢ 在普通视图的大纲窗格中或幻灯片浏览视图中，单击鼠标右键，弹出快捷菜单，选择“新建幻灯片”命令（见图 4.10），插入一张“标题和内容”版式的幻灯片。

步骤 2　单击幻灯片上“单击此处添加标题”占位符，输入文字“成长历程”。

步骤 3　单击幻灯片内容占位符上的“插入 SmartArt 图形”按钮，打开“选择 SmartArt 图形”对话框，如图 4.12 所示。

步骤 4　在“选择 SmartArt 图形”对话框中，选择“垂直 V 型列表”。

选择 SmartArt 图形
全部
列表
流程
循环
层次结构
关系
矩阵
棱锥图
列表
垂直 V 形列表
确定
取消

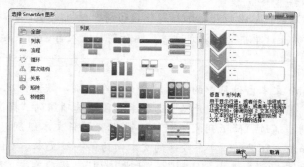

图 4.12　“选择 SmartArt 图形”对话框

步骤 5　在幻灯片上出现一个垂直 V 型列表，如图 4.13 所示。可直接在各个形状上输入文字，也可以在左边的文本窗格输入文字。

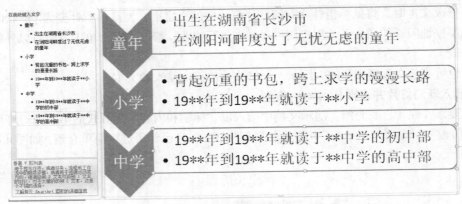

图 4.13　在垂直 V 型列表的形状上输入文字

步骤 6　选中最下面的形状，右击鼠标，在快捷菜单中选择"添加形状"中的"在后面添加形状"，如图 4.14 所示，在列表中增加一个形状。在新添加的形状中，输入大学阶段的经历介绍。

5. 插入新幻灯片并编辑文本和剪贴画

具体要求： 在《自我介绍》演示文稿中插入以"两栏内容"为版式的第三张幻灯片，标题为"兴趣爱好"，内容为描述自己兴趣爱好的文字和剪贴画，如图 4.15 所示。

图 4.14　添加形状　　　　　　　图 4.15　第三张幻灯片

步骤 1　单击"开始"选项卡的"幻灯片"选项组的"新建幻灯片"按钮旁的小三角形，在其下拉列表中选择"两栏内容"。

步骤 2　单击幻灯片上"单击此处添加标题"占位符，输入文字"兴趣爱好"。

步骤 3　单击幻灯片上"单击此处添加文本"占位符，输入自己的兴趣爱好，如图 4.15 所示。

调整文本级别

PowerPoint 文本占位符中的文本共分为 5 个级别。默认情况下，用户输入的文本为第一级文本。用户可以通过"开始"选项卡的段落选项组的"提高列表级别"按钮 来提高文本级别，通过"降低列表级别"按钮 来降低文本级别。

例如，如图 4.16 所示，4 个段落的文本同为第一级文本。要使"小说"、"古典诗词"成为第二级文本，首先选中"小说"、"古典诗词"，然后单击"降低列表级别"按钮，调整后的效果如图 4.17 所示。

在幻灯片的占位符中输入文字的时候，大纲窗格也会同步出现文字。用户可直接在大纲窗格中编辑文字，还可利用快捷菜单来调整文本的位置和级别，如图 4.18 所示。

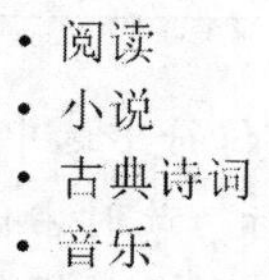

* 阅读
* 小说
* 古典诗词
* 音乐

图 4.16 调整文本级别前

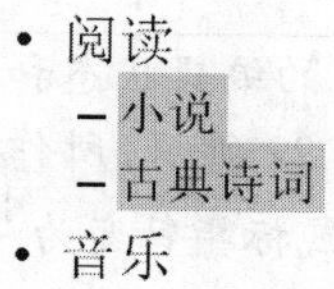

* 阅读
  – 小说
  – 古典诗词
* 音乐

图 4.17 调整文本级别后

图 4.18 在大纲窗格中调整文本级别

步骤 4 单击内容占位符上的"剪贴画"图标，如图 4.19 所示，打开"剪贴画"任务窗格。

步骤 5 在"剪贴画"任务窗格中，如图 4.20 所示，在"搜索文字"文本框中输入"book"，单击"搜索"按钮，出现与"book"主题词有关的剪贴画列表。在列表中选取合适的图片，单击"确定"按钮，幻灯片上插入剪贴画。

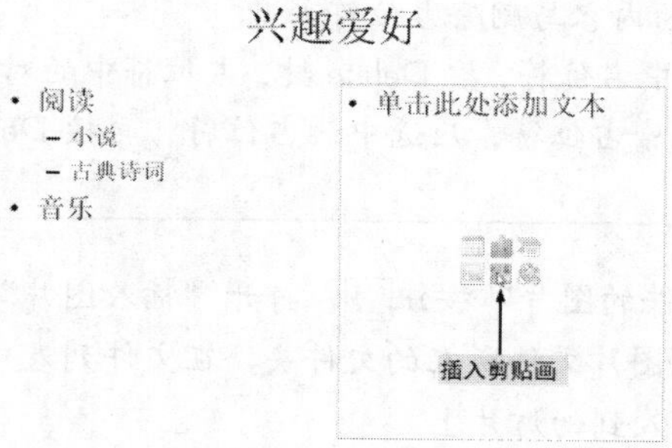

兴趣爱好

* 阅读
  – 小说
  – 古典诗词
* 音乐

单击此处添加文本

插入剪贴画

图 4.19 插入剪贴画

图 4.20 "剪贴画"任务窗格

6. 复制幻灯片并修改幻灯片上的文本和图片

具体要求：在《自我介绍》演示文稿中制作第三张幻灯片的副本，将标题改为"我的理想"，文本改为简述自己的理想，将内容占位符里换成相关图片文件，如图 4.21 所示。

步骤 1 复制幻灯片可采用下列方法。

➤ 在普通视图的大纲窗格中或幻灯片浏览视图中，选中要复制的一张或多张幻灯片，右击鼠标，在快捷菜单中选择"复制幻灯片"，则复制出与选中的幻灯片相同的幻灯片。

➤ 在幻灯片浏览视图中，选中幻灯片后，按住 Ctrl 键不动，拖曳鼠标，鼠标指针变为形状，

我的理想

* 事业有成
* 家庭幸福
* 环游世界
* 帮助他人

图 4.21 第四张幻灯片

同时显示一条线表示要复制的目标位置。拖曳鼠标到适当的位置，释放鼠标，在新的位置将出现幻灯片的副本。

➤ 用剪切板也可以实现幻灯片的复制。

步骤 2　将鼠标指针移到幻灯片窗格中的文字上，当鼠标指针变为 I 形状时单击鼠标，此时占位符进入编辑模式，如图 4.22 所示，周围是虚线，中间有插入点，用户可对文本进行修改。将标题修改为"我的理想"，修改完后，单击占位符以外的地方，则结束文本的修改。

文本占位符的编辑状态和选中状态

当占位符进入编辑模式时，如图 4.22 所示，所作的操作是针对占位符中选中的文本。将鼠标指针移到占位符的边框上，当鼠标指针变为 形状时单击鼠标，此时占位符处于选中状态，周围是实线框，中间没有插入点，如图 4.23 所示。此时，所作的操作是针对占位符中所有的文本。

我的理想　　　　　　　　　　　　　我的理想

图 4.22　处于编辑状态的标题占位符　　　　图 4.23　处于选中状态的标题占位符

步骤 3　单击幻灯片的图片，图片的四周出现 8 个控制点，表示此图片被选中。按 Delete 键，则图片被删除，重新出现空的内容占位符。

删除占位符中的内容与删除占位符本身

当占位符中已插入对象时，用户选中占位符，按 Delete 键，占位符中的对象被删除，但占位符仍然存在。如果用户想彻底删除占位符，应选中此占位符，再按 Delete 键，占位符本身才被删除。

步骤 4　单击内容占位符上的"插入来自文件的图片"按钮 ，打开"插入图片"对话框。如图 4.24 所示。在"查找范围"列表框中切换到图片文件所在的文件夹，在文件列表中选取需要插入的图片文件，单击"插入"按钮，则图片插入到幻灯片上。

图 4.24　"插入图片"对话框

PowerPoint 支持多种图片格式，包括动态 GIF 动画文件。动态 GIF 文件扩展名为.gif，包含多个图像，通过这些图像的顺序播放产生出动画效果。在放映幻灯片时可观察到 GIF 动画文件的动画效果。

在幻灯片上插入非文本类型对象

除了文字，用户还可在幻灯片上加入一些其他对象。对于表格、图表、SmartArt 图形、图片、剪贴画、媒体剪辑对象，用户可以直接选择带有内容占位符的版式，然后在内容占位符上单击插入对应对象的按钮。

如果用户选择的幻灯片版式上没有内容占位符，通过"插入"选项卡下的按钮，也可插入各类对象。

7. 插入新幻灯片并编辑自选图形

具体要求：在《自我介绍》演示文稿中插入以"仅标题"为版式的第五张幻灯片，标题为"我的相册"，插入一个黑色的矩形框和多个小的白色的矩形框以形成相册的背景，如图 4.25 所示。

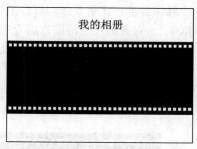

步骤 1　单击"开始"选项卡的"幻灯片"选项组的"新建幻灯片"按钮旁的小三角形，在其下拉列表中选择"仅标题"。

步骤 2　单击幻灯片上"单击此处添加标题"占位符，输入文字"我的相册"。

图 4.25　插入自选图形后的幻灯片

步骤 3　单击"插入"选项卡的"插图"选项组的"形状"按钮，如图 4.26 所示，在下拉菜单中选择基本形状中的"矩形"。

步骤 4　鼠标指针变为十字形，将鼠标定位到幻灯片上面。按下鼠标左键不动，拖曳鼠标，显示实线框表示图形的大小。拖曳到合适的大小后，释放鼠标。

步骤 5　标题栏自动出现"绘图工具"，功能区打开"格式"选项卡，单击"形状样式"选项组的"形状填充"按钮右边的小三角形，如图 4.27 所示，在其下拉菜单中选择"黑色"。单击"形状轮廓"按钮右边的三角形，在下拉菜单中选择"无轮廓"。插入矩形后的幻灯片如图 4.28 所示。

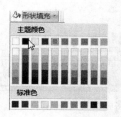

图 4.26　插入矩形　　　图 4.27　设置填充效果　　　图 4.28　插入矩形框的幻灯片

步骤 6　再次选择"插入"选项卡的"插图"选项组的"形状"按钮下的"矩形"，按住 Shift 键，在幻灯片上拖曳出小的正方形。

步骤7　在"格式"选项卡中，将正方形的"形状填充"设为白色，"形状轮廓"设置为"无轮廓"，在"大小"选项卡的"高度"和"宽度"数值框中输入"0.4厘米"。

步骤8　复制若干个正方形，按住Shift键将其逐一选中，如图4.29所示。单击"格式"选项卡的"排列"选项组的"对齐"按钮，在其下拉列表中选择"顶端对齐"，使各个正方形的垂直位置相同。再选择下拉列表中的"横向分布"，使各个正方形的水平间距相同。

步骤9　选中这些正方形后，右击鼠标，在快捷菜单中选择"组合"子菜单下的"组合"命令，将其组合为一个对象。再复制该对象，放置在黑色矩形框的下部，如图4.25所示。

8. 在幻灯片上插入多张图片并设置格式

具体要求： 在第五张幻灯片上插入多个图片，将图片的高度设置为7厘米，设置边框为"简单框架"，对齐图片后将图片组合起来，如图4.30所示。

图4.29　对齐正方形　　　　　　　　　　图4.30　第五张幻灯片

步骤1　选择"插入"选项卡的"插图"选项组的"图片"按钮，打开"插入图片"对话框，如图4.31所示。

图4.31　插入多张图片

步骤2　在"插入图片"对话框中单击第一个文件，按住Shift键选择最后一个文件，单击"插入"按钮，插入多张图片。

步骤3　选中所有的图片，在"格式"选项卡中，在"大小"选项组的"高度"数值框中输入"7厘米",在"图片样式"列表中选择"简单框架,白色"。

步骤4　单击"格式"选项卡的"排列"选项组的"对齐"按钮,在其下拉列表中选择"顶端对齐",使各个图片的垂直位置相同。再选择下拉列表中的"横向分布",使各个图片的水平间距相同。

步骤5　右击鼠标,在快捷菜单中选择"组合"子菜单下的"组合"命令,将所有图片组合为一个对象。

9. 插入新幻灯片并编辑文本框

具体要求:在《自我介绍》演示文稿中插入以"标题"为版式的第六张幻灯片,标题为"联系方式",插入相应的图片和文本框以输入联系方式,如图4.32所示。

步骤1　单击"开始"选项卡的"幻灯片"选项组的"新建幻灯片"按钮旁的小三角形,在其下拉列表中选择"标题"。

步骤2　单击幻灯片上"单击此处添加标题"占位符,输入文字"联系方式"。

步骤3　选择"插入"选项卡的"插图"选项组的"图片"按钮,打开"插入图片"对话框,将表示联系方式的多个图片"phone"、"email"、"qq"、"addr"插入。

步骤4　选中4个图片,单击"格式"选项卡的"排列"选项组的"对齐"按钮,在其下拉列表中选择"左对齐",使各个图片的水平位置相同。再选择下拉列表中的"纵向分布",使各个图片的垂直间距相同。

步骤5　选择"插入"选项卡的"文本"选项组的"文本框"按钮下的"横排文本框",在表示电话的图标后拖曳出文本框,在文本框中输入电话信息。

步骤6　选中文本框,单击"格式"选项卡的"艺术字样式"选项组的艺术字样式列表右下角的其他按钮,如图4.33所示,在其列表中选择"渐变填充-强调文字颜色1"。

步骤7　选中文本框,按住Ctrl键不动,拖曳鼠标,复制出另一文本框。将文本框移动到表示电子邮件的图标后,将文本框中的文字改为邮件地址。使用同样的方式,输入QQ号和住址。

步骤8　选中对应的图标和文本框后,单击"格式"选项卡的"排列"选项组的"对齐"按钮,在其下拉列表中选择"上下居中",可以使图标和文本框对齐。

图4.32　第六张幻灯片 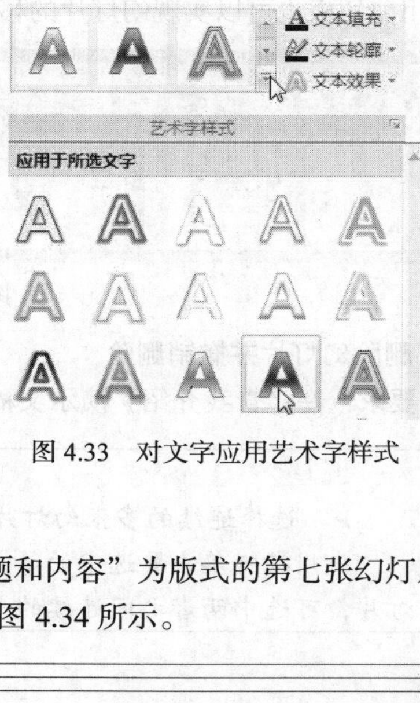　　　　　　　图4.33　对文字应用艺术字样式

10. 插入新幻灯片,将其他幻灯片的标题复制过来

具体要求:在《自我介绍》演示文稿中插入以"标题和内容"为版式的第七张幻灯片,标题为"目录",将各幻灯片的标题复制为幻灯片的文本,如图4.34所示。

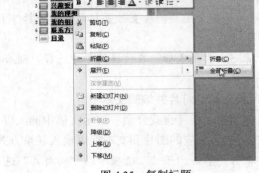

目录

- 成长历程
- 兴趣爱好
- 我的理想
- 我的相册
- 联系方式

图 4.34 第七张幻灯片   图 4.35 复制标题

步骤 1 单击"开始"选项卡的"幻灯片"选项组的"新建幻灯片"按钮旁的小三角形，在其下拉列表中选择"标题和内容"。

步骤 2 单击幻灯片上"单击此处添加标题"占位符，输入文字"目录"。

步骤 3 在大纲窗格中切换到大纲模式，如图 4.35 所示，右击鼠标，在快捷菜单中选择"折叠"中的"全部折叠"，只显示出各个幻灯片的标题。选择从"成长历程"到"联系方式"，在快捷菜单中选择"复制"命令。

步骤 4 切换到第七张幻灯片，在内容占位符中右击鼠标，选择"粘贴"命令，将选中的标题复制过来。

11. 移动幻灯片

具体要求：在《自我介绍》演示文稿中将第七张幻灯片移到第二张幻灯片的前面。

操作步骤：用户可以通过下列方法来移动幻灯片。

➢ 在幻灯片浏览视图中，选中要移动的幻灯片，拖曳鼠标，鼠标指针变为形状，同时显示一条线表示移动的目标位置，如图 4.36 所示。当幻灯片被拖曳到目标位置时，释放鼠标，完成幻灯片的移动。

➢ 在普通视图的大纲窗格中，拖曳幻灯片的图标，也可以移动幻灯片。

➢ 用剪切板也可以实现幻灯片的移动。

图 4.36 移动幻灯片

12. 删除幻灯片并撤销删除

具体要求：在《自我介绍》演示文稿中删除第四到六张幻灯片，然后撤销删除。

选择多张幻灯片

➢ 选择连续的多张幻灯片

先用鼠标单击要选中的第一张幻灯片，按住 Shift 键不动，再用鼠标单击最后一张幻灯片，可选中两者之间连续的多张幻灯片。

> 选择不连续的多张幻灯片

先用鼠标单击，选中一张幻灯片，按住 Ctrl 键不动，再用鼠标依次单击其他的幻灯片。

步骤 1 在普通视图的大纲窗格中或幻灯片浏览视图中，先用鼠标单击第四张幻灯片，按住 Shift 键不动，再用鼠标单击第六张幻灯。

步骤 2 采用下列方法可删除幻灯片。

> 选择"开始"选项卡的"幻灯片"选项组的"删除"按钮 删除，或按键盘上的 Delete 键。
> 在选中的幻灯片上单击鼠标右键，选择快捷菜单中的"删除幻灯片"命令。

步骤 3 单击快速访问工具栏中的"撤销"按钮 ，可撤销刚才对幻灯片所做的删除。

4.3 演示文稿的修饰

4.3.1 案例分析

本实例向读者示范如何对演示文稿作进一步的修饰，包括更换幻灯片的版式，改变幻灯片上占位符的大小，设置占位符的格式。通过改变背景、配色方案、套用模板来美化演示文稿。重点介绍母版的概念，如何利用设置母版的格式来统一修改演示文稿的外观。

美化后的演示文稿如图 4.37 所示。

图 4.37 美化后的演示文稿

设计要求：

（1）更改幻灯片的版式；

（2）改变占位符的大小和位置；

（3）设置占位符中文字的位置；

（4）设置占位符的填充颜色和边框线条；

（5）改变幻灯片的背景；

（6）设置母版标题的字体格式；

（7）设置母版文本的字体格式；

（8）设置母版文本的段落格式；

（9）设置母版文本的项目符号；

（10）在母版上插入自选图形；

（11）设置页眉、页脚及其格式；

（12）忽略母版背景；

（13）应用主题。

4.3.2 设计步骤

1. 更改幻灯片的版式

具体要求： 将第二张幻灯片的版式改为垂直排列标题与文本。

对已经编辑好的幻灯片，用户可为其应用新的版式。

操作步骤： 在幻灯片的空白处右击鼠标，如图 4.38 所示，在快捷菜单中选择"版式"命令，在其子菜单中选择"垂直排列标题与文本"，则幻灯片版式发生改变。

图 4.38　更改幻灯片版式

2. 改变占位符的大小及位置

具体要求： 缩小第二张幻灯片的内容占位符，将其移动到幻灯片中央。

步骤 1　选中内容占位符，鼠标指向文本占位符右下角的控制点，鼠标指针变为形状。拖曳鼠标，指针变为 十 形状，同时显示线框表示文本占位符调整后的大小，如图 4.39 所示。调整文本占位符到合适的大小，释放鼠标。

步骤 2　鼠标指向占位符的边框，指针变为 ✛ 形状。拖曳鼠标，显示线框表示剪贴画移动后的位置，如图 4.40 所示。移动占位符到幻灯片的中央，释放鼠标。

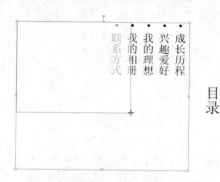

图 4.39　改变占位符的大小

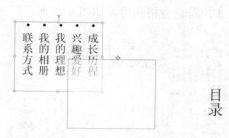

图 4.40　改变占位符的位置

3. 设置占位符中的文字位置

具体要求：设置第二张幻灯片的文字显示在占位符的中央。

默认情况下，内容占位符中的文字定位在占位符的顶端，标题占位符的文字定位在中部。若要调整占位符中文字的相对位置，其操作步骤如下。

步骤 1　在内容占位符中单击鼠标，使其处于编辑状态。单击鼠标右键，在快捷菜单中选择"设置文字效果格式"命令，打开"设置文本效果格式"对话框。

步骤 2　在"设置文本效果格式"对话框中，选择"文本框"选项卡，如图 4.41 所示。在"水平对齐方式"的下拉列表中选择"中部居中"。

4. 设置占位符的填充颜色和边框线条

具体要求：设置第二张幻灯片的内容占位符填充效果为大理石，透明度为 30%，轮廓为 1 磅的实线，效果为"棱纹"。

步骤 1　选中第二张幻灯片的内容占位符，在快捷菜单中选择"设置形状格式"命令，打开"设置形状格式"对话框，如图 4.42 所示。

图 4.41　"设置文本效果格式"对话框

图 4.42　"设置形状格式"对话框

步骤 2　在"设置形状格式"对话框中，选择"图片或纹理填充"单选按钮，在"纹理"的下拉列表中选择"白色大理石"，在"透明度"数值框中输入"30%"。

步骤3　单击"格式"选项卡的"形状样式"选项组的"形状轮廓"按钮，如图4.43所示。在其下拉列表中选择"粗细"子菜单中的"1磅"。

步骤4　单击"格式"选项卡的"形状样式"选项组的"形状效果"按钮，如图4.44所示。在其下拉列表中选择"棱台"子菜单中的"棱纹"。

占位符设置格式后，如图4.45所示。

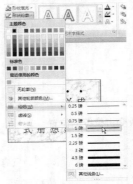
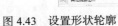
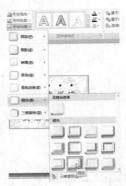

图4.43　设置形状轮廓　　　　图4.44　设置形状效果　　　　图4.45　设置格式后的占位符

5. 改变幻灯片的背景

具体要求：将所有幻灯片的背景设为水滴的纹理，再将最后一张幻灯片的背景设为图片"我的相片"，并设置透明度为50%。

通过背景对话框，用户可设置幻灯片的背景为单种颜色，也可设为或渐变、纹理、图案或图片等填充效果。

步骤1　在幻灯片的空白处右击鼠标，在快捷菜单中选择"设置背景格式"，打开"设置背景格式"对话框，如图4.46所示。

步骤2　在"设置背景格式"对话框中，选择"图片或纹理填充"单选按钮，在"纹理"的下拉列表中选择"蓝色水滴"，在"透明度"数值框中输入"50%"。单击"全部应用"按钮，演示文稿中所有幻灯片的背景都变为水滴纹理。

步骤3　选中最后一张幻灯片，打开"设置背景格式"对话框，单击"文件"按钮，打开"插入图片"对话框，如图4.47所示。

步骤4　在"插入图片"对话框中，选择素材文件夹中的图片"我的相片"。

步骤5　在"设置背景格式"对话框中，如图4.48所示，选择"图片"选项，在"亮度"数值框中输入"20%"，单击"关闭"按钮，则最后一张幻灯片的背景变为我的相片。

图4.46　"设置背景格式"对话框　　　图4.47　"插入图片"对话框　　　图4.48　"设置背景格式"对话框

设置完成的效果如图 4.49 所示。

图 4.49　设置背景后的演示文稿

6. 设置母版标题的字体格式

具体要求： 将幻灯片母版的标题的字体设为隶书、48 号字、阴影效果。

知识点

母版

　　母版分为 3 种：幻灯片母版、讲义母版和备注母版。

　　幻灯片母版是存储关于模板信息的一张特殊的幻灯片，我们所创建的演示文稿的默认格式就来源于它。幻灯片母版上有 5 个占位符：标题区、文本区、日期区、数字区和页脚区，如图 4.50 所示。

　　通常可以使用幻灯片母版进行下列操作：更改占位符的位置、大小和文字格式；插入图片或自选图形；设置页脚等。

　　通过设置幻灯片的母版，用户可将此设置应用到演示文稿中的所有幻灯片。

　　步骤 1　选择"视图"选项卡的"演示文稿视图"选项组的"母版"按钮，切换到幻灯片的母版视图，并打开"幻灯片母版"选项卡，如图 4.50 所示。

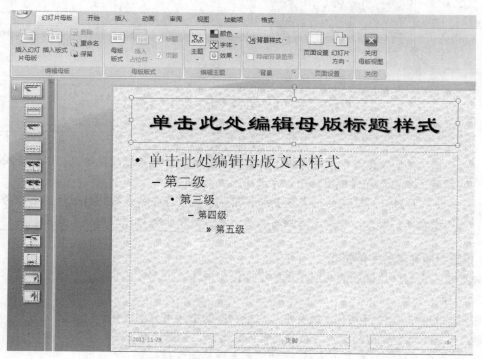

图 4.50　幻灯片母版视图

　　步骤 2　注意：选择第一张母版，选中母版的标题占位符，在"开始"选项卡的"字体"选项组的"字体"下拉列表中选择"隶书"，在"字号"下拉列表中选择"48"　隶书　　　　▼ 48　▼ ，按下"阴影"按钮 **S**。

步骤3　用户可通过下列方式切换到普通视图。

➤　单击"幻灯片母版"选项卡的"关闭"选项组的"关闭母版视图"按钮。

➤　单击屏幕左下角的视图切换按钮回。

➤　单击"视图"选项卡"演示文稿视图"选项组下的"普通"按钮。

如图 4.51 所示，所有幻灯片的标题格式发生了改变。

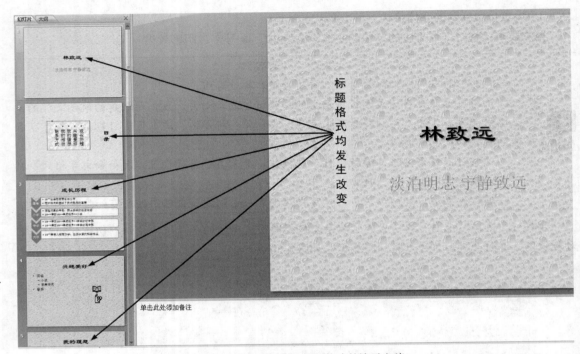

图 4.51　设置了母版的标题格式的演示文稿

母版的格式设置

➤　在母版视图中，对母版上的标题和文本占位符只能设置格式，不能输入文本。实际的文本应在普通视图的幻灯片上输入。

➤　母版只对默认的格式设置起作用。在设置母版格式前，对幻灯片已作的格式设置不受母版的影响。在设置母版格式后，也可对单张幻灯片进行格式设置。

---

7. 设置母版文本的字体格式

具体要求：将幻灯片母版的一级文本的字体设为楷体、32 号字、加粗；二级文本的字体设为黑体、24 号字。

母版视图的文本占位符共有 5 级文本，每级文本的格式可分别设置。

步骤1　选中母版视图的文本占位符的第一级文本，如图 4.52 所示，在"字体下拉列表中选择"楷体"，在字号的下拉列表中选择"32"，单击"加粗"按钮 **B**。

步骤2　选中母版视图的文本占位符的第二级文本，在"字体下拉列表中选择"黑体"，在"字号"的下拉列表中选择"24"。

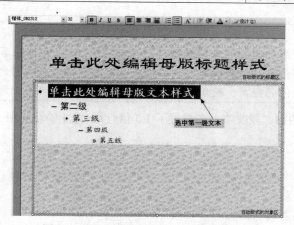

图 4.52　对母版的各级文本分别设置格式

8. 设置母版文本的段落格式

具体要求：设置幻灯片母版的文本占位符为居中对齐，行距为 1.5。

步骤 1　将鼠标指向文本占位符的边框，单击鼠标，选中整个文本占位符，如图 4.53 所示。此时所进行的格式设置将针对所有级别的文本。

单击"开始"选项卡的"段落"选项组的 ▤ 按钮。

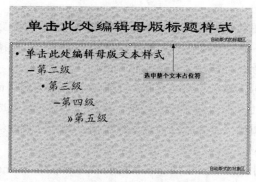

图 4.53　对母版的所有文本设置相同的格式

步骤 2　选中母版视图的第一级文本，单击"开始"选项卡的"段落"选项组的"行距"按钮，如图 4.54 所示，在下拉列表中选择"1.5"命令。

设置完成后母版如图 4.55 所示

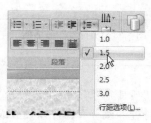

图 4.54　设置行距

图 4.55　设置了段落格式的母版

行距

在设置行距的下拉列表中选择"行距选项"，可打开"段落"对话框。在"段落"对话框中，可设置行距和段落间距。行距是段落中行与行之间的距离，段前距是段落与前一个段落之间的距离，段后距是段落与后一个段落之间的距离。

对于图 4.56 左图的第二段文本，在设置了 1.5 倍行距、0.5 倍段前距、2 倍段后距以后，效果如图 4.56 右图所示。

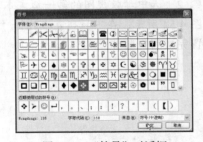

图 4.56　设置行距前后的文本

9. 设置母版文本的项目符号

具体要求：将幻灯片母版的一级文本的项目符号设为➢，红色，大小为 120% 字高；二级文本的项目符号设为❖。

步骤 1　选中母版视图的文本占位符的第一级文本，选择"开始"选项卡的"段落"选项组的"项目符号和编号" ⋮⋮ 按钮右边的小三角形，在其下拉列表中选择"项目符号和编号…"命令，打开"项目符号和编号"对话框，如图 4.57 所示。

步骤 2　在"项目符号和编号"对话框中，选择项目符号列表中的➢，在"大小"数值框中输入项目符号相对于字符的大小比例"120"，在"颜色"下拉列表中选择红色。

步骤 3　选中母版视图的文本占位符的第二级文本，打开"项目符号和编号"对话框，单击"自定义"按钮，打开"符号"对话框，如图 4.58 所示。

步骤 4　在"符号"对话框的"字体"下拉列表中选择字体"windings"，在符号列表中选取需要的符号。

图 4.57　"项目符号和编号"对话框　　　　图 4.58　"符号"对话框

项目符号和编号

在文本占位符中，每个段落的前面会预设显示"项目符号"。

单击"开始"选项卡"段落"选项组的"项目符号和编号" ⋮⋮ 可以设置或取消项目符号。

若用户想采用图片作为项目符号，单击"项目符号和编号"对话框中的"图片"按钮，打开"图片项目符号"对话框，如图 4.59 所示。可在列表中选取需要的图片。

若用户要求对段落设置编号，单击格式工具栏中的"编号"按钮三可设置或取消编号。选择"项目符号和编号"对话框中的"编号"选项卡，如图 4.60 所示，用户可选择编号样式。

图 4.59　"图片项目符号"对话框

图 4.60　"项目符号和编号"对话框"编号"选项卡

10. 在母版上插入自选图形

具体要求：在幻灯片母版上插入一个自选图形"前凸带弯形"，放置在标题的位置。设置其填充效果为系统预设的"雨后初晴"，线条宽度为 10 磅，线条的复合类型为三线。

步骤 1　单击"插入"选项卡的"插图"选项组的"形状"按钮，在其下拉列表中选择"星与旗帜"中的"前凸带弯形"，在母版的标题上拖曳出此形状。

步骤 2　选中自选图形，在其快捷菜单中选择"设置形状格式"，打开"设置形状格式"对话框。如图 4.61 所示，选择"渐变填充"单选按钮，在"预设颜色"下拉列表中选择"雨后初晴"。

步骤 3　在"设置形状格式"对话框中，选择"线型"选项，在"宽度"数值框中输入"10磅"，在"复合类型"下拉列表中选择"三线"，如图 4.62 所示。

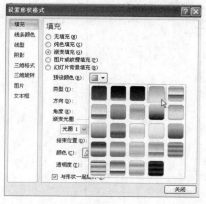

图 4.61　"设置形状格式"对话框

图 4.62　"设置形状格式"对话框线型选项

11. 设置页眉、页脚及其格式

具体要求：设置每张幻灯片显示页脚文字"resume"，且页脚的格式设为黑体、24 号字。

设置在每张幻灯片的右上角显示幻灯片编号。

页眉和页脚包含页脚文本、幻灯片号码以及日期，出现在幻灯片的顶端或底端。

步骤1 单击"插入"选项卡的"文字"选项组的"页眉和页脚"按钮，打开"页眉和页脚"对话框，如图4.63所示。

步骤2 在"页眉和页脚"对话框中，选中"幻灯片编号"复选框。

选中"页脚"复选框，在文本框中输入"resume"，单击"全部应用"按钮。

要更改页眉和页脚的位置、大小和格式，需要在幻灯片母版中做调整。切换到幻灯片的母版视图。

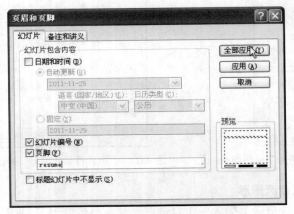

图4.63 "页眉和页脚"对话框

步骤3 选中页脚区占位符，在"开始"选项卡"字体"选项组的字体下拉列表中选择"黑体"，在字号下拉列表中选择"24"。

步骤4 选中幻灯片编号占位符，移动占位符到幻灯片的右上角，释放鼠标。

设置完成后，母版如图4.64所示。

图4.64 设置后的母版

12. 忽略母版背景

具体要求： 设置第一张、第二张幻灯片不显示母版的背景图形。

操作步骤: 在幻灯片浏览视图中,选中第一、第二张幻灯片,在快捷菜单中选择"设置背景格式"命令,打开"设置背景格式"对话框。

如图 4.65 所示,选中"隐藏背景图形"复选框,单击"关闭"按钮。

这两张幻灯片上不会显示母版中所插入的自选图形。

设置完成后,演示文稿中的各幻灯片如图 4.66 所示。

图 4.65 "背景"对话框

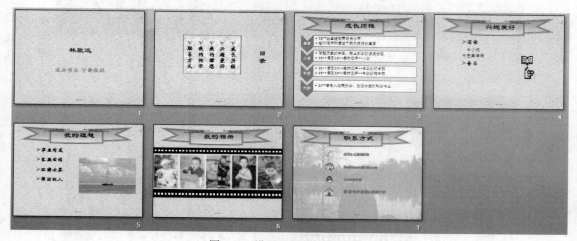

图 4.66 设置母版后的演示文稿

13. 应用主题

具体要求: 对演示文稿的第一、第二张幻灯片应用名为顶峰的主题,第三张幻灯片应用暗香扑面的主题,观察母版的变化。

> **主题**
>
> PowerPoint 提供了丰富多彩的主题,以便为演示文稿提供设计完整、专业的外观。应用了主题的演示文稿,其幻灯片的背景图形、配色方案、字体格式等均按模板设定。

知识点

步骤 1 按住 Ctrl 键,在大纲窗格选中第一、第二张幻灯片,在"设计"选项卡"主题"选项组的列表中选中"顶峰"的主题,单击鼠标右键,在快捷菜单中选择"应用于选定幻灯片"命令,如图 4.67 所示,则第一、第二张幻灯片的外观发生变化。

步骤 2 在大纲窗格中选中第三张幻灯片,在"设计"选项卡"主题"选项组的列表中选中"暗香扑面"的主题,单击鼠标右键,在快捷菜单中选择"应用于选定幻灯片"命令,如图 4.68 所示。则第三张幻灯片应用主题暗香扑面,其他的幻灯片仍采取以前的母版设置。

切换到母版视图,可观察到该演示文稿使用了 3 种幻灯片母版。

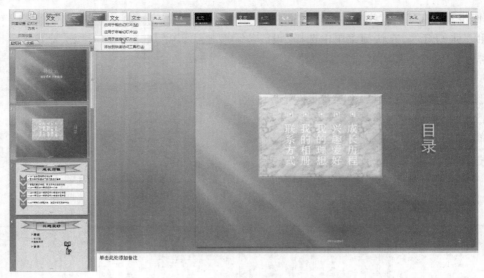

图 4.67　应用一种主题

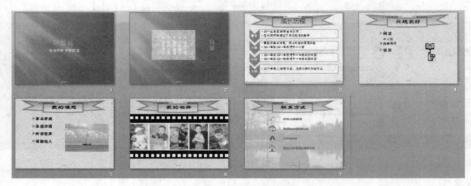

图 4.68　应用两种主题

主题和母版

应用主题后，系统根据主题的设计修改幻灯片的母版。

当对同一个演示文稿应用了多个主题，会产生多个幻灯片母版。演示文稿的不同幻灯片可应用不同的母版。

用户还可以在母版视图下"插入幻灯片母版"来建立多个母版。

4.4　演示文稿的放映与打印

4.4.1　案例分析

本实例向读者示范在演示文稿中插入声音、影片等多媒体对象，通过定义幻灯片切换和自定义动画来设置演示文稿的动画效果，通过插入动作按钮和超级链接创建交互式演示文稿。讲解放映演示文稿的 3 种方式，为演示文稿录制旁白及自定义放映方案。最后介绍打印演示文稿，将演示文稿保存为其他格式的文件。

设计要求：

（1）插入声音文件；

（2）插入影片文件；

（3）设置幻灯片切换；

（4）自定义动画；

（5）修改自定义动画；

（6）设置动作路径的动画效果；

（7）插入超级链接；

（8）插入动作按钮；

（9）放映演示文稿；

（10）自定义放映；

（11）录制旁白；

（12）打印预览演示文稿；

（13）将演示文稿保存为其他格式的文件。

放映演示文稿如图 4.69 所示。

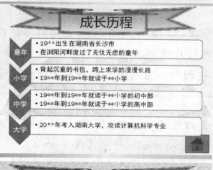
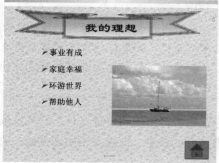
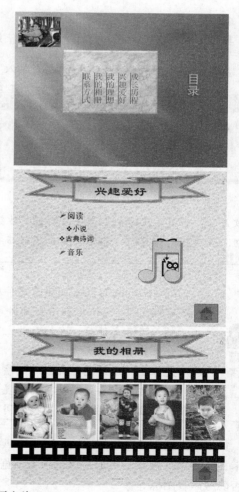

图 4.69　放映演示文稿

图 4.69　放映演示文稿（续）

4.4.2　设计步骤

1.　插入声音文件

具体要求： 在第一张幻灯片上插入声音文件。

步骤 1　选中第一张幻灯片，单击"插入"选项下的"媒体剪辑"选项组中的"声音"按钮，打开"插入声音"对话框。

图 4.70　设置何时播放声音

步骤 2　在"插入声音"对话框的"查找范围"下拉列表中切换到声音文件所在的文件夹，在文件列表中选择需要插入的声音文件"这样的我"，单击"确定"按钮。

步骤 3　系统打开对话框询问用户在何时播放声音，如图 4.70 所示。单击"自动"按钮，放映此幻灯片就自动播放声音；单击"在单击时"按钮，放映此幻灯片时，将不会自动播放声音，仅在单击幻灯片上的喇叭图标后才播放声音。

插入声音

　　PowerPoint 可插入的声音文件格式有 aiff 音频文件、au 音频文件、midi 音频文件、mp3 音频文件、windows 音频文件（wav）和 windows media 音频文件（wma）。

　　插入声音文件后，在幻灯片上有一个喇叭图标🔊。

　　如果声音文件大于 100 KB，默认情况下会自动将声音链接到用户的演示文稿中，而不是像图片或绘图一样嵌入到演示文稿中。也就是说，如果链接文件的路径发生了改变，在幻灯片中要更改链接的设置。如果要在另一台计算机上播放带有链接文件的演示文稿，必须在复制该演示文稿的同时，复制它所链接的文件。

　　如果要设置声音对象的选项，选中喇叭图标，在标题栏中将出现"声音工具"的"选项"选项卡，如图 4.71 所示。可通过该选项卡预览声音，调整声音的音量，设置是否循环播放，放映时是否隐藏声音图标等。

图 4.71 声音工具的"选项"选项卡

除了插入声音文件以外，用户还可以插入 CD 音乐或者自己录制的声音。

- 设置背景音乐

默认情况下，在放映演示文稿时，开始放映声音文件后，单击鼠标，声音即停止。

若要求声音文件作为背景音乐，在演示文稿放映的过程中一直播放，其操作步骤如下。

步骤 1   单击"动画"选项卡的"自定义动画"按钮 ，打开"自定义动画"任务窗格。

步骤 2   在"自定义动画"的任务窗格中，如图 4.72 所示，在列表中选定声音对象的动画项目，双击此项目或单击鼠标右键，在快捷菜单中选择 "效果选项"命令，打开"播放声音"对话框。

步骤 3   在"播放声音"对话框中，选择"效果"选项卡，如图 4.73 所示。

在"停止播放"栏中，选择"在幻灯片后"单选按钮，在数值框中输入"7"，声音文件一直播放到演示文稿的 7 张幻灯片放映完毕之后。

图 4.72 "自定义动画"任务窗格

图 4.73 "播放声音"对话框

2. 插入影片文件

具体要求：在第二张幻灯片上插入影片文件。

步骤 1   选中第二张幻灯片，单击"插入"选项下的"媒体剪辑"选项组中的"影片"按钮 ，打开"插入影片"对话框。

步骤 2   在"插入影片"对话框的"查找范围"下拉列表中选择影片文件所在的文件夹，在文件列表中选择需要插入的影片"游园"，单击"确定"按钮。

步骤 3   系统打开对话框询问用户在何时播放影片。单击"自动"按钮，放映此幻灯片就自动播放影片；单击"在单击时"按钮，放映此幻灯片时，将不会自动播放影片，仅在单击幻灯片上的影片图标后才播放影片。

插入影片

PowerPoint 支持的影片文件格式有 windows media 文件（asf）、windows 视频文件（avi）、电影文件（mpeg）和 windows media 视频文件（wmv）。

同样，影片文件是链接到用户的演示文稿中，而不是嵌入到演示文稿中。

插入后，在幻灯片上有一个影片对象，用户可以调整其大小和位置，如图 4.74 所示。

图 4.74　插入影片的幻灯片

如果要设置影片对象的选项，选中影片图标，在标题栏将出现"影片工具"的"选项"选项卡，如图 4.75 所示，可设置是否循环播放，是否全屏播放，不播放时是否隐藏等选项。

图 4.75　影片工具的"选项"选项卡

3. 设置幻灯片切换

具体要求： 设置第一张幻灯片以"溶解"的方式切换，速度为"中速"，发出鼓掌声，放映 5 秒钟后自动放映下一张幻灯片。

幻灯片的切换是指在幻灯片的放映过程中，整张幻灯片出现时的动画效果。

步骤 1　选中第一张幻灯片，在"动画"选项卡的"切换到此幻灯片"选项组下的列表中选择"溶解"，如图 4.76 所示。

图 4.76　选择幻灯片切换方式

步骤 2　在"动画"选项卡下，如图 4.77 所示，在"切换声音"下拉列表中选择"鼓掌"，在"切换速度"下拉列表中选择"中速"。在"换片方式"中选中"在此之后自动设置动画效果"复选框，并在数值框中输入时间为 5 秒钟。

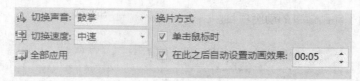

图 4.77　设置幻灯片切换效果

步骤 3　切换到放映视图或按功能键 F5，放映演示文稿。此幻灯片在 5 秒内播放，然后自动切换到下一张幻灯片。

4. 自定义动画

具体要求： 设置第四张幻灯片的动画效果，首先从顶部快读飞入标题，再从左侧以擦除的方式中速进入内容占位符，最后以玩具风车的方式进入图片。

在放映演示文稿的过程中，用户若需要灵活地控制文本和对象在何时、以何种方式出现在幻灯片上，应选择自定义动画。

步骤 1　选中第四张幻灯片，单击"动画"选项卡的"自定义动画"按钮 ，打开"自定义动画"任务窗格。

步骤 2　在幻灯片窗格中选择标题，在"自定义动画"任务窗格中，单击"添加效果"按钮，在弹出的菜单中选择"进入"中的"飞入"，如图 4.78 所示。

步骤 3　在"自定义动画"任务窗格中，选中标题的动画效果，在"方向"下拉列表中选择"自顶部"，在"速度"下拉列表中选择"快速"，如图 4.79 所示。

图 4.78　添加动画效果

图 4.79　"自定义动画"任务窗格

步骤 4　在幻灯片窗格中选择文本，在"自定义动画"任务窗格中单击"添加效果"按钮，在弹出的菜单中选择"进入"子菜单中的"其他效果"，打开"添加进入效果"对话框，如图 4.80 所示，在列表中选择"基本型"下的"擦除"。

步骤 5　在"自定义动画"任务窗格中，选中文本的动画效果，在"方向"下拉列表中选择"自左侧"，在"速度"下拉列表中选择"中速"。

步骤 6　在幻灯片窗格中选择剪贴画，在"自定义动画"任务窗格中单击"添加效果"按钮，在弹出的菜单中选择"进入"|"其他效果"，打开"添加进入效果"对话框，在列表中选择"华丽型"下的"玩具风车"。

5. 修改自定义动画

添加动画效果后，如图 4.81 所示，在第四张幻灯片的幻灯片窗格中显示出数字序号，代表各个对象的动画效果的顺序。在"自定义动画"任务窗格的列表中，

图 4.80　"添加进入效果"

显示出了所有添加了动画效果的动画项目。

图 4.81　设置好动画效果的第四张幻灯片

用户可以更改、删除已定义的动画效果，调整动画的顺序，也可以添加动画效果。

（1）删除动画效果

具体要求：删除标题的动画效果。

操作步骤：在"自定义动画"任务窗格的列表中，选定标题的动画效果，如图 4.82 所示，单击"删除"按钮或单击鼠标右键，在快捷菜单中选择"删除"命令。

（2）更改动画效果

具体要求：更改内容占位符的进入效果为百叶窗。

操作步骤：在"自定义动画"任务窗格的列表中，选定占位符的动画效果，如图 4.83 所示，单击"更改"按钮，在弹出的菜单中选择"进入"|"百叶窗"。

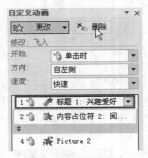

图 4.82　删除动画效果

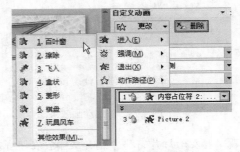

图 4.83　更改动画效果

（3）添加强调动画效果

具体要求：添加内容占位符的强调效果为放大/缩小，放大尺寸为 120%，播放后颜色变为红色。

一个对象可以添加多个动画效果。

步骤 1　在幻灯片窗格中选择内容占位符，在"自定义动画"任务窗格中，单击"添加效果"按钮，在弹出的菜单中选择"强调"|"放大/缩小"。

步骤 2　在内容占位符的"放大/缩小"动画项目上双击，或在此动画项目上单击鼠标右键，在快捷菜单中选择"效果选项"命令，打开"放大/缩小"对话框，如图 4.84 所示。

步骤 3　在"放大/缩小"对话框中，在"尺寸"下拉列表中选择"自定义"，输入"120%"，按回车键确认。

在"动画播放后"下拉列表中选择红色，如图 4.85 所示。

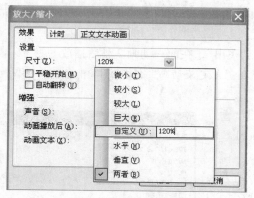

图 4.84 设置动画效果

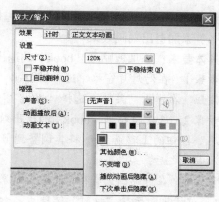

图 4.85 设置动画效果

（4）更改动画顺序

具体要求： 将文本的强调效果移动到对应文本的进入效果之后。

操作步骤： 在"自定义动画"任务窗格中，单击文本动画效果下的 ，展开下级各文本的动画效果。

选中文本"听音乐"的强调效果，通过"重新排序"按钮的上移箭头 将其调整到"听音乐"的进入效果之后。

将其余文本的强调效果也相应地调整。设置完成后，自定义动画任务窗格如图 4.86 所示。

（5）更改动画启动效果

具体要求： 首先将剪贴画"book"的动画效果移到文本"阅读"的强调效果之后，再设置剪贴画"book"的进入效果为与前一动画同时播放。

步骤 1 选定剪贴画"book"的进入效果，通过"重新排序"按钮的上移箭头 将其调整到"阅读"的强调效果之后。

步骤 2 选定剪贴画"音符"的进入效果，如图 4.87 所示，在"开始"下拉列表中选择"之前"，则动画项目在前一个动画项目开始的同时启动，即播放文本"听音乐"的强调效果的同时播放剪贴画"音符"的进入效果。

图 4.86 调整动画效果的顺序

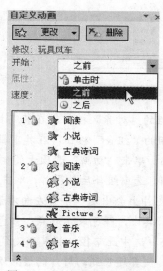

图 4.87 调整动画开始的方式

默认情况下，动画启动的方式是"单击时"，即单击鼠标后动画事件开始。

（6）添加退出动画效果

具体要求： 添加剪贴画"book"的退出效果为"飞出"，在前一动画2秒后播放。

步骤1　在幻灯片窗格中选择剪贴画"book"，在"自定义动画"任务窗格中，单击"添加效果"按钮，在弹出的菜单中选择"退出"|"飞出"。

步骤2　选定剪贴画"book"的退出效果，通过"重新排序"按钮的上移箭头 ⬆ 将其调整到剪贴画"book"的进入效果之后。

步骤3　在剪贴画"音符"的退出效果上双击，打开"飞出"对话框，选择"计时"选项卡，如图4.88所示。在"开始"下拉列表中选择"之后"，在"延迟"数值框中输入"2"，则在前一动画项目完成2秒后播放此动画项目，即剪贴画"音符"进入2秒后从幻灯片飞出。

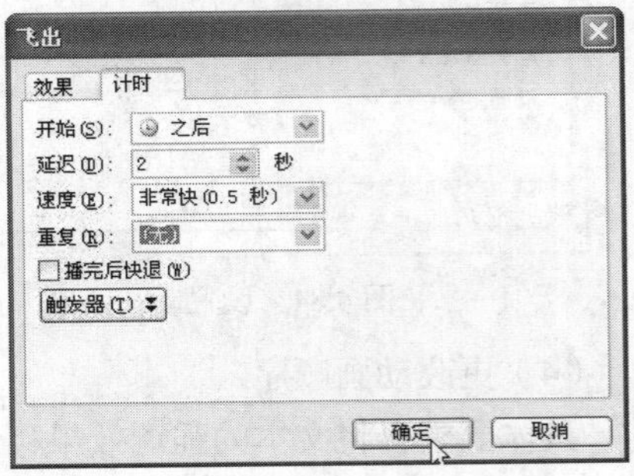

图4.88　"飞出"对话框

（7）插入剪贴画并设置动画效果

具体要求： 在幻灯片插入剪贴画"music"，设置其进入效果为"玩具风车"，设置其前一动画后播放。

步骤1　选择"插入"选项卡的"插图"选项组的"剪贴画"按钮，打开"剪贴画"任务窗格，输入搜索文字"music"，单击"搜索"按钮，在搜索结果中选择一幅剪贴画。

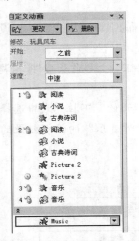

图4.89　调整后的自定义动画

步骤2　在幻灯片窗格中选择剪贴画"music"，在"自定义动画"任务窗格中单击"添加效果"按钮，在弹出的菜单中选择"进入"|"玩具风车"。

步骤3　选定剪贴画"music"的进入效果，在"开始"列表中选择"之前"。

设置完成后，自定义动画任务窗格如图4.89所示。

6. 设置动作路径的动画效果

具体要求： 对第六张幻灯片上的组合图片，添加"动作路径"的动画效果。

步骤1　切换到第六张幻灯片，选择组合的图片，右击鼠标，在快捷菜单中选择"复制"命令，再选择"粘贴"命令，复制一个相同的图片组合。

步骤2　选中两个图片组合，单击"格式"选项卡的"排列"选项组的"对齐"按钮，在其下拉列表中选择"顶端对齐"。再单击"格式"选项卡的"排列"选项组的"组合"按钮，在其下拉列表中选择"组合"。组合后的效果如图4.90所示。

步骤3　单击"动画"选项卡的"自定义动画"按钮，打开"自定义动画"任务窗格。

步骤4　选中组合后的图片，单击"添加效果"按钮，在弹出的菜单中选择"动作路径"|"向右"，组合图片上会出现一条自左向右带有箭头的直线 ▷------------------▶ 表示动画播放过程中对象运动的路径。其中，绿色表示起点，红色表示终点。

步骤5　选中此路径，将其移动到幻灯片的最左端。如图4.90所示，用鼠标拖曳表示终点的红色箭头，使其延长到幻灯片的最右端。

图 4.90　添加"动作路径"动画效果

　　步骤 6　在"自定义动画"的任务窗格中选择此组合的动画项目，双击鼠标，打开"向右"对话框。

　　步骤 7　在"向右"对话框的"效果"选项卡中，取消"平稳开始"、"平稳结束"复选框，如图 4.91（a）所示。

　　步骤 8　在"向右"对话框的"计时"选项卡中，在"速度"下拉列表中选择"非常慢"，在"重复"下拉列表中选择"直到幻灯片末尾"，如图 4.91（b）所示。

　　切换到放映视图，该幻灯片将显示图片向右循环滚动的效果。

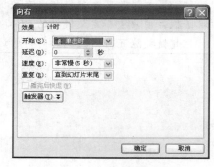

（a）"效果"选项卡　　　　　　　　　　　（b）"计时"选项卡

图 4.91　"向右"对话框

7. 插入超级链接

具体要求： 在第二张幻灯片上的文本上插入超链接，链接到演示文稿中对应的幻灯片。

知识点

　　　　　　　　　　　　　　　　超级链接

　　　　　　用户可以对幻灯片上的文字、图片或动作按钮等对象插入超级链接，放映演示文稿时，单击这些链接就可以跳转到演示文稿的其他幻灯片、其他文件、网页或电子邮件。

　　步骤 1　选中第一张幻灯片上的文本"经历"，使用下列方法可打开"插入超链接"对话框。

　　➤　选择"插入"选项卡的"链接"选项组的"超链接"按钮 。

　　➤　单击鼠标右键，打开快捷菜单，在快捷菜单中选择"超链接"命令。

　　步骤 2　在"插入超链接"对话框中，如图 4.92 所示，首先在"链接到"中选择"本文档中的位置"，然后在"请选择本文档的位置"列表框中选择标题为"成长历程"的幻灯片。

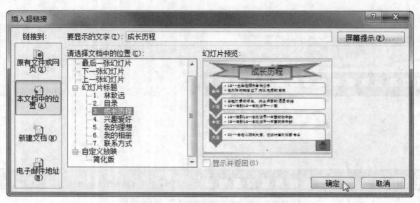

图 4.92　"插入超链接"对话框

用同样的方法，将文本"兴趣爱好"、"我的理想"、"我的相册"、"联系方式"链接到对应的幻灯片。

放映演示文稿时，当鼠标移到建立超级链接的文本时，鼠标的指针变为手的形状，单击此处即可放映所链接的幻灯片，如图 4.93 所示。

删除和修改超链接

如果要删除某个超链接，选中被超链接的对象，单击鼠标右键，打开快捷菜单，如图 4.94 所示，在快捷菜单中选择"取消超链接"即可。

如果要修改某个超链接，在快捷菜单中选择"编辑超链接"，打开"编辑超级链接"对话框，用户重新定义链接的目标即可。

超链接除了可链接到幻灯片，还可链接到其他文件、网页或电子邮件。

图 4.93　插入超链接的幻灯片

图 4.94　编辑或删除超链接

- 链接到其他文件

在"插入超链接"对话框中，如图 4.95 所示，首先在"链接到"中选择"原有文件或网页"，然后在"查找范围"下拉列表中切换到链接目标文件所在的文件夹，在文件列表中选取要链接的目标文件。

放映演示文稿时，单击此链接，就会打开链接的目标文件。

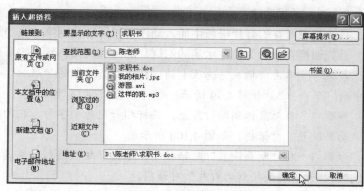

图 4.95　链接到其他文件

- 链接到网页

在"插入超链接"对话框中，首先在"链接到"中选择"原有文件或网页"，在"地址"文本框中输入链接网页的地址，如图 4.96 所示。

图 4.96　链接到网页

放映演示文稿时，单击此链接，就会启动浏览器，打开指定的网页。

- 链接到电子邮件

在"插入超链接"对话框中，如图 4.97 所示，在"链接到"中选择"电子邮件地址"，在"电子邮件地址"文本框中输入电子邮件地址，在"主题"文本框中输入邮件主题。

放映演示文稿时，单击此链接，就会自动创建一封邮件，并指定收件人地址和邮件主题，如图 4.98 所示。

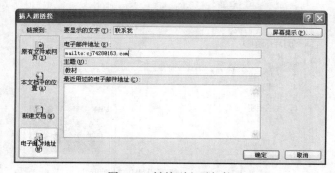

图 4.97　链接到电子邮件

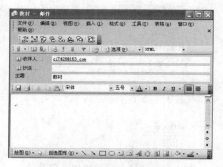

图 4.98　创建电子邮件

8. 插入动作按钮

具体要求：在幻灯片母版中插入动作按钮，链接到第二张幻灯片。

首先切换到背景为蓝色水滴的幻灯片的母版视图，然后按下列步骤插入动作按钮。

步骤 1 单击"插入"选项卡的"插图"选项组的"形状"按钮，在下拉菜单中选择动作按钮中的"第一张"，如图 4.99 所示。

步骤 2 移动鼠标到幻灯片上，鼠标指针变为十字形，在幻灯片的右下角拖曳出矩形框，打开"动画设置"对话框，如图 4.100 所示。

步骤 3 在"动画设置"对话框中，单击"超链接到"单选按钮，在下拉列表中选择"幻灯片…"，打开"超链接到幻灯片"对话框。

步骤 4 在"超链接到幻灯片"对话框中，选择"2.目录"，单击"确定"按钮。

由于第三张幻灯片使用了"暗香扑面"的主题。所以，复制刚才所插入的动作按钮，将其粘贴到"暗香扑面"的母版。

切换到普通视图，从第三张开始的每张幻灯片上都出现了"第一张"按钮。放映演示文稿时，单击它可跳转到标题为目录的第二张幻灯片。

图 4.99 "插入动作按钮"子菜单

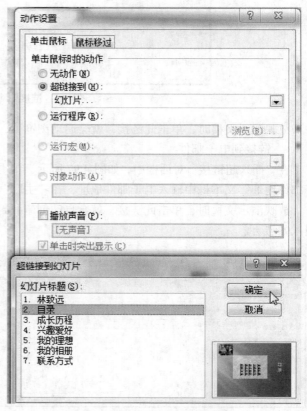

图 4.100 "动画设置"对话框

9. 放映演示文稿

当演示文稿制作完毕，可切换到放映视图，或选择"幻灯片放映"选项卡的"开始放映幻灯片"选项组的"从头开始"按钮 （快捷键 F5）来放映演示文稿。

- 控制放映

➢ 在放映过程中，可以用单击鼠标左键，按空格键、回车键、PageDown 键或↓方向箭头等方法切换到下一张，用 PageUp 键或↑方向箭头切换到上一张。

➢ 单击鼠标右键，在快捷菜单中选择"下一张"、"上一张"命令来切换幻灯片。

➢ 单击鼠标右键，在快捷菜单中选择"定位至幻灯片"命令来切换幻灯片，然后在标题中选择需要切换到的幻灯片，如图 4.101 所示。

➢ 要中途结束放映，在快捷菜单中选择"结束放映"命令或按键盘的 Esc 键。

- 放映时作标记

➢ 在放映时，在快捷菜单中选择"指针选项"命令，在子菜单中选择"圆珠笔"、"毡尖笔"、"荧光笔"中的一种，如图 4.102 所示，鼠标指针变成了一支笔。用户可以用鼠标在幻灯片上作标记，所做的标记不会修改幻灯片本身的内容。

图 4.101　放映演示文稿时定位幻灯片

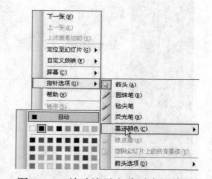

图 4.102　放映演示文稿时应用绘图笔

➢ 在快捷菜单的"指针选项"|"墨迹颜色"子菜单中可重新选择绘图笔的颜色。

➢ 在快捷菜单中选择"指针选项"|"擦除幻灯片上的所有墨迹"命令，幻灯片上的标记就消失了。

➢ 不再需要绘图时，选择快捷菜单的"指针选项"|"箭头"命令，鼠标指针就恢复为箭头状了。

- 放映类型

PowerPoint 中提供了 3 种不同的放映类型。

➢ 演讲者放映（全屏幕）：以全屏幕显示幻灯片，放映过程中可切换到指定的幻灯片，并可用绘图笔作标记，如图 4.103 所示。

➢ 观众自行浏览（窗口）：以窗口形式显示幻灯片，可利用滚动条或浏览菜单定位到指定的幻灯片，如图 4.104 所示。

➢ 在展台放映（全屏）：以全屏幕显示幻灯片，在放映过程中无法通过键盘或鼠标控制放映，只能自动换页，每次放映完毕后自动重新开始。

用户单击"幻灯片放映"选项卡的"设置"选项组的"设置幻灯片放映"按钮 ，打开

"设置放映方式"对话框，如图 4.105 所示，可选择放映类型及其他选项。

图 4.103　"演讲者放映"放映方式

图 4.104　"观众自行浏览"放映方式

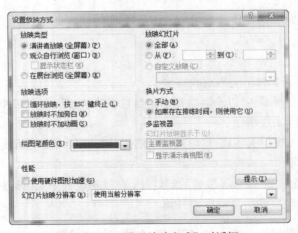

图 4.105　"设置放映方式"对话框

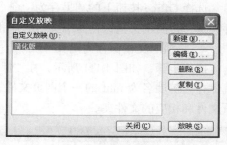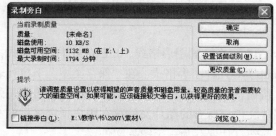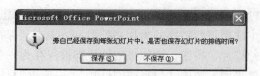

10. 自定义放映

具体要求： 建立自定义放映"简化版"，放映演示文稿中的第 7、3、6 张幻灯片。

用户可以通过建立自定义放映，对同一个演示文稿建立多个放映方案，每个放映方案可选择放映演示文稿的哪些幻灯片，安排放映的顺序。

步骤 1　选择"幻灯片放映"选项卡的"自定义幻灯片放映"按钮，在其下拉列表中选择"自定义放映"，打开"自定义放映"对话框。

步骤 2　在"自定义放映"对话框中单击"新建"按钮，打开"定义自定义放映"对话框，如图 4.106 所示。

步骤 3　在"定义自定义放映"对话框的"幻灯片放映名称"文本框中输入"简化版"。在左边的列表中选中需要放映的第七张幻灯片，单击"添加"按钮，添加到右边的列表中。用同样的方式，将第三张、第六张幻灯片添加到右边的列表中。

步骤 4　在"自定义放映"对话框中，选择刚才定义的自定义放映"简化版"，如图 4.107 所示，单击"放映"按钮，则播放演示文稿时只播放联系方式、我的相册和成长历程 3 张幻灯片。

图 4.106　"定义自定义放映"对话框　　　图 4.107　"自定义放映"对话框

11. 录制旁白

具体要求： 录制并播放对演示文稿的讲解。

用户可以在放映演示文稿时，录制好对演示文稿的讲解，以便于演讲者日后校对，或给无法出席的观众观看。录制和播放旁白的前提条件是计算机上安装有声卡、麦克风和音箱设备。

步骤 1　单击"幻灯片放映"选项卡的"设置"选项组的"录制旁白"按钮，打开"录制旁白"对话框，如图 4.108 所示。可以调整话筒级别，更改录音质量，设置旁白文件存放的位置。计算机根据硬盘大小与录音质量，计算出可记录旁白的最长时间。

步骤 2　单击"确定"按钮，演示文稿进入放映状态，系统开始记录旁白。

在录制过程中，可通过快捷菜单中的"暂停旁白"或"继续旁白"控制。

步骤 3　演示文稿结束放映时，出现对话框询问是否保存时间，如图 4.109 所示。

图 4.108　"录制旁白"对话框　　　图 4.109　"询问是否保存时间"对话框

单击"保存"按钮，PowerPoint 会自动将每一张幻灯片播放的时间记录为幻灯片的切换时间。

录制旁白后，每张幻灯片的右下角出现了一个声音图标。放映幻灯片时，录制的旁白将随幻灯片一起播放。

12. 打印预览演示文稿

具体要求：以讲义方式打印预览演示文稿中的第 1、3、4 张幻灯片。

步骤 1 选择"文件"|"打印"命令，打开"打印"对话框，如图 4.110 所示。

步骤 2 在"打印"对话框中，单击"打印范围"下的"幻灯片"单选按钮，在文本框中输入 1，3-4。其中，逗号表示分隔不连续的幻灯片，横线表示分隔连续的幻灯片。

步骤 3 在"打印内容"下拉列表中选择"讲义"，则每页可打印多张幻灯片，在"每页幻灯片数"下拉列表中可选择每页打印的幻灯片数目。

单击"预览"按钮，用户可预览打印的效果。

13. 将演示文稿保存为其他格式的文件

具体要求：将演示文稿保存为网页、图片和 RTF 文档。

选择 Office 按钮下的"另存为"命令，打开"另存为"对话框。用户可以通过设置不同的保存类型，将演示文稿保存为网页、图片和 RTF 文档。

- 将演示文稿保存为网页

操作步骤：如图 4.111 所示，在"保存类型"下拉列表中选择"单个文件网页"，则将演示文稿保存为扩展名为 mht 的一个网页文件；选择"网页"，则将演示文稿保存为扩展名为 htm 的网页文件和相应的文件夹。

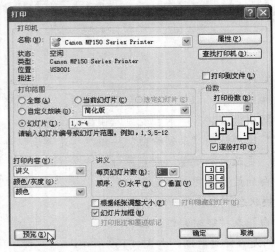

图 4.110 "打印"对话框

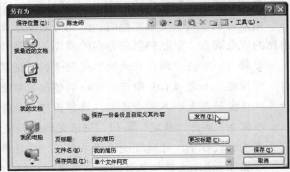

图 4.111 "另存为"对话框

- 将演示文稿保存为图片

操作步骤：PowerPoint 可将演示文稿保存为 GIF 可交换的图形格式、JPEG 文件交换格式、PNG 可移植的网络图形格式、设备无关位图（.bmp）等几种图形格式。在"保存类型"下拉列表中选择需要转换的图片文件类型，单击"保存"按钮，出现对话框如图 4.112 所示。单击"每张幻灯片"按钮，则每张幻灯片都被保存为一个图片文件，所有的图片文件存在用户指定名称的文件夹中；单击"仅当前幻灯片"按钮，则只将当前幻灯片保存为一个图片文件。

- 将演示文稿保存为大纲

操作步骤： 在"保存类型"下拉列表框中选择"大纲/RTF 文件"，用户可以将演示文稿保存为 RTF 格式的大纲文件。RTF 是带格式文字的文档类型，只保留演示文稿的文字内容。在 Windows 自带的写字板程序和 Word 中都可以编辑此种类型的文档。

图 4.112　"询问导出一张或多张幻灯片"对话框

此外，还可将演示文稿另存为放映文件，在没有安装 PowerPoint 软件的机器上也能放映此文件。

4.5　综 合 案 例

4.5.1　案例分析

本节通过建立一个介绍湖南大学情况的演示文稿，使读者进一步熟悉演示文稿制作的技巧，掌握在幻灯片中插入组织结构图、文本框、表格、图表等对象。

设计要求：

制作完成的各幻灯片外观如图 4.113 所示。

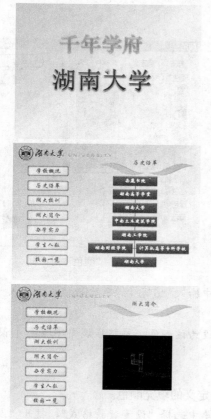
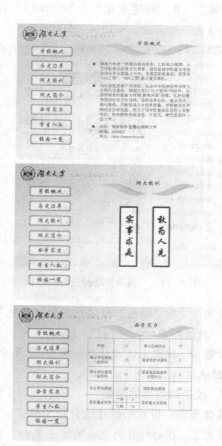

图 4.113　综合案例各幻灯片

图 4.113　综合案例各幻灯片（续）

4.5.2　设计步骤

启动 PowerPoint，新建一演示文稿，命名为"湖南大学"，执行以下操作。

1. 设置配色方案

具体要求：新建主题颜色，将文字/背景-深色 1 设为自定义颜色：红色 6、绿色 131、蓝色 148，将文字/背景-浅色 1 也设为该颜色，将强调文字颜色 1 设为红 203 绿 224 蓝 182。

步骤 1　选择"设计"选项卡的"主题"选项组的"颜色"按钮，在下拉菜单中选择"新建主题颜色"，打开"新建主题颜色"对话框，如图 4.114 所示。

步骤 2　在"新建主题颜色"对话框中的"文字/背景-深色 1"下拉列表中选择"其他颜色"，打开"颜色"对话框，如图 4.115 所示。

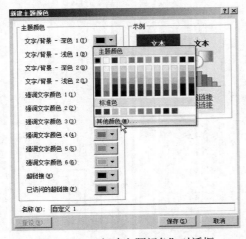
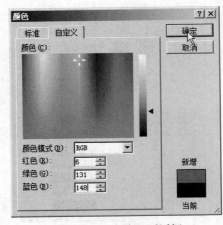

图 4.114　"新建主题颜色"对话框　　　　　图 4.115　"颜色"对话框

步骤 3　在"颜色"对话框中的"红色"数值框中输入"6"，"绿色"数值框中输入"131"，"蓝色"数值框中输入"148"。

步骤 4　按照上述方法，将文字/背景-浅色 1 也设为该颜色，再将强调文字颜色 1 设为红色 203、绿色 224、蓝色 182。

2. 改变幻灯片的背景

具体要求：设置幻灯片的背景为渐变，颜色为自定义的填充颜色。

步骤 1　在幻灯片的空白处右击鼠标，在快捷菜单中选择"设置背景格式"，打开"设置背景格式"对话框，如图 4.116 所示。

步骤 2　在"设置背景格式"对话框中,选择"渐变填充"单选按钮,在"颜色"下拉列表中选择"浅绿,强调文字颜色 1",单击"全部应用"按钮。

3. 编辑幻灯片母版

选择"视图"选项卡的"演示文稿视图"选项组的"母版"按钮,切换到幻灯片的母版视图。

（1）插入图片文件

具体要求:在母版上插入图片"湖大校徽",设置图片上的白色为透明色。

步骤 1　注意:选择第一张母版,单击"插入"选项卡的"插图"选项组的"图片"按钮,打开"插入图片文件"对话框。

步骤 2　在"插入图片文件"对话框中,选择"湖大校徽",单击"插入"按钮。

步骤 3　将图片移动到母版的左上角。单击"格式"选项卡的"调整"选项组的"重新着色"按钮,如图 4.117 所示,在下拉菜单中选择"设置透明色"命令。

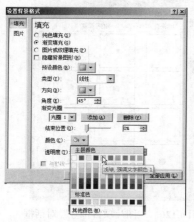

图 4.116　"设置背景格式"对话框

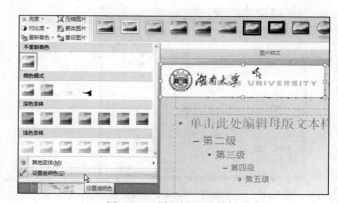

图 4.117　设置图片透明色

此时鼠标指针变为 ⬉ 形状,移动鼠标指针到图片的白色处,单击鼠标,图片上白色的部分变为透明。

（2）设置文本的字体、段落格式和项目符号,调整占位符的大小和位置

具体要求:设置母版标题占位符字体为华文行楷,24 号字。

文本占位符中第一级文本为宋体,16 号,段前距为 10 磅,文本项目符号为█。

调整标题和文本占位符的大小和位置。

步骤 1　选中母版视图的标题占位符,在浮动菜单的"字体"下拉列表中选择"华文行楷",在"字号"下拉列表中选择"24"。

步骤 2　选中母版视图的文本占位符的第一级文本,在浮动菜单的"字体"下拉列表中选择"宋体",在"字号"下拉列表中选择"16"。

步骤 3　选中母版视图的第一级文本,在快捷菜单中选择"段落",打开"段落"对话框。如图 4.118 所示,在"段前"的数值框中输入"10 磅"。

步骤 4　选中母版视图的文本占位符的第一级文本,选择快捷菜单中的"项目符号"下面的"项目符号和编号"命令,打开"项目符号和编号"对话框,如图 4.119 所示。单击"图片"按钮,打开"图片项目符号"对话框,如图 4.120 所示。

步骤 5　在"图片项目符号"对话框的列表中选择需要的图片。

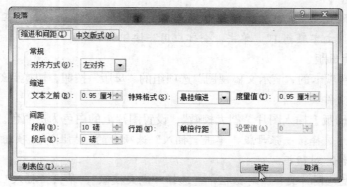

图 4.118　段落对话框

图 4.119　"项目符号和编号"对话框

图 4.120　"图片项目符号"对话框

步骤 6　选中标题占位符，鼠标指向占位符右下角的控制点上，当鼠标指针变为 ↖ 形状时拖曳鼠标，将标题占位符调整到合适的大小，释放鼠标。

鼠标指向标题占位符的边框上，鼠标指针变为 ✛ 形状。按下鼠标左键，鼠标指针变为 ✛ 形状，拖曳鼠标，移动标题占位符到合适的位置，释放鼠标。

步骤 7　用同样的方法调整文本占位符的大小和位置，设置后如图 4.124 所示。

（3）插入波形

具体要求：在母版上插入自选图形"波形"，进行变形和旋转，设置其形状轮廓为无轮廓，阴影样式为向右偏移，复制一个与其相同的图形，进行水平翻转。

步骤 1　单击"插入"选项下的"插图"选项组的"形状"按钮，在下拉菜单中选择"星与旗帜"下的"波形"，如图 4.121 所示。

步骤 2　将鼠标移到幻灯片上，鼠标指针变为十字形，拖曳鼠标，显示实线框表示图形的大小。调整图形到合适的大小后，释放鼠标。

步骤 3　如图 4.122 所示，鼠标指向自选图形下方的黄色按钮上，鼠标指针变为 ▷ 形状，向左拖曳鼠标，显示虚线框表示图形被变形的形状。

调整图形的高度和宽度，将图形变为树叶状，释放鼠标。

步骤 4　鼠标指向自选图形的绿色旋转按钮上，鼠标指针变为 ↻ 形状，拖曳鼠标，指针变为 ⟳ 形状，如图 4.123 所示，显示虚线框表示图形旋转的方向。旋转图形到合适的角度，释放鼠标。

步骤 5 单击"格式"选项卡的"形状样式"选项组的"形状轮廓"按钮，在其下拉菜单中选择"无轮廓"。

步骤 6 单击"格式"选项卡的"形状样式"选项组的"形状效果"按钮，在其下拉菜单中选择"阴影"子菜单下的"向右偏移"。

步骤 7 选中自选图形，按住 Ctrl 键不动，拖曳鼠标，复制出另一个自选图形。

步骤 8 选中复制出的自选图形，单击"格式"选项卡的"排列"选项组的"旋转"按钮，在下拉菜单中选择"水平翻转"按钮，翻转为水平对称图形。

步骤 9 调整两个自选图形的大小和位置，设置后效果如图 4.124 所示。

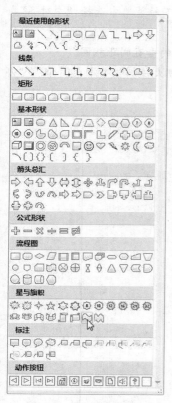

图 4.121 插入自选图形

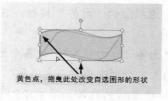

图 4.122 变形自选图形

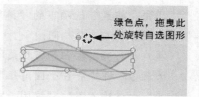

图 4.123 旋转自选图形

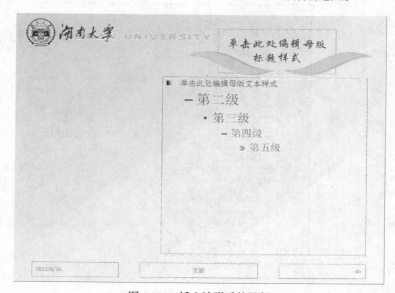

图 4.124 插入波形后的母版

（4）插入圆角矩形

具体要求：在母版上插入自选图形"圆角矩形"，设置其填充效果为渐变，形状轮廓为无轮廓，阴影样式为内部居中，添加文本"学校概况"，字体为华文行楷，字号为 24。

再复制 6 个圆角矩形，分别添加文本"历史沿革"、"湖大校训"、"湖大简介"、"办学实力"、"学生人数"和"校园一览"。

步骤 1 单击"插入"选项下的"插图"选项组的"形状"按钮，在下拉菜单中选择"矩形"下的"圆角矩形"，在幻灯片上拖曳出合适大小的圆角矩形。

步骤 2 单击"格式"选项下的"形状样式"选项组的"形状填充"按钮，在其下拉菜单中选择"渐变"下的"线性对角"。

步骤 3 单击"格式"选项卡的"形状样式"选项组的"形状轮廓"按钮，在其下拉菜单中选择"无轮廓"。

步骤 4　单击"格式"选项卡的"形状样式"选项组的"形状效果"按钮，在其下拉菜单中选择"阴影"子菜单下的"内部居中"。

步骤 5　在圆角矩形上单击鼠标右键，在快捷菜单中选择"编辑文本"命令，在圆角矩形里出现插入点，输入文本"学校概况"。

步骤 6　选中文本"学校概况"，在浮动工具栏的"字体"下拉列表中选择"华文行楷"，在"字号"下拉列表中选择"24"。

步骤 7　选中圆角矩形，按住 Ctrl 键不动，反复拖曳鼠标，复制出 6 个圆角矩形。

步骤 8　按住 Shift 键不动，依次单击各个圆角矩形，选中 7 个圆角矩形。

单击"格式"选项下的"排列"选项组的"对齐"按钮，在其下拉菜单中选择"左对齐"，使各个图形的左边距相同。

再在"对齐"按钮的下拉菜单中选择"纵向分布"，使各个图形的垂直间距相同。

步骤 9　将其余 6 个圆角矩形的文本分别改为"历史沿革"、"湖大校训"、"湖大简介"、"办学实力"、"学生人数"、"校园一览"，设置后的效果如图 4.125 所示。

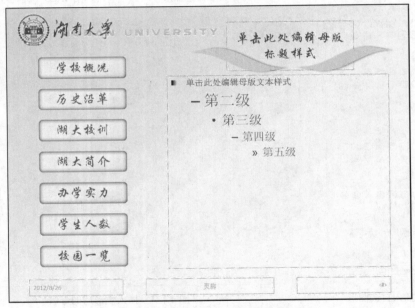

图 4.125　插入圆角矩形后的母版

单击"视图"选项卡的"普通视图"按钮，切换到幻灯片普通视图。

4. 编辑第一张幻灯片

（1）设置空白版式

具体要求： 设置第一张幻灯片的版式为空白。

操作步骤： 在第一张幻灯片上右击鼠标，选择快捷菜单中"版式"下的"空白"命令，则该幻灯片上没有占位符。

（2）忽略母版背景

具体要求： 设置第一张幻灯片忽略母版的背景。

操作步骤： 选中"设计"选项卡的"背景"选项组的"隐藏背景图形"复选框，则此幻灯片上不会出现母版中所插入的图片和自选图形。

（3）插入艺术字

具体要求：插入艺术字"千年学府"，采取"渐变填充-强调文字颜色 6，暖色粗糙棱台"的艺术字样式，字体为华文中宋，字号为 80。

插入艺术字"湖南大学"，采取"填充-强调文字颜色 2，粗糙棱台"的样式，字体为宋体，字号为 96。

步骤 1 选择"插入"选项卡的"文本"选项组的"艺术字"按钮，在下拉菜单中"渐变填充-强调文字颜色 6，暖色粗糙棱台"的艺术字样式。

步骤 2 在幻灯片上插入了一个艺术字对象。将艺术字的文本改为"千年学府"，在浮动菜单中将"字体"设置为"华文中宋"，"字号"设置为"80"。

步骤 3 用同样的方法插入艺术字：湖南大学，采取"填充-强调文字颜色 2，粗糙棱台"的样式，字体为宋体，字号为 96。

（4）自定义动画

具体要求：对艺术字自定义动画。首先"千年学府"以自左侧快速切入方式进入，然后"湖南大学"自动以快速上升方式进入。

步骤 1 单击"动画"选项卡的"动画"选项组的"自定义动画"按钮，打开"自定义动画"任务窗格。

步骤 2 如图 4.126 所示，在幻灯片窗格中选择艺术字"千年学府"，单击"自定义动画"任务窗格的"添加效果"按钮，在弹出的菜单中选择"进入"|"切入"。

在"方向"下拉列表中选择"自左侧"，在"速度"下拉列表中选择"快速"。

图 4.126 第一张幻灯片

步骤 3 在幻灯片窗格中选择艺术字"湖南大学"，单击"添加效果"按钮，在弹出的菜单中选择"进入"|"上升"。

在"开始"下拉列表中选择"之后"，在"速度"下拉列表中选择"快速"。

如果这些效果在进入子菜单下没有显示出来，选择"进入"|"其他效果"，打开"添加进入效果"对话框，在列表中选择需要的动画效果。

5. 编辑第二张幻灯片

（1）插入新幻灯片

具体要求：插入版式为"标题和内容"的幻灯片。

操作步骤：单击"开始"选项卡的"幻灯片"选项组的"新建幻灯片"按钮，在下拉菜单中选择"标题和内容"版式。

（2）编辑文本

具体要求：在幻灯片上输入标题为"学校概况"，文本如图4.127所示。

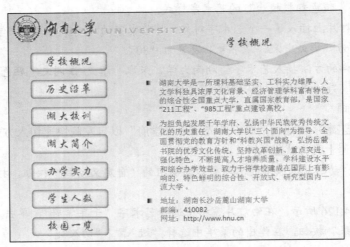

图4.127　第二张幻灯片

在输入"地址：湖南长沙岳麓山湖南大学"后，应该输入换行符，再输入"邮编：410082"。

换行符

输入文本时，若需要另起一行，但又不要分段时，应该使用换行符。

可以按 Shift+Enter 组合键插入换行符。

插入换行符后，会出现一个换行符标记↓。要取消换行时，将其删除即可。

（3）设置动画效果

具体要求：设置文本的动画效果为"按第一级段落飞入"。

操作步骤：选中文本，在"动画"选项卡的"动画"选项组的"动画"列表中，选择"飞入"下的"按第一级段落"。

6. 编辑第三张幻灯片

Smart 图形

Smart 图形包括列表、流程图、循环图、层次结构图、关系图、矩阵图和棱锥图，共有 80 余套图形模板。利用这些图形模板可以设计出各式各样的专业图形，使演示文稿更生动。

- 插入 SmartArt 图形的方法

插入 SmartArt 图形可使用下列方法。

➢ 单击幻灯片上内容占位符的"插入 SmartArt 图形"按钮▧。

➢ 单击"插入"选项卡的"插图"选项组的"SmartArt 图形"按钮。

● 组织结构图

组织结构图是层次结构图的一种，用来显示自上而下发展的层次关系。如图 4.128 所示，此图描述公司内部的经理和中层干部之间的关系。组织结构图由上级形状、助手形状、下属形状和同事形状组成。

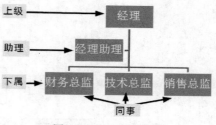

图 4.128　组织结构图

➢ 上级形状：该形状在组织结构图中处于上层，并与下属形状或助手形状等任一其他形状相连。

➢ 助手形状：通过肘形连接符与其他形状相连，对于该形状所附加到的特定上级形状，此形状放置在任何附加下属形状的上面。

➢ 下属形状：组织结构图中置于上级形状下面并与之相连的形状。

➢ 同事形状：在组织结构图中位于另一个形状旁的形状，它们连接到同一个上级形状。

（1）插入新幻灯片

具体要求： 插入版式为"标题和内容"的幻灯片，输入标题为"历史沿革"。

操作步骤： 如前所示，按照上述要求操作。

（2）插入组织结构图

具体要求： 在幻灯片的内容处插入一组织结构图，如图 4.135 所示。

步骤 1　单击幻灯片上内容占位符的"插入 SmartArt 图形"按钮，出现"选择 SmartArt 图形"对话框，如图 4.129 所示。

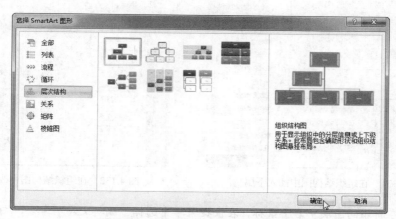

图 4.129　"选择 SmartArt 图形"对话框

步骤 2　在"选择 SmartArt 图形"对话框中，选择"层次结构图"的"组织结构图"，单击"确定"按钮，幻灯片上出现一个组织结构图对象。

步骤 3　在组织结构图的第一个图块中单击鼠标，出现插入点，输入文本"岳麓书院"。

单击第二行的助理图块的边缘，图块的四周出现 8 个控制点，表示已选中此图块。按下键盘上的 Del 键，删除此图块。

步骤 4　在第二行的第一个图块中单击鼠标，出现插入点，输入文本"湖南高等学堂"。

按住 Shift 键不动，选中第二的行第二个和第三个图块，如图 4.130 所示，在快捷菜单中选择"剪切"命令，删除这两个图块。

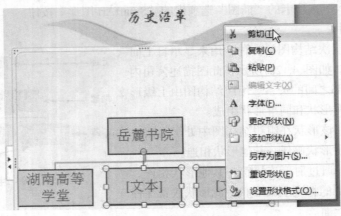

图 4.130　编辑组织结构图

步骤 5　选中"湖南高等学堂"图块，如图 4.131 所示，在快捷菜单中选择"添加形状"的"在下方添加形状"命令，在"湖南高等学堂"图块的下方添加了一个新的图块。

步骤 6　此时新建图块的版式自动变为"右悬挂"，如图 4.132 所示。选中"湖南高等学堂"图块，单击"设计"选项卡的"创建图形"选项组的"布局"按钮，在下拉菜单中选择"标准"，则新建图块垂直排列在下方。

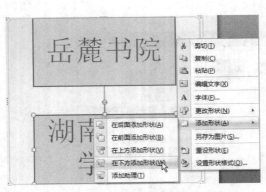

图 4.131　在组织结构图中插入下属

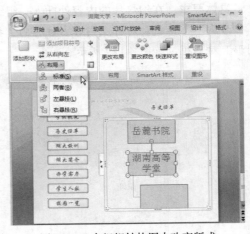

图 4.132　在组织结构图中改变版式

步骤 7　在新添的图块中右击鼠标，在快捷菜单中选择"编辑文字"命令，图块中出现插入点，输入"湖南大学"。

步骤 8　用上述方法，再增加两个下属图块，分别输入"中南土木建筑学院"和"湖南工学院"，并设置版式为标准。

步骤 9　选中"湖南工学院"图块，在快捷菜单中选择"添加形状"的"添加助理"命令，在新建的图块中输入"湖南财经学院"。

再次执行此操作，如图 4.133 所示，在新增的图块内输入"计算机高等专科学校"。

步骤 10　用上述方法，再在"湖南工学院"的图块下面增加一个下属图块，在新建图块中输入"湖南大学"。

（3）设置组织结构图格式

具体要求： 设置组织结构图的字体为"华文新魏"，字号为 20，艺术字样式为"填充-白色，投影"，形状样式为"强烈效果-深色 1"。

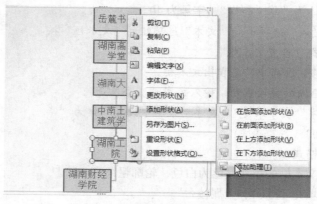

图 4.133　在组织结构图中插入助手

步骤 1　选中组织结构图，在"开始"选项卡的"字体"选项组的"字体"下拉列表中选择"华文新魏"，在"字号"下拉列表中选择"20"。

步骤 2　在"格式"选项卡"艺术字样式"选项组的列表中选择"填充-白色，投影"。

步骤 3　按住 Ctrl+A 组合，选中所有图块，如图 4.134 所示，在"格式"选项卡"形状样式"选项组的列表中选择"强烈效果-深色 1"。

步骤 4　用鼠标拖曳各个图块的控制点，将图块调整为适当的大小。编辑后的组织结构图如图 4.135 所示。

图 4.134　选择形状样式

图 4.135　编辑后的组织结构图

（4）自定义动画

具体要求： 设置组织结构图的动画效果为逐个按级别擦除。

操作步骤： 选中组织结构图，如图 4.136 所示，在"动画"选项卡的"动画"选项组的列表中选择"擦除-逐个按级别"。

7. 编辑第四张幻灯片

（1）插入新幻灯片

具体要求： 插入版式为"只有标题"的幻灯片，标题为"湖大校训"。

操作步骤： 如前所示，按照上述要求操作。

（2）插入竖排文本框

具体要求： 在幻灯片上插入垂直文本框，输入文字"实事求是"。设置文本框的字体为"华文行楷"，字号为40。

步骤1 选择"插入"选项卡的"文本"选项组的"文本框"按钮，在下拉菜单中选择"垂直文本框"。

步骤2 将鼠标移到画布中，拖曳出文本框。

步骤3 在文本框内的插入点处，输入文字"实事求是"。

步骤4 选择文字"实事求是"，在浮动菜单中设置字体为"华文行楷"，字号为"40"。

（3）设置文本框格式

具体要求： 设置文本框的填充颜色为白色，轮廓粗细为6磅。艺术字样式为"填充-背景1，金属棱台"。

步骤1 选中文本框，单击"格式"选项卡的"形状样式"选项组的"形状填充"按钮，选择"其他填充颜色"命令，在"颜色"对话框中选择"白色"。

步骤2 单击"格式"选项卡的"形状样式"选项组的"形状轮廓"按钮，选择"粗细"下的"6磅"命令。

步骤3 在"格式"选项卡"艺术字样式"选项组的列表中选择"填充-背景1，金属棱台"。

复制该文本框，将文字改为"敢为人先"，幻灯片如图4.137所示。

图4.136 设置自定义动画

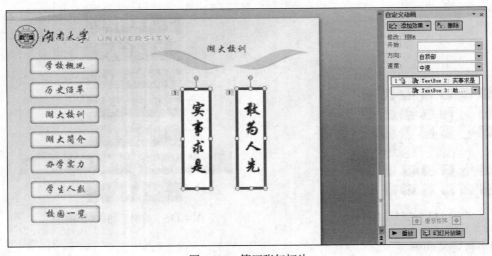

图4.137 第四张幻灯片

（4）设置动画效果

具体要求： 设置两个文本框的动画效果为自顶部中速擦除。

步骤1 按住Shift键，依次单击两个文本框，选中两个文本框。

步骤2 单击"动画"选项卡的"动画"选项组的"自定义动画"按钮，打开"自定义动画"任务窗格。

步骤3 如图4.137所示，单击"自定义动画"任务窗格的"添加效果"按钮，在弹出的菜

单中选择"进入" | "其他效果"。

在"添加进入效果"对话框中选择"擦除"。

步骤 4　在"方向"下拉列表中选择"自顶部"，在"速度"下拉列表中选择"中速"。

编辑完成的第四张幻灯片如图 4.137 所示。

8. 编辑第五张幻灯片

（1）插入新幻灯片

具体要求： 插入版式为"标题和内容"的幻灯片，标题为"湖大简介"。

操作步骤： 如前所示，按照上述要求操作。

（2）插入影片

具体要求： 在幻灯片上插入影片文件"湖大简介"，设置其自动播放。

步骤 1　单击内容占位符的"插入媒体剪辑"按钮，打开"插入影片"对话框。

步骤 2　在"插入影片"对话框的"查找范围"下拉列表中切换到影片文件所在的文件夹，在文件列表中选取需要插入的影片"湖大简介"，单击"确定"按钮。

步骤 3　出现对话框询问用户在何时播放影片，单击"自动"按钮，则放映此幻灯片时就自动播放影片。

编辑完成的第五张幻灯片如图 4.138 所示。

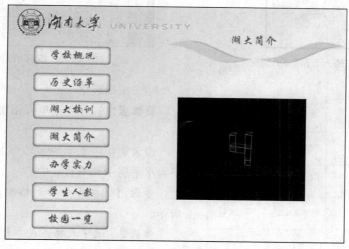

图 4.138　第五张幻灯片

9. 编辑第六张幻灯片

（1）插入新幻灯片

具体要求： 插入版式为"标题和内容"的幻灯片，标题为"办学实力"。

操作步骤： 如前所示，按照上述要求操作。

（2）插入表格

具体要求： 在幻灯片上插入 4 列 5 行的表格。

设置表格套用样式"无样式-网格型"，高度为 10 厘米。

将表格的单元格进行拆分，拆分后的表格如图 4.140 所示。

步骤 1　单击内容占位符上的"插入表格"按钮，打开"插入表格"对话框，如图 4.139 所示。

步骤 2　在"插入表格"对话框中的"列数"数值框中输入"4"，在"行数"数值框中输入"5"。

步骤 3　在"表格工具"的"设计"选项卡的"表格样式"选项组的列表中，选择"无样式-网格型"。

步骤 4　在"布局"选项卡的"表格尺寸"选项组的"高度"数值框中，输入"10厘米"。

步骤 5　单击"表格工具"的"设计"选项卡的"绘图边框"选项组的"绘制表格"按钮，鼠标指针变为笔形，在需要添加单元格的地方用鼠标画出线条，拆分单元格。表格如图 4.140 所示。

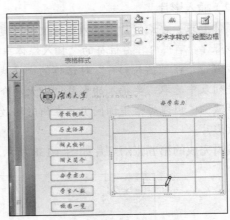

图 4.140　拆分单元格

图 4.139　"插入表格"对话框

学院	23	博士后流动站	17
博士学位授权一级学科	25	国家级教学团队	7
硕士学位授权一级学科	41	国家级实验教学示范中心	3
专业学位授权	20	国家精品课程	25
国家重点学科	一级	2	国家重点实验室	2
	二级	14		

图 4.141　输入文字后的表格

（3）编辑表格

具体要求：在各个单元格输入文字如图 4.141 所示。

设置表格中文字的字号为 14 号，表格中的文字为水平居中和垂直居中。

步骤 1　在各个单元格输入文字如图 4.141 所示。

步骤 2　选中表格，在"开始"选项卡的"字号"下拉列表中选择"14"。

步骤 3　选中表格，单击"布局"选项卡的"对齐方式"选项组的"居中"按钮和"垂直居中"按钮。

10. 编辑第七张幻灯片

（1）插入新幻灯片

具体要求：插入版式为"标题和内容"的幻灯片，标题为"学生人数"。

操作步骤：如前所示，按照上述要求操作。

（2）插入图表

具体要求：在幻灯片上插入一分离型三维饼图，图表如图 4.144 所示。

步骤 1　单击内容占位符上的"插入图表"按钮，打开"插入图表"对话框。

步骤 2　在"插入图表"对话框中，如图 4.142 所示，选择"饼图"下的"分离型三维饼图"。

步骤 3　系统打开数据表编辑窗口，输入数据如图 4.143 所示。

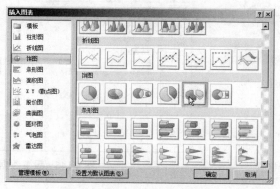

图 4.142　"插入图表"对话框

选中第五行的行标签，单击鼠标右键，打开快捷菜单，选择"删除"命令，将不要的数据行删除。

建立后的图表如图 4.144 所示。

图 4.143　数据表编辑　　　　　　　　　　图 4.144　图表

（3）设置图表格式

具体要求： 设置图表不显示标题，图例显示在图表底部，数据标签显示在图表外部。设置数据标签的字号为 14。设置各数据点的填充颜色。

步骤 1　选中图表，单击"图表工具"的"布局"选项卡的"标签"选项组的"图表标题"按钮，如图 4.145 所示，在下拉菜单中选择"无"。

步骤 2　单击"标签"选项组的"图例"按钮，在下拉菜单中选择"在底部显示图例"。

步骤 3　单击"标签"选项组的"数据标签"按钮，在下拉菜单中选择"数据标签外"。

步骤 4　单击任一数据标签，单击鼠标右键，在浮动菜单中选择字号为 14。

步骤 5　单击选中饼图上的数据点，单击鼠标右键，在快捷菜单中选择"设置数据点格式"命令，打开"设置数据点格式"对话框。

步骤 6　在"设置数据点格式"对话框的"填充"选项中，选择"纯色填充"单选按钮，在"颜色"按钮的下拉菜单中选择合适的颜色，如图 4.146 所示。

（4）设置动画效果

具体要求： 设置图表的动画效果为按分类飞入。

操作步骤： 选中图表，在"动画"选项卡的"动画"选项组的列表中选择"飞入-按分类"。

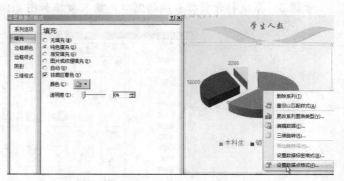

图 4.145　设置图表格式　　　　　　　　图 4.146　设置数据点格式

11. 编辑第八张幻灯片

（1）插入新幻灯片

具体要求： 插入版式为"标题"的幻灯片，标题为"校园一览"。

操作步骤： 如前所示，按照上述要求操作。

（2）插入图片

具体要求： 在幻灯片上插入 4 个图片文件。

操作步骤： 单击"插入"选项的"插图"选项组的"图片" 按钮，打开"插入图片"对话框。在"插入图片"对话框中，选择需要插入的文件"岳麓书院"。

用同样的方式，插入图片"大礼堂"、"复临舍"、"水上教学楼"，再将 4 个图片调整到适合的大小和位置。

（3）插入文本框

具体要求： 在每个图片的下面分别插入文本框，设置字体为华文新魏，字号为 20，加粗。

操作步骤： 按上述方法在每个图片的下方插入横排文本框，并设置格式。

（4）组合对象

具体要求： 将每个图片和文本框进行组合。

图 4.147　组合对象

操作步骤： 按住 Shift 键，单击图片和文本框，选中这两个对象。如图 4.147 所示，右击鼠标，在快捷菜单中选择"组合"下的"组合"命令，将它们组合为一个对象。

使用同样的方法，将其余 3 个图片和 3 个文本框分别组合起来。

（5）设置动画效果

具体要求： 设置 4 个组合对象的动画效果为自左侧、右侧、顶部、底部快速切入。

步骤 1 单击"动画"选项卡的"动画"选项组的"自定义动画"按钮，打开"自定义动画"任务窗格。

步骤 2 在幻灯片窗格中选择所有的组合对象，单击"添加效果"按钮，在弹出的菜单中选择"进入"|"切入"。

步骤 3 在"自定义动画"任务窗格中，在"开始"下拉列表中选择"之后"，在"速度"下拉列表中选择"快速"。

步骤 4　将组合对象的动画效果方向分别设为"自左侧"、"自右侧"、"自顶部"、"自底部"。设置完成的第八张幻灯片如图 4.148 所示。

图 4.148　自定义动画

12. 在母版上设置超级链接

（1）插入到其他幻灯片的链接

具体要求：在母版的 7 个圆角矩形上分别插入到对应幻灯片的链接。

步骤 1　切换到幻灯片的母版视图，选择第一张幻灯片母版。

步骤 2　单击圆角矩形（文本为"学校概况"），选中该对象（注意：选中该矩形，而不是选中文本）。

右击鼠标，在快捷菜单中选择"超链接"命令，打开"插入超链接"对话框。

步骤 3　"插入超链接"对话框如图 4.149 所示，在"链接到"中选择"本文档中的位置"，然后在"请选择文档中的位置"列表框中选择第二张幻灯片。

用同样的方法，为其他几个圆角矩形插入超级链接，链接到对应的幻灯片。

图 4.149　"插入超链接"对话框

（2）插入到网站的链接

具体要求：将母版的图片插入到湖南大学网站的链接。

步骤 1　选中母版上"湖南大学"的图片，右击鼠标，在快捷菜单中选择"超链接"命令，打开"插入超链接"对话框。

步骤 2　"插入超链接"对话框如图 4.150 所示，在"链接到"中选择"原有文件或网页"，然后在"地址"文本框中输入"http://www.hnu.edu.cn"。

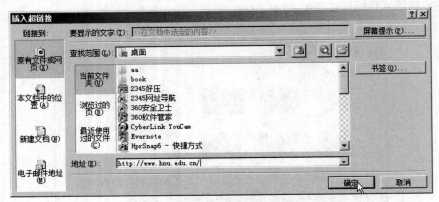

图 4.150　"插入超链接"对话框

13. 设置幻灯片切换

具体要求： 设置所有幻灯片的切换方式为随机，每隔 5 秒切换。

操作步骤： 在"动画"选项卡的"切换到此幻灯片"的选项组中，如图 4.151 所示，在列表中选择"随机切换效果"，在"在此之后自动设置动画效果"的数值框中输入 5 秒钟。再单击"全部应用"按钮，将此设置应用到所有幻灯片。

放映演示文稿时，每张幻灯片播放 5 秒钟，然后自动切换到下一张幻灯片。

图 4.151　设置幻灯片切换

14. 插入声音文件

具体要求： 在第一张幻灯片上插入声音文件"校歌"，设置其在播放 8 张幻灯片后停止。

步骤 1　选中第一张幻灯片，选择"插入"选项卡的"媒体剪辑"选项组的"声音"按钮，打开"插入声音"对话框。在文件列表中选取需要插入的声音文件"校歌"。

步骤 2　系统打开对话框询问用户在何时播放声音，如图 4.152 所示。单击"自动"按钮，则放映此幻灯片时就自动播放声音。

步骤 3　打开"自定义动画"任务窗格，在列表中选定声音对象的动画项目，单击"重新排序"按钮的上移箭头 将其调整到动画项目的最开始。

步骤 4　双击声音对象的动画项目，打开"播放声音"对话框。如图 4.153 所示，选择"效果"选项卡，在"停止播放"中，选择"在幻灯片后"单选按钮，在数值框中输入幻灯片数目"8"。

在放映演示文稿时，声音文件将一直播放到所有幻灯片放映完毕之后。

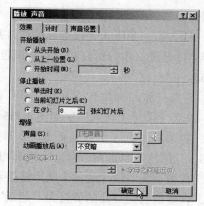

图 4.152　设置何时播放声音　　　　　　图 4.153　"播放声音"对话框

4.6　操　作　练　习

操作题一

1. 插入第一张版式为标题的幻灯片，第二张版式为两栏内容的幻灯片，第三张和第四张版式为垂直排列标题和文本的幻灯片。

2. 在各张幻灯片上输入文本如图 4.154 所示。注意，第四张幻灯片上分为两级文本。

3. 在第二张幻灯片上插入图片"岳麓书院"。

4. 应用设计模板"暗香扑面"。

5. 将母版文本设为华文行楷，一级文本字号设为 28 号，二级文本字号设为 24 号。

6. 将母版文本的动画效果设置为按第一级段落擦除。

7. 设置所有幻灯片的切换效果为溶解，每隔 5 秒换页。

图 4.154　操作题一各幻灯片效果

操作题二

1. 插入第一张版式为仅标题的幻灯片，第二张版式为标题和内容的幻灯片，第三张版式为垂直排列标题和文本的幻灯片，第四张版式为标题和内容的幻灯片，在各张幻灯片上输入文本如图 4.155。

2. 在第一张幻灯片上插入自选图形（星与旗帜下的横卷形），设置样式为"彩色轮廓-强调颜色 6"。在各个图形上输入文字如图 4.155 所示，设字体为隶书、48 号。

3. 对第一张幻灯片自定义动画：第一个自选图形自左侧切入，随后第二个自选图形自动自右侧切入，第三个自选图形自动自底部切入。

4. 将第一张幻灯片的各个图形链接到对应的幻灯片。

5. 设置所有幻灯片的背景为"信纸"。

6. 将幻灯片的配色方案设为"文字/背景-深色 1"为深蓝，"强调文字颜色 1"为橙色。

7. 设置母版标题格式设为宋体、44 号、加粗。文本格式设为华文细黑、32 号、加粗。行距为 2 行，项目符号为⌘，深红色。

8. 在母版的右下角插入"第一张"动作按钮。

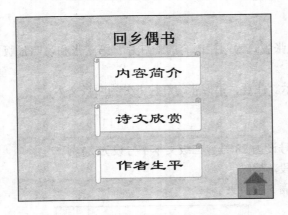
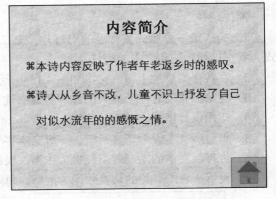
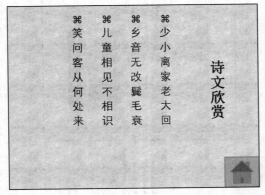
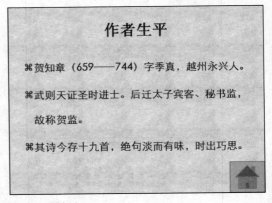

图 4.155　操作题二各幻灯片效果

操作题三

1. 设置幻灯片的长为 15 厘米、宽为 15 厘米。

2. 将所有幻灯片的背景设为图片文件"贺年卡背景"，透明度为 40%。

3. 在幻灯片母版的右上角插入图片"春"，左下角插入图片"爆竹"。

4. 插入第一张版式为空白的幻灯片。

5. 在第一张幻灯片上插入图片"龙"。

6. 在第一张幻灯片上插入艺术字"2012",采取"填充-强调文字颜色 2,粗糙棱台"的艺术字样式,字体为 arial black,字号为 60。

7. 将第一张幻灯片的艺术字和图片组合。用同样的方法插入图片"蛇"和艺术字"2013"。

8. 在第一张幻灯片上插入声音"恭贺新禧",设置自动播放 3 张幻灯片后停止播放。

9. 对第一张幻灯片自定义动画:第一组的方式为从上部切入,设置动画播放后下次单击后隐藏;第二组的方式为从底部切入。

10. 插入第二张版式为空白的幻灯片,插入图片"贴年画"。再插入文本框,输入文字"贴年画"(隶书,40 号,红色,阴影效果),将文字和图片组合。

11. 在第二张幻灯片上用同样的方法插入组合对象放鞭炮、请财神、舞龙灯。

12. 对第二张幻灯片自定义动画:分别设置各组的动画效果为从左上角、右上角、左下角、右下角飞入。设置前三组为下次单击后隐藏。

13. 插入第三张版式为空白的幻灯片,设置隐其藏背景图形,插入图片"爆竹 2"和"福"。

14. 在第三张幻灯片上插入垂直文本框,输入文字"恭喜发财"(华文行楷,32 号,加粗,阴影,居中),设置文本框填充白色,形状轮廓为红色 3 磅。用同样的方法插入文本框"万事如意"。

15. 对第三张幻灯片自定义动画:设图片"福"的动画效果为回旋,再设文本框的动画效果为自顶部擦除。

16. 设置幻灯片切换的方式为水平百叶窗,每隔 8 秒换页。

17. 设置演示文稿的放映方式为在展台浏览。

各幻灯片的效果如图 4.156 所示。

图 4.156　操作题三各幻灯片效果

操作题四

1. 设置幻灯片的配色方案为"文字/背景-深色 1"的颜色定义为青色(0,128,128)。"强调文字颜色 1"的颜色定义为酸橙色(153,204,0)。

2. 将所有幻灯片的背景设为 background 图片文件。

3. 编辑幻灯片母版。

(1)在左上角插入自选图形"月亮"和"星星",适当旋转。

(2)插入圆角矩形,设填充颜色设为无。

（3）设置母版标题占位符为华文行楷，36号；文本占位符为宋体，14号，项目符号为◀。

（4）将标题占位符移到圆角矩形之上，文本占位符移到圆角矩形之中，如图4.157所示。

（5）在母版中插入圆角矩形，设置形状样式为"彩色轮廓-强调颜色1"，形状效果为"强掉文字颜色5-8pt发光"。

（6）在圆角矩形上添加文本"最新信息"，设置其字体为华文行楷，字号为24。

（7）用同样的方法添加"业务报价"、"组织结构"和"公司业绩"3个圆角矩形。

母版设置后如图4.157所示。

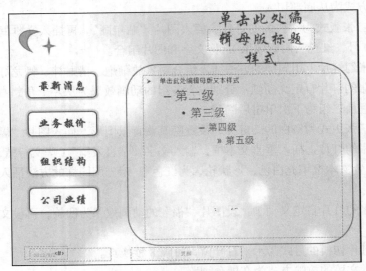

图4.157　操作题四母版

4. 插入第一张版式为标题和文本的幻灯片，输入标题"最新信息"，文本内容如下：

新世纪广告公司自成立以来，遵循着"高层次、高素质、高标准"的发展轨迹，一直在向最优秀的广告代理与平面设计企业的方向努力，并提出了"广告急先锋"的自身定位，追求最新的广告理念，学习最新的广告技巧，并力争使每一项业务均不落俗套，超前创新。

最近公司成立了电子多媒体及互联网广告部，主要代理主页制作、光碟制作、互联网广告、代办上网等业务，以专业的工作水准、良好的创作能力、优惠的价格为客户提供多项科技前卫的广告服务。

电话：23669999，23668886

地址：北京市海淀区名都大厦十层

网址：http://www.new-century.com

E-mail 地址：service@new-century.com

5. 在文本 http://www.new-century.com 上插入超级链接，链接地址为 http://www.new-century.com。在文本 service@new-century.com 上插入超级链接，链接邮件地址为 service@new-century.com，邮件主题为"咨询"。

6. 在第一张幻灯片上插入图片文件"email"和"公司"。

7. 插入第二张幻灯片，输入标题"业务报价"，表格内容如下：

策划、脚本、创意费	3000 元至 10000 元
拍摄	400 元/天

续表

节目编辑	100 元/15 秒
配音	30 元/1 分钟
字幕	60 元/100 字
刻录	100 元/张
光盘批量印刷：	
母版费	1800 元/张
三色以下丝网印刷	2 元/张
柯式印刷	2.7 元/张
菲林 （光盘盘面） 设计	500 元/张
输出	200 元/张
三维动画制作	800 元至 1500 元/秒

8.　插入第三张幻灯片，输入标题"组织结构"，输入组织结构图如图 4.158 所示。

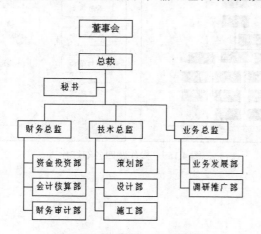

图 4.158　操作题三组织结构图

9.　设置组织结构图的主题颜色为"深色 2-填充"。

10.　插入第四张幻灯片，输入标题"公司业绩"，建立图表，图表数据如表 4.1 所示，设置图例显示在图表的底部。

表 4.1　　　　　　　　　　　　　　公司业绩图表的数据

	2001 年	2002 年	2003 年	2004 年
主营业务额	1 500 000	2 000 000	2 200 000	2 500 000
其它业务额	500 000	800 000	1 200 000	1 500 000
利润	250 000	300 000	320 000	400 000

11.　设置图表的动画效果为按系列自底部擦除。

12.　在幻灯片母版中，将圆角矩形链接到对应的幻灯片。

13.　设置显示幻灯片编号，将编号移到幻灯片左下角，设置字号为 16，颜色为深青。

14.　将文件保存后，再另存为网页形式。

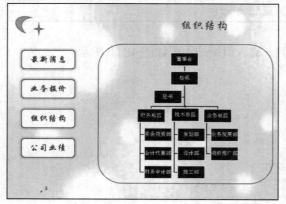
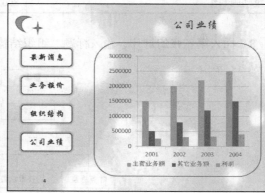

图 4.159　操作题四各幻灯片

第5章

网络应用基础

5.1 局域网应用基础

5.1.1 局域网概述

- 基本概念

局域网是将小区域内的微型计算机和其他设备互连在一起的网络，其分布范围通常局限在一个办公室、一栋大楼或一个校园内。

局域网技术的标准由美国电器和电子工程协会（IEEE）802 项目制定。目前，使用最广泛的是 IEEE802.3 标准，人们通常称其为以太网（Ethernet）。

最初的以太网标准采用同轴电缆总线型拓扑结构，以 10Mbit/s 的速率传输数据。现在，以太网代表一系列局域网技术。其中，快速以太网采用双绞线电缆组成星型拓扑结构，传输速率为 100Mbit/s，用来连接较小范围内的机器，如一个办公室。而吉比特以太网使用光纤作为传输介质，传输速率为 1000Mbit/s，通常作为局域网的主干网，用来连接各栋楼房。

- 组网示例

下面示范一个家庭局域网的组网过程。如图 5.1 所示，用户需要准备以下设备。

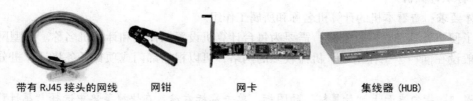

带有 RJ45 接头的网线　　　网钳　　　　网卡　　　　　集线器（HUB）

图 5.1　建立局域网所需要的设备

第一步制作网线。截取适当长度的双绞线，用网钳剥去双绞线两端约 1.5cm 的绝缘皮。双绞线内有棕、蓝、橙、绿 4 组色线和白线绞在一起。将色线和白线分开，按照一定的顺序排列整齐。将两端的线头分别插入两个 RJ45 接头，再用网钳压紧。注意，双绞线两端线头的颜色要求一一对应。

第二步是将网卡安装在计算机的 PCI 扩展槽中，用螺丝固定好。如果主板集成了网卡芯片，则不需另外安装网卡。

第三步是将网线的一头插在计算机网卡的接头，一头插到集线器上。集线器接口的次序可以不限定。

硬件安装完成后，重新启动计算机。Windows 系统会自动检测到网卡的存在。当网卡驱动程序安装完毕，Windows 将自动安装网络协议，创建一个局域网连接，如图 5.2 所示。

安装此局域网后，其星形拓扑结构如图 5.3 所示，用户可以共享磁盘、打印机等设备，互相访问计算机中的文件。

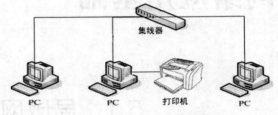

图 5.2　本地连接　　　　　　　　　　图 5.3　星形局域网示意图

5.1.2　案例分析

本节通过实例示范怎样标识计算机，在局域网中进行文件的共享，设置本机的 IP 地址。

设计要求：

（1）标识计算机；

（2）关闭密码保护共享；

（3）设置共享文件夹；

（4）访问共享的文件夹；

（5）设置文件夹为高级共享；

（6）搜索计算机；

（7）TCP/IP 的设置。

5.1.3　设计步骤

1．标识计算机

具体要求：查看本机的计算机名称和所属工作组。

为了便于管理和访问计算机，需要为每台计算机设置工作组和计算机名称。小型网络的计算机一般设在同一个工作组中。机器较多的网络，可以根据部门或项目任务将计算机分成几个工作组。

步骤 1　指向桌面上"计算机"的图标，单击鼠标右键，在快捷菜单中选择"属性"命令，打开"系统"对话框。如图 5.4 所示，可看到本机在网络中的名称及所属工作组。

步骤 2　如果要更改"计算机名"和"工作组"，单击"更改设置"链接，打开"系统属性"对话框。

步骤 3　在"系统属性"对话框中，单击"计算机名"选项卡，如图 5.5 所示，可在"计算机描述"文本框中输入对计算机的描述信息。

步骤 4　如果要更改"计算机名"和"工作组"，单击"更改"按钮，打开"计算机名/域更改"对话框，如图 5.6 所示，用户可以重新设定计算机名和工作组。注意，名称的长度不能超过

15 个英文字符或超过 7 个汉字。在局域网中不能有同名的计算机。

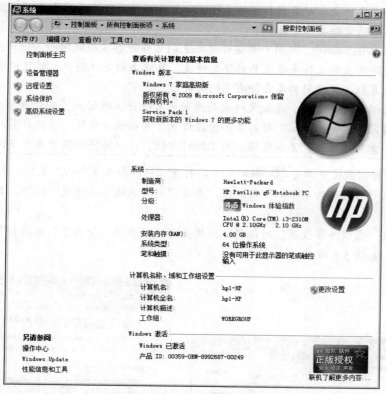

图 5.4　"系统"对话框

如果输入的工作组名称是一个不存在的工作组，就相当于新建一个工作组。

设置完成后，需要重新启动机器，更改才会生效。

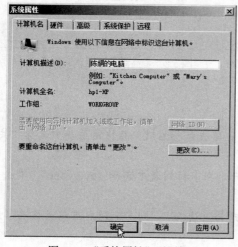

图 5.5　"系统属性"对话框

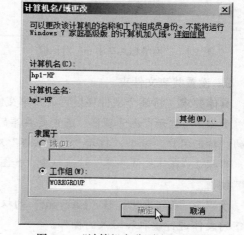

图 5.6　"计算机名称更改"对话框

2. 关闭密码保护共享

具体要求： 关闭密码保护共享

文件共享

共享文件夹，就是指在文件系统下把文件夹通过网络共享出来，使其他计算机可以访问其中的文件夹和文件。

在 Windows 中，当用户希望计算机上的文件能够被局域网的其他用户访问时，则可以把文件所在的文件夹设置为共享文件夹。网络上的其他用户，就可以通过网上邻居找到此计算机，并访问共享文件夹下的文件。

在 Windows 7 中，要使文件被局域网的其他计算机访问，必须开启文件共享功能。默认情况下，windows 7 对共享的资源设置了密码保护功能。其他计算机在访问共享资源时，需要输入用户名和密码。为了操作方便，可以将密码保护共享关闭。

步骤 1 在控制面板中单击 **网络和共享中心**，打开"网络和共享中心"窗口，如图 5.7 所示。

步骤 2 在"网络和共享中心"窗口中，单击"更改高级共享设置"链接，打开"高级共享设置"对话框。

步骤 3 在"高级共享设置"对话框中，单击"关闭密码保护共享"单选按钮，再单击"保存修改"按钮，如图 5.8 所示。

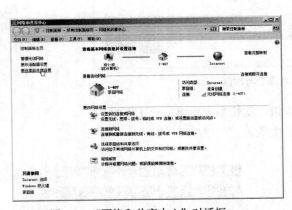

图 5.7　"网络和共享中心"对话框

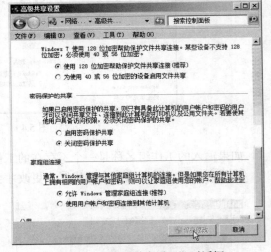

图 5.8　"高级共享设置"对话框

3. 设置共享文件夹

具体要求 将某个文件夹设置为共享文件夹。

步骤 1 打开资源管理器，选中要共享的文件夹，单击鼠标右键，在快捷菜单中选择"共享"下的"特定用户"命令，打开"文件共享"对话框。

步骤 2 在"文件共享"对话框中，如图 5.9 所示，在下拉列表中选择"everyone"，单击"添加"按钮。

步骤 3 在列表中，将"everyone"的权限级别改为"读/写"，则其他用户可以对该共享文件夹下的文件进行读取和写入的操作。

步骤 4 单击"共享"按钮，系统打开"你的文件已共享"选项卡，如图 5.10 所示。单击"完成"按钮，即实现文件夹的共享。

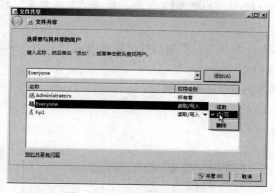

图 5.9　"文件共享"对话框

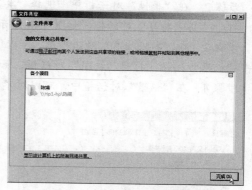

图 5.10　"您的文件已共享"选项卡

若要取消文件夹的共享，只需要在快捷菜单的"共享"子菜单下选择"不共享"命令即可。

共享权限级别

共享文件夹时，可设置以下共享权限级别。

读取：该用户对共享文件夹的内容具有只读权限。

读/写：该用户对共享文件夹的内容具有读取和修改权限。

删除：删除共享用户账户。

4．访问共享的文件夹

具体要求：访问其他计算机共享文件夹下的文件。

步骤 1　双击桌面上"网络"的图标，打开"网络"窗口。如图 5.11 所示，该窗口列出了当前网络中的计算机。

步骤 2　双击需要访问的计算机图标，如图 5.12 所示，显示出此计算机中被设置为共享的资源。

再双击要打开的文件夹图标，即可显示出共享的文件夹下的文件。

图 5.11　"网络"窗口

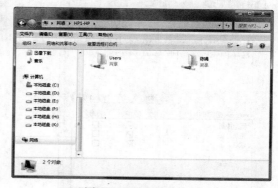

图 5.12　共享的文件夹

5．设置文件夹为高级共享

具体要求：设置文件夹为高级共享。

高级共享模式可以更详细地设置文件共享的相关选项。

步骤 1　选中要共享的文件夹，单击鼠标右键，在快捷菜单中选择"属性"命令，打开"属性"对话框。

步骤 2　在"属性"对话框中，选择"共享"选项卡，如图 5.13 所示，单击"高级共享"按钮，打开"高级共享"对话框，如图 5.14 所示。

步骤 3　在"高级共享"对话框中，可以设置文件共享名，限制同时访问共享文件夹的人数。单击"权限"按钮，打开"权限"对话框，如图 5.15 所示。

步骤 4　在"权限"对话框中，可以对不同的用户设置不同的权限。

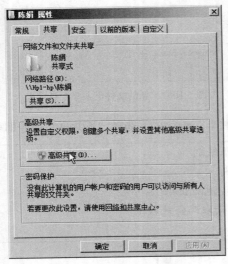

图 5.13　"属性"对话框

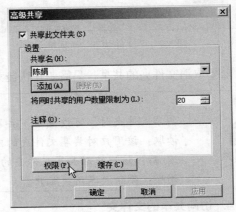

图 5.14　"高级共享"对话框

6. 搜索计算机

具体要求：按计算机名称搜索网络上的其他计算机。

操作步骤：在"网络"窗口中，在"搜索"文本框中输入要搜索的计算机名称或 IP 地址后，如图 5.16 所示，在右窗格中显示出满足搜索条件的计算机。

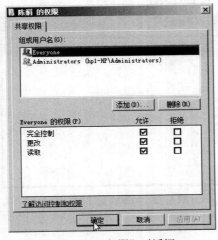

图 5.15　"权限"对话框

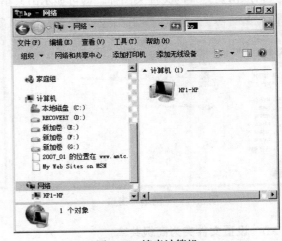

图 5.16　搜索计算机

7. TCP/IP 的设置

具体要求：设置本机的 IP 地址。

IP 地址

在 Windows 操作系统中，默认已经安装了 TCP/IP。TCP/IP 协议是因特网的标准协议，包括100 多个功能不同的协议。其中最重要的传输控制协议 TCP（ Transmission Control Protocol ）和网际互联协议 IP（ Internet Protocol ）

每一台计算机都有唯一的地址，称为 IP 地址。IP 地址由 32 位二进制数组成，分为 4 段，每段 8 个二进制位，用 0～255 之间的十进制数字表示，每个十进制数之间用圆点隔开。局域网中可以通过静态手工分配和 DHCP 服务器动态分配两种方式管理 IP 地址。

步骤 1　在"网络和共享中心"窗口中（见图 5.7），单击"本地网络连接"，打开"本地网络连接状态"对话框，如图 5.17 所示。

步骤 2　在"本地网络连接状态"对话框中，单击"属性"按钮，打开"本地网络连接属性"对话框，如图 5.18 所示。

步骤 3　在"本地网络连接属性"对话框中，选择"Internet 协议版本 4（TCP/IPv4）"，单击"属性"按钮，打开"Internet 协议版本 4（TCP/IPv4）属性"对话框。

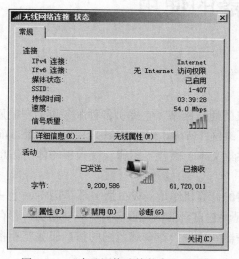

图 5.17　"本地网络连接状态"对话框

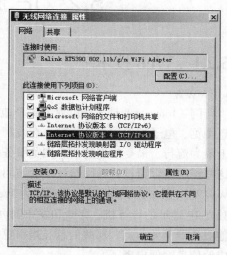

图 5.18　"本地网络连接属性"对话框

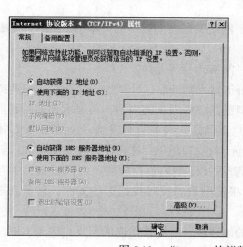

图 5.19　"Internet 协议版本（TCP/IPv4）属性"对话框

步骤 4 在 "Internet 协议版本（TCP/IPv4）属性" 对话框中，如果 IP 地址使用动态分配，如图 5.19 左图所示，选择 "自动获得 IP 地址" 和 "自动获得 DNS 服务器地址" 即可。

如果计算机使用固定的 IP 地址，则如图 5.19 右图所示，选择 "使用下面的 IP 地址" 单选按钮。依次输入 IP 地址、子网掩码、默认网关。单击 "使用下面的 DNS 服务器地址" 单选按钮，输入域名服务器的 IP 地址。

域名服务器

IP 地址显然是不容易记忆的，人们在访问因特网上的服务器时通常使用域名。域名（Domain Name）是一组英文简写，典型的域名结构为：主机名.单位名.机构名.国家名。如湖南大学 www 服务器的 IP 地址是 61.187.64.6，而域名地址为 www.hnu.cn。这种域名和 IP 地址的对应关系被输入到一个称为域名系统的庞大数据库中，装有这个数据库的计算机被称为域名服务器。

5.2 IE 浏览器的使用

5.2.1 Web 技术

- **WWW**

因特网（Internet）是连接世界上各个地区计算机的通信网络，它提供各种服务供用户使用，如信息浏览、电子邮件、文件传输、在线聊天等。万维网（World Wide Web，WWW）是目前因特网上最为流行、最受欢迎的信息浏览服务。它提供集文本、声音、图像、视频于一体的信息资源，这些资源可以通过各种网站被公众访问。

WWW 由遍布在 Internet 中的被称为 Web 服务器的计算机组成。Web 服务器是因特网上一台具有独立 IP 地址的计算机，存储和发布网页。除了提供它自身的信息服务外，还 "指引" 着存放在其他服务器上的信息，那些信息又指引更多的服务器。这样，在全球范围的信息服务互相指引而形成的信息网便出现了。

- **网页**

如果将 WWW 看做因特网上的一个大型图书馆，网站就像图书馆中的一本书，而网页是书中的一页。

一个网页就是一个文件，存放在世界某处的某一台 Web 服务器中。

当用户在客户端的浏览器（如 Inerternet Explorer）输入网址后，经过一段复杂而又快速的程序，网页文件会被传送到你的计算机，然后再通过浏览器解释网页的内容，再展示到你的眼前。

网页通常包含有文本、图像、声音、视频等信息。但是，网页的实质是一个用 HTML 描述的纯文本文件，它通过各式各样的标记对页面上的元素进行描述，浏览器对这些标记进行解释并生成页面。网页上所显示的图像、声音、视频等资源文件是单独存放的，在网页文件中存放的只是这些文件的链接位置。浏览器显示网页时，根据网页的代码找到这些文件，显示或播放这些文件。

网页中还含有指向其他网页或本网页其他位置的超链接。超链接指向的网页可以是本网站的网页，也可以是其他网站的网页。

- 网站

一系列网页集合在一起构成网站。网站是多个网页通过超级链接的形式组成的一个逻辑整体，它的本质是一个用来存放相关的网页文件和资源文件的文件夹。

进入网站后所看到的第一个页面称为主页，上面通常设有网站导航，链接到站内各主要网页。

- IP 地址和域名

IP 地址就是给每个连接在互联网上的主机分配的一个 32 位地址。它就是主机在互联网中为了区别不同的计算机，而特有的一个"名字"。

由于 IP 地址的数字形式难以记忆和使用，因此人们引入了域名用以代替复杂的 IP 地址。域名是用英文来表示 IP 地址的。例如，百度的域名是 www.baidu.cn，其 IP 地址是 202.108.22.5。

域名是由固定的域名管理组织在全球进行统一管理的。要获取域名，需到各地的网络管理机构进行申请。申请域名后，无论在哪里，只要在与因特网相连的浏览器的地址栏中输入域名即可登录相应的网站。

- URL 地址

每个网页都有唯一的地址，这个地址称为 URL（统一资源定位符）。

例如，http://lib.hnu.cn/introduce/main.htm 就是湖南大学图书馆情况介绍网页的 URL。

http 表明使用的是超文本传输协议，它负责规定浏览器和 Web 服务器怎样交流。在浏览器中输入 URL 时，通常可以省略 http://。

lib.hnu.cn 表明存放该网页资源的 Web 服务器名称。

introduce/main.htm 表明该网页存放在该 Web 服务器的 introduce 文件夹下，文件名为 main.htm。

网站主页的文件名通常为 index 或 default。输入主页的 URL 时，通常可以省略文件名。

- 网页的分类

网页有多种分类方式，根据其是否在服务器端运行，可分为动态和静态的页面。

静态网页上的每一行代码都是由网页设计人员预先编写好后，放置到 Web 服务器上。在发送到客户端的浏览器后，网页不发生任何变化。在这些网页上，可以包含 Flash 动画、ActiveX 控件及 Java 小程序，使网页动感十足。但是，这种网页不包含在服务器端运行的任何脚本，因此仍然属于静态网页。静态网页的文件扩展名一般是.htm 或.html。

在服务器端运行的网页，属于动态网页。它不是独立存在于服务器上的网页文件，只有当用户请求时，服务器才返回一个完整的网页。因为用户不同，请求不同，它们会返回不同的网页。根据动态网页使用的脚本语言，网页文件的扩展名可以是 ASP、PHP、JSP 等。

5.2.2　案例分析

本实例示范使用 Internet Explorer 浏览、保存网页，收藏网址。通过搜索引擎搜索网页，下载文件。如何设置 IE 选项。

设计要求：

（1）启动 IE 浏览器；

（2）输入 URL 浏览网页；

（3）利用超链接跳转网页；

（4）保存网页；

（5）保存网页中的文本；

（6）打开新的浏览器窗口；

（7）保存网页中的图片；

（8）使用关键字搜索网页；

（9）收藏网页；

（10）打开历史记录栏；

（11）按分类搜索及下载软件；

（12）设置 IE 选项。

5.2.3 设计步骤

1. 启动 IE 浏览器

具体要求：启动 IE 浏览器。

操作步骤：用户可以通过下列方法启动 IE 浏览器。

➢ 双击桌面上的 IE 的快捷图标。

➢ 单击"开始"按钮，在开始菜单中选择 Internet Explorer。

2. 输入 URL 浏览网页

具体要求：浏览湖南大学的主页 www.hnu.edu.cn。

操作步骤：在地址栏输入 www.hnu.edu.cn，按回车键，即可打开湖南大学的主页。

IE 具有记忆网址的功能，输入网址的前几个字母，地址栏就会自动出现下拉列表，显示以前访问过的以这几个字母开头的完整的 URL，用户可从中选择 URL，如图 5.20 所示。

图 5.20　湖南大学主页

3. 利用超链接跳转网页

具体要求：通过超链接跳转到学校简介网页。

操作步骤：鼠标指向"湖大概况"菜单下的"学校简介"，

指针变为手的形状，表示此处是一个超链接。单击此处，打开学校简介网页。

4. 保存网页

具体要求：将学校简介网页保存到本机上。

操作步骤：如图 5.21 所示，选择"工具" ⚙ 菜单下的"文件"|"另存为"命令，打开"保存网页"对话框。

在"保存网页"对话框中，如图 5.22 所示，在"保存在"下拉列表中选择保存网页文件的文件夹，在"文件名"文本框中输入要保存的文件名，单击"保存"按钮。

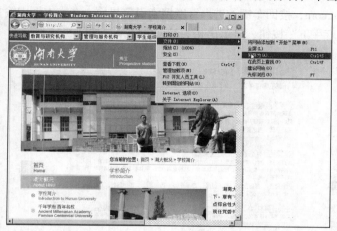

图 5.21　学校简介网页

图 5.22　"保存网页"对话框

打开资源管理器，指定文件夹下保存的是一个 HTML 文件和一个同名文件夹，网页文件中插入的图片或其他对象都保存在此文件夹下。📁 湖南大学－学校简介_files　　　📄 湖南大学－学校简介

5. 保存网页中的文本

具体要求：选中学校概况网页的部分文本，复制到 Word 文档中。

步骤 1　将鼠标指向要保存的文本，按住鼠标左键不动，拖曳鼠标，选中要复制的文本。

步骤 2　单击鼠标右键，在快捷菜单中选择"复制"命令，将选中的文本复制到剪贴板。

步骤 3　启动 Word，选择快捷菜单中的"粘贴"命令，将剪贴板中的文本粘贴到 Word 文档中。再选择快速访问工具栏中的"保存"按钮，保存 Word 文档。

6. 打开新的浏览器窗口

具体要求：打开新的浏览器窗口，显示湖大概况网页。

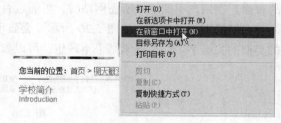

图 5.23　新建浏览器窗口

操作步骤：鼠标指向"湖大概况"链接，单击鼠标右键，如图 5.23 所示，在快捷菜单中选择"在新窗口中打开"命令。打开一个新的浏览器窗口，显示湖大概况网页。

 注意　　打开太多窗口会耗费太多的系统资源，不再需要的浏览器窗口应该及时关闭。

7. 保存网页中的图片

具体要求：将学校简介页面中湖南大学的图片保存下来。

步骤1　在学校简介页面中"湖南大学"的图片上单击鼠标右键，如图5.24所示，在快捷菜单中选择"图片另存为"命令，打开"保存图片"对话框。

步骤2　在"保存图片"对话框中，在"保存在"下拉列表中选择保存图片文件的文件夹，在"文件名"文本框中输入要保存的文件名，单击"保存"按钮。

8. 使用关键字搜索网页

具体要求：进入百度搜索引擎界面，以"计算机等级考试"为关键词进行搜索。

操作步骤：在地址栏输入 www.baidu.com，按回车键，进入百度搜索引擎界面。在文本框中输入关键字"计算机等级考试"，单击"百度一下"按钮，显示出相关的搜索结果，如图5.25所示。

图 5.24　保存网页中的图片

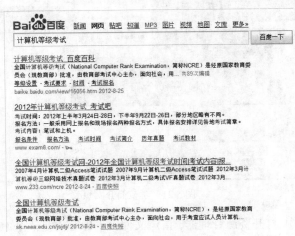

图 5.25　搜索的结果

每一个结果条目包括下列几项信息：

➢ 标题：标题是一个超链接，单击它就可以跳转到相关的页面。

➢ 摘要：一段有关页面内容的描述文字，用户可以此判断结果是否符合要求。

➢ 网页快照：百度搜索引擎预览各网站，拍下网页的快照，在百度的服务器上保存了网站的页面。在用户不能链接所需网站时，可通过百度快照来查看网页。

在结果页面的底部，如图5.26所示，会显示相关搜索。"相关搜索"是其他用户搜索时使用的类似的关键字。如果搜索结果不理想，可以参考这些相关搜索。

| 相关搜索 | 全国计算机等级考试 | 计算机等级考试时间 | 国家计算机等级考试 |
| | 计算机等级考试查询 | 全国计算机等级培训 | 计算机等级考试报名 |

图 5.26　相关搜索

高级搜索

技巧

　　搜索引擎往往会找到数千个可能相关的网页。若要获得更加确切的搜索结果，可以使用高级搜索，更加明确地表达搜索的需求。

　　单击"高级搜索"的按钮，打开"高级搜索"的页面，用户可以设定多个搜索的条件。

例如，若用户要搜索最近一个月内在网页的标题中有关湖南的大学（不包括湖南大学）的Word文档，按图5.27所示设置搜索条件。

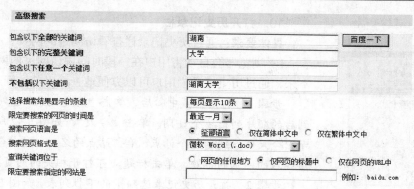

图 5.27　高级搜索

9. 收藏网页

具体要求：打开搜索到的网页，将其收藏起来，然后打开收藏夹查看。

对于那些经常要访问的网页，用户可以将其收藏起来。以后，打开收藏夹就可以轻松地连接到这些网页，从而免去每次要输入网址的麻烦。

步骤 1　打开湖南大学首页，单击"查看收藏夹、源和历史记录"按钮☆，打开收藏中心。

步骤 2　单击收藏中心"添加到收藏夹"按钮，如图 5.28 所示，打开"添加收藏"对话框，如图 5.29 所示。

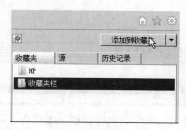

图 5.28　收藏中心

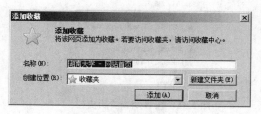

图 5.29　添加收藏

步骤 3　在"添加收藏"对话框中的"名称"文本框中输入作为收藏夹中的关键字，单击"添加"按钮。

步骤 4　再次打开收藏中心或打开收藏夹栏，即可看到被收藏的网页链接，如图 5.30 所示。单击收藏夹栏中相关的链接，即可打开相应的网页。

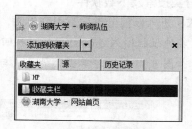

图 5.30　被收藏的网页

整理收藏夹

当收藏了很多网页时，用户可以在收藏夹下建立多个文件夹，将收藏的网页分门别类地存放。

在收藏中心的链接上，单击鼠标右键，打开快捷菜单，如图 5.31 所示，可以对收藏的网页进行重命名、移动、删除等操作。

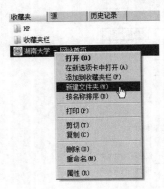

图 5.31　整理收藏夹

10. 打开历史记录栏

具体要求：通过历史记录栏查看访问过的网页。

IE 浏览器会自动将用户在一段时间内访问过的网页地址保存下来，通过历史记录栏用户可以方便地查看以前访问过的网页。

步骤 1　打开收藏中心后，单击"历史记录"选项卡，按从先到后的顺序列出多个日期，单击"今天"，如图 5.32 所示，下面显示出今天所访问的各个站点。单击站点的名称，列出今天曾访问的该站点的网页的标题，单击标题，可打开相关的网页。

步骤 2　打开历史记录选项卡的下拉列表，如图 5.33 所示，打开一个下拉菜单。用户可以选择按不同的方式排列这些历史记录。

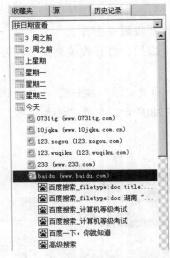

图 5.32　按日期查看历史栏

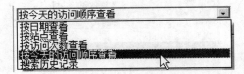

图 5.33　按当天的访问顺序查看历史栏

11. 按分类搜索及下载软件

具体要求：进入新浪分类搜索引擎界面，下载一个工具软件网际快车 FlashGet。

步骤 1　在地址栏输入 dir.iask.com，按回车键即可打开新浪分类目录搜索引擎页面。

步骤 2　如图 5.34 所示，单击"计算机与互联网"分类中的"软件"主题，进入"软件"主题界面。

图 5.34　新浪分类目录搜索

步骤 3　如图 5.35 所示，单击"软件"主题中的"软件下载"分类，进入"软件下载"主题界面。

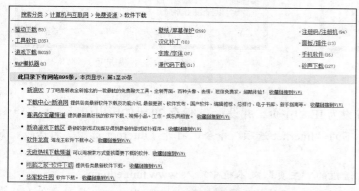

图 5.35　"软件"主题界面

步骤 4　如图 5.36 所示，在"软件下载"主题界面中列出了关于软件下载的许多具体网站。单击"电脑之家-软件下载"链接，打开电脑之家的软件下载的主页，如图 5.37 所示。

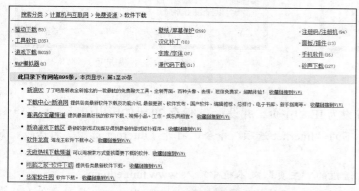

图 5.36　"软件下载"主题界面

图 5.37　"软件"主题界面

步骤 5　在电脑之家的软件下载的主页中，单击"互联网工具"的"下载工具"，进入页面显示各个下载软件的名称、大小、下载次数等信息，以及软件的简单介绍。

步骤 6　单击 FlashGet 的"立即下载"按钮，如图 5.38 所示，打开页面显示出软件的详细信息。再单击页面的"立即下载"，进入 FlashGet 软件的下载页面，如图 5.39 所示。

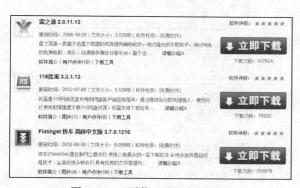

图 5.38　"下载工具"主题界面

图 5.39　FlashGet 下载界面

步骤7 在 FlashGet 的下载页面中，用户根据网络的类型单击相应的按钮。系统打开"文件下载"对话框询问打开或保存文件。

步骤8 在"文件下载"对话框中，单击"保存"按钮，如图 5.40 所示。系统打开"另存为"对话框，用户选择文件保存的位置，输入文件的名称，单击"保存"按钮。

步骤9 系统根据要下载文件的大小和网络速度估计下载时间，显示下载的进度，如图 5.41 所示。下载完毕后，单击"打开"按钮即可打开下载的文件。

如果要取消下载，单击"取消"按钮。

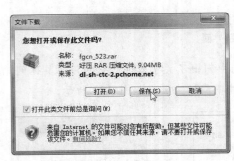

图 5.40　文件下载对话框

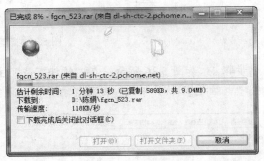

图 5.41　下载进度

12. 设置 IE 选项

具体要求：将 www.hnu.edu.cn 设为 IE 的主页，并设置 IE 保存 30 天的历史记录。

步骤1 选择"工具" 菜单下的"Internet 选项"命令，打开"Internet 选项"对话框，如图 5.42 所示。

步骤2 在"Internet 选项"对话框的"主页"文本框中输入 www.hnu.edu.cn。

步骤3 单击对话框中"浏览历史记录"下的"设置"按钮，打开"Internet 临时文件和历史记录设置"对话框，如图 5.43 所示。

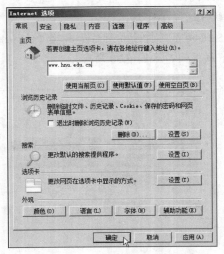

图 5.42　"Internet 选项"对话框

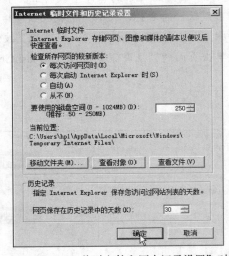

图 5.43　"Internet 临时文件和历史记录设置"对话框

步骤4 在"Internet 临时文件和历史记录设置"对话框的"网页保存在历史记录中的天数"数值框输入"30"，单击"确定"按钮。

以后每次打开 IE 窗口，默认显示的网页都是用户设置的主页：www.hnu.edu.cn。

在浏览网页的过程中，单击工具栏中的"主页"按钮，也可打开 www.hnu.edu.cn 网页。

5.3　邮件收发

5.3.1　电子邮件技术

电子邮件即 E-mail，是利用计算机网络的通信功能实现信件传输的一种技术，是因特网上使用最频繁的功能之一。

- 电子邮件系统

目前，广泛使用的电子邮件系统有 3 种。

➢ 基于 Web 的电子邮件：邮件存储在邮件服务提供商的网站上。用户通过任何一台连接到因特网的机器，使用浏览器打开该网站，登录到自己的邮箱，可阅读、撰写、删除电子邮件。

➢ POP（邮局协议）：新邮件暂时存储在接收邮件服务器（POP 服务器）上。用户要使用电子邮件，需要在个人计算机上安装电子邮件客户端软件，如 Microsoft Outlook 或 Foxmail。

当用户连接到 POP 服务器并发出接收请求时，存放在服务器上该用户所有的新邮件被下载并存储到个人的计算机上，服务器上不再保留邮件。

当用户发送电子邮件时，由发送邮件服务器（SMTP 服务器）依照邮件地址，将邮件送到收件人的邮件接收服务器的邮箱内。

➢ IMAP（交互式邮件存储协议）：可选择把邮件下载到个人计算机上，或留在邮件服务器上。

- 电子邮件地址

用户要使用电子邮箱服务，必须注册一个电子邮件地址，俗称邮箱。实际上，在邮件服务器的硬盘上为用户开辟一个专用存储空间。

E-mail 地址由 3 部分组成，第一部分是用户向邮件服务提供商注册时获得的用户名。对于同一个邮件接收服务器来说，这个用户名必须是唯一的。第二部分"@"是分隔符，读作 at，第三部分是用户的接收邮件服务器的主机域名。例如，chenjuan0115@yeah.net 是用户 chenjuan0115 在网易的电子邮件主机 yeah.net 上注册的 E-mail 地址。

- 电子邮件格式

一封完整的电子邮件由信封和正文两部分组成。信封由多项内容组成，一部分是发件人输入产生，包括一个或多个收件人的电子邮件地址，邮件主题；另一部分是邮件软件自动产生，包括发信人的邮箱地址、邮件发送的日期和时间等信息。

用户还可以随电子邮件一起发送附件，附件可以是各种类型的计算机文件，如 Office 文件、图片文件、声音文件等。

5.3.2　案例分析

本实例示范怎样申请免费邮箱、收发邮件，设置 Outlook express 邮箱账号。

设计要求：

（1）申请免费邮箱；

（2）发邮件；

（3）查看邮件；

（4）设置 Outlook express 邮箱账号。

5.3.3　设计步骤

1. 申请免费邮箱

具体要求： 登录 mail.yeah.net，申请免费邮箱。

步骤1　启动 IE，在地址栏输入 mail.yeah.net，打开网易 yeah 的主页。

步骤2　在 yeah.net 的主页上，单击"立即注册"链接，如图 5.44 所示。

步骤3　如图 5.45 所示，按要求输入注册的各项信息。

- 用户名必须是唯一的。如果此用户名已被他人使用，系统将提示输入新的用户名。
- 在"密码"文本框中两次输入密码，要求两次密码必须一致。
- 在"验证码"的文本框中输入右图中的字符。
- 选中"同意服务条款和隐私相关政策"复选框，单击"立即注册"按钮。

步骤4　系统打开窗口，显示注册成功。用户获得的邮箱地址为用户名@yeah.net。

图 5.44　yeah.net 主页

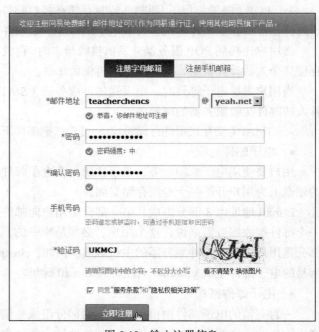

图 5.45　输入注册信息

2. 发邮件

具体要求： 发邮件给自己的朋友（邮件地址由朋友提供），邮件的主题是照片，将湖南大学的图片作为附件发送。

步骤1　启动 IE，在地址栏输入 mail.yeah.net，打开网易 yeah 的主页。

步骤2　如图 5.46 所示，输入用户名和密码，单击"登录"按钮，打开"电子邮箱"窗口。

步骤3　如图 5.47 所示，在窗口左部的列表中单击"写信"链接，则新建一封邮件。

图 5.46　登录邮箱

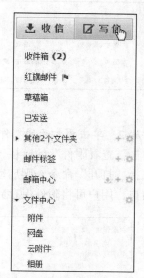

图 5.47　发邮件

步骤 4　如图 5.48 所示，在邮件中输入收件人地址、主题和正文。

若要将一封邮件发送给多人，在收件人文本框中可将多个地址用逗号隔开。

步骤 5　单击"添加附件"按钮，打开"选择文件"对话框，如图 5.49 所示，选择作为附件的文件，单击"打开"按钮。

步骤 6　在新邮件窗口单击"发送"按钮，则发送邮件。

若暂时不发送邮件，又要保留邮件，单击"存草稿"按钮，将邮件保存到草稿箱。

图 5.48　新建邮件

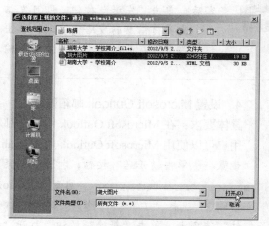

图 5.49　"选择文件"对话框

3. 查看邮件

具体要求： 查看自己所收到的邮件。

步骤 1　在窗口左部的列表中单击"收件箱"链接，显示出收到邮件的发件人、主题、日期、大小等信息，如图 5.50 所示。

其中，未读的邮件以粗体标记出来，带有附件的文件有一个回形针的标志。

图 5.50　收件箱

步骤 2　单击要打开的邮件，如图 5.51 所示，显示出邮件的正文及附件。

单击"查看附件"的链接，在邮件的下面显示出附件的信息，如图 5.52 所示。

选择"打开"命令，则启动相应软件打开此附件；选择"下载"命令，系统打开"文件另存为"窗口，用户可将附件保存到磁盘上。

图 5.51　阅读邮件

图 5.52　"文件下载"对话框

回复和转发

　　需要给邮件的作者回信时，单击"回复"按钮，系统自动新建一封邮件，将原信件的发件人被设为新邮件的收件人，原信件的内容在新邮件中也显示出来。编辑完邮件内容后，单击"发送"按钮，即可发信。

　　需要将信息转发给他人时，单击"转发"按钮。系统自动新建一封邮件，原信件的信息都存放在此邮件中。用户只要输入收件人的 Email 地址，单击"发送"按钮，即可发信。

4. 设置 Microsoft Outlook 邮箱账号

具体要求： 在 Microsoft Outlook 中设置邮箱账号。

用户可以使用 Microsoft Outlook 收发 yeah.net 上的邮件，首先需要设置邮箱账号。

步骤 1　单击"开始"按钮，打开开始菜单，选择"所有程序"下的 Microsoft Office 下的 Microsoft Office Outlook 2007，启动 Microsoft Outlook。

步骤 2　选择"工具"|"账户"命令，打开"用户设置"对话框。如图 5.53 所示，选择"电子邮件"选项卡，单击"新建"按钮，打开"添加新电子邮件帐户"对话框。

步骤 3　如图 5.54 所示，第一步是选择电子邮件服务，选择第一项即可。

步骤 4　单击"下一步"按钮，打开第二步，如图 5.55 所示，输入你的姓名，对于发出的邮件，此姓名会作为发件人的姓名显示。再输入刚刚申请的邮件地址和密码，单击"下一步"按钮。

步骤 5　打开第三步，如图 5.56 所示，系统将搜索邮件服务器的设置。

搜索完成后，系统设置接收邮件服务器为 pop.yeah.net，发送邮件服务器为 smtp.yeah.net。

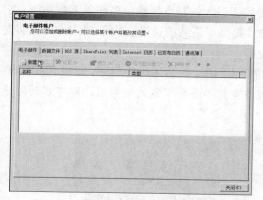

图 5.53　"用户设置"对话框

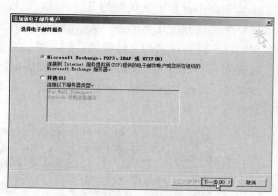

图 5.54　添加新电子邮件账户第一步

图 5.55　添加新电子邮件账户第二步

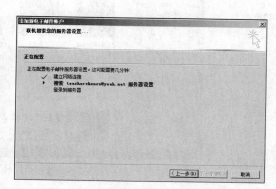

图 5.56　添加新电子邮件账户第三步

步骤 6　设置邮件账号成功后，outlook express 将自动连接邮件服务器，将邮件服务器上的邮件接收到自己的机器上。

5.4　常用网络工具

5.4.1　案例分析

本实例示范了怎样使用快车 FlashGet、电驴软件下载网络资源，使用 CuteFtp 软件在 ftp 服务器上传、下载文件，使用 WinRAR 解压、压缩文件。

设计要求：

（1）使用快车 FlashGet 下载；

（2）使用 CuteFtp 上传、下载文件；

（3）使用 WinRAR 解压、压缩文件。

5.4.2　设计步骤

1. 使用快车 FlashGet 下载

具体要求：使用 FlashGet 下载一部自己喜欢的电影。

　　快车 FlashGet 是一款优秀的下载软件。此软件提供了强大的断点传输、多任务下载功能。它通过把一个文件分成几个部分，从多服务器同时下载，提高了下载的速度。快车 FlashGet 全面支持多种协议，具有优秀的文件管理功能，并且完全免费。

　　首先到 www.flashget.com 网站上下载 FlashGet 的安装程序，然后运行此程序，安装 FlashGet。

　　步骤 1　启动 FlashGet，如图 5.57 所示，在影视搜索栏单击要下载的电影名，即可启动浏览器，打开电影下载的页面。

图 5.57　快车的影视搜索

　　步骤 2　在电影下载页面中，在下载的链接上单击鼠标右键，在快捷菜单中选择"使用快车下载"命令，如图 5.58 所示，FlashGet 打开"新建任务"对话框。

　　步骤 3　FlashGet 的"新建任务"对话框如图 5.59 所示，用户在"分类"下拉列表中选择"影视"，下载文件默认的存放位置为 C:\Downloads\movie，用户可通过"浏览"按钮或"另存为"文本框修改文件存放的位置，在"文件名"文本框中输入文件的名称。

图 5.58　电影下载页面

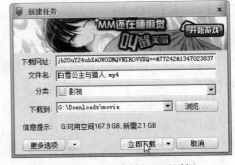

图 5.59　"新建任务"对话框

　　步骤 4　在 FlashGet 窗口"正在下载"的文件夹中，显示出文件的大小、下载的进度、速度、剩余时间等信息，如图 5.60 所示。

图 5.60　"快车"正在下载窗口

步骤 5　下载结束后，在"完成下载"的"影视"文件夹下，显示出已下载的文件，如图 5.61 所示。在文件上单击鼠标右键，打开快捷菜单，可对文件执行移动、删除、打开等各种操作。

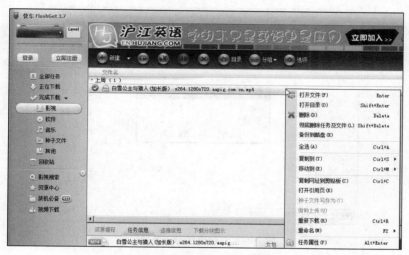

图 5.61　"快车"已下载窗口

启动快车后，屏幕上有一个悬浮窗口，将网页中要下载的链接拖到悬浮窗口，快车就会自动打开"添加新的下载任务"对话框。在下载的过程中，悬浮窗口会显示下载的进度。

BT 下载

快车软件支持 BT 下载。BT 比特流（BitTorrent）是一种网络文件传输协议，能够实现 P2P 技术（点对点文件分享）。

当用户从 HTTP 或 FTP 服务器下载，若同时下载的人数多，由于服务器频宽有限，速度会减慢。而 BitTorrent 把一个文件分成多个部分，不同的用户下载文件的不同部分，用户之间再相互转发自己所拥有的文件部分。也就是说，每个用户在下载的同时，也在作为主机上传。同时下载的人越多，下载的速度越快。

根据 BitTorrent 协议，文件发布者会根据要发布的文件生成提供一个.torrent 文件，即种子文件。下载者要先下载种子文件，然后再下载发布文件的内容。

2. 使用 FlashFXP 上传、下载文件

具体要求：用 FlashFXP 上传、下载文件。

FTP

FTP（File Transparent Protocol）是文件传输协议。用户安装了 FTP 的客户端软件（如 FlashFXP），就能够登录到因特网上的 FTP 服务器，从 FTP 服务器下载文件到本地计算机，或者从本地计算机向 FTP 服务器上传文件。

例如，用户制作了个人网站后，需要向 ISP（Internet 服务提供商）申请一个网页存放的空间，申请成功后，使用 ISP 分配的用户名和密码登录到指定的 FTP 服务器，使用 FTP 客户端软件上传网页。

首先到 http://www.flashfxp.com 网站上下载 FlashFXP 的安装程序，运行此程序，安装 FlashFXP。然后双击桌面上 FlashFXP 的图标，启动 FlashFXP。

步骤 1　选择"站点"|"站点管理器"命令，打开"站点管理器"对话框。

单击"添加站点"按钮，打开"新建站点"对话框，如图 5.62 所示，在站点名称文本框中输入用户对站点的命名。

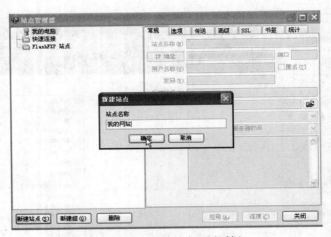

图 5.62　"新建站点"对话框

步骤 2　如图 5.63 所示，在列表中选中新建的站点，在"常规"选项卡中输入 FTP 服务器的 IP 地址、用户名、密码以及本地网站所在的目录。输入完毕，单击"应用"按钮，保存所做的设置。再单击"连接"按钮，连接 FTP 服务器。

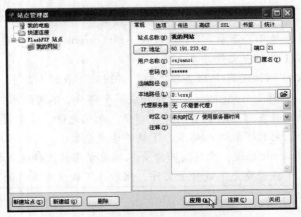

图 5.63　"站点管理器"对话框

步骤 3 如图 5.64 所示，在 FlashFXP 窗口的左边显示用户本地计算机上的文件列表，右边显示 FTP 服务器上的文件列表。

用户可以通过拖曳文件图标将文件在本地计算机和 FTP 服务器进行传送，在进行传送时，窗口左下角的队列窗显示要传送的任务，左下角的队列窗显示传送的任务，右下角的状态窗显示与 FTP 服务器通信的状态。

用户还可以通过快捷菜单，对文件进行查看、编辑、重命名、删除等各种操作。

图 5.64 "FlashFXP"窗口

匿名 FTP 服务器

匿名 FTP 服务器是指不用申请注册也可以登录的 FTP 服务器，它对任何用户都是开放的。输入"anonymous"作为用户名，输入自己的 E-mail 地址作为密码，就可以登录。登录后用户一般只能从服务器下载文件，而不能上传或修改服务器上的内容。它可以帮助网站的拥有者提供文件供用户下传。

---

3. 使用 WinRAR 压缩、解压文件

具体要求：使用 WinRAR 压缩、解压文件。

WinRAR 是一个功能强大的压缩软件。它能对用户从因特网上下载的各种格式的压缩文件进行解压，还可以将多个文件和文件夹压缩为一个 RAR 或 ZIP 格式的压缩文件。

首先到 www.winrar.com.cn 网站上下载 WinRAR 的安装程序，然后运行此程序，安装 WinRAR。

步骤 1 压缩文件。

在我的电脑或资源管理器中，选中要压缩的多个文件或文件夹，单击鼠标右键，打开快捷菜单，如图 5.65 所示。

若用户在快捷菜单中选择"添加到压缩文件…"命令，系统将打开"压缩文件名和参数"对

话框，如图 5.66 所示。用户可对压缩文件的位置、名称、压缩文件格式、压缩选项进行设置。

例如，若用户要创建一个能够自动解压的文件，可以选中"创建自解压格式压缩文件"选项。

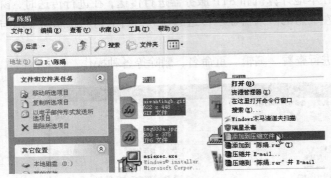

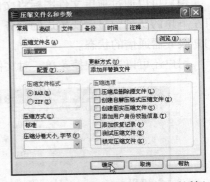

图 5.65　"我的电脑"窗口　　　　　　　　　图 5.66　"压缩文件名和参数"对话框

单击"确定"按钮，系统将打开"正在创建压缩文件"对话框显示压缩的进度、所用的时间等信息，如图 5.67 所示。压缩结束后，在指定位置下创建了一个压缩文件 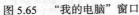。

若用户在快捷菜单中选择"添加到 xx.rar"命令（xx 为当前文件夹的名称），系统将按默认设置在当前文件夹下创建一个 xx.rar 压缩文件。

步骤 2　解压文件。

在我的电脑或资源管理器中，选中压缩文件，单击鼠标右键，打开快捷菜单。

在快捷菜单中选择"解压到当前文件夹"命令，系统直接将压缩文件解压到当前文件夹；选择"解压到 xx\"命令，系统在当前路径下创建与压缩文件名字相同的文件夹，然后将压缩文件解压到这个文件夹下；选择"解压文件"命令，系统打开"解压路径和选项"对话框，如图 5.68 所示。

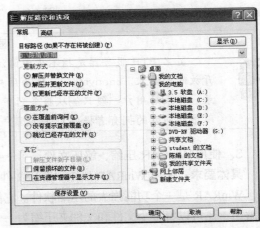

图 5.67　"创建压缩文件"对话框　　　　　　图 5.68　"解压路径和选项"对话框

双击 Rar 压缩文件，系统打开 WinRar 的主界面，如图 5.69 所示。窗口中显示的是该压缩文件包含的文件，用户可对其执行解压、测试、删除、修复等各种操作。

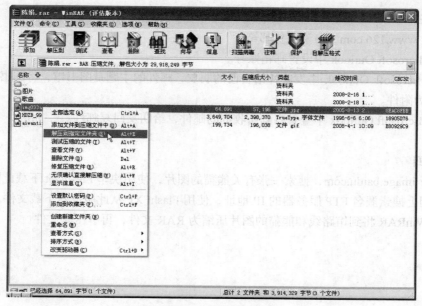

图 5.69 "WinRAR"窗口

5.5 操 作 练 习

操作题一

1. 观察本机的计算机名、工作组和 IP 地址。

2. 将本机的某一文件夹设为共享。

3. 按其他同学提供的计算机名称搜索计算机，访问其共享的文件。

操作题二

1. 登录到湖南省图书馆的网站 www.library.hn.cn，在收藏夹建立文件夹"图书馆"，将此网站收藏到图书馆文件夹中。

2. 访问入馆指南的办证须知页面，将此网页保存到本机上。

3. 访问入馆指南的到馆路线页面，将到馆路线的图片保存下来。

4. 访问入馆指南的入馆须知页面，将文本保存到文本文档中。

5. 打开网页 www.baidu.com，以"winrar 下载"为主题词进行搜索。

6. 访问搜索到的网页，下载 winrar 软件。

7. 通过历史记录栏查看刚刚访问湖南图书馆的主页。

8. 进入新浪分类搜索引擎界面（dir.iask.com），按文学类别搜索在网上阅读《红楼梦》的网站。

9. 通过历史记录栏查看刚刚访问的湖南图书馆的主页。

10. 将 www.baidu.com 设为 IE 的主页。

操作题三

1. 登录 www.126.com，申请免费邮箱。

2. 在 Microsoft Outlook 中设置邮箱账号。

3. 在 Microsoft Outlook 中发邮件给自己的朋友，邮件的主题是图书馆，将图书馆的到馆路线的图片作为附件。

4. 在 Microsoft Outlook 中查看自己所收到的邮件，给朋友回复邮件。

操作题四

1. 登录 image.baidu.com，搜索一张有关熊猫的图片，使用快车 FlashGet 下载此图片。

2. 在网上搜索匿名 FTP 服务器的 IP 地址，使用 FlashFXP 从此服务器下载文件。

3. 用 WinRAR 将到馆路线和熊猫的图片压缩为 RAR 文件，再解压此文件。

第6章
Dreamweaver CS4 操作

6.1 基 本 概 念

制作网站前，先要学习一些有关网站的知识。通过本章的学习，读者能够熟悉 Dreamweaver 的工作界面，初步认识 HTML 常用标记的用法。

6.1.1 Dreamweaver 简介

网页制作工具的种类有很多，如 Microsoft FrontPage、Netscape 编辑器、Adobe Page mill、Hotdog Professional 等。Dreamweaver 是美国 Macromedia 公司开发的集网页制作和网站管理于一身的所见即所得网页编辑器，它是第一套针对专业网页设计师的视觉化网页开发工具，利用它可以轻而易举地制作出跨越平台限制和跨越浏览器限制的网页。

2005 年，Macromedia 公司被 Adobe 系统公司收购。2008 年，Adobe 推出了 Adobe Dream weaver CS4。Adobe Dreamweaver CS4 是建立 Web 站点和应用程序的专业工具，它将可视化布局工具、应用程序开发功能和代码编辑支持组合在一起，使得各个层次的开发人员和设计人员都能够快速创建界面美观的基于标准的网站和应用程序。

- 欢迎屏幕

启动 Dreamweaver 后，将出现"欢迎屏幕"，如图 6.1 所示。

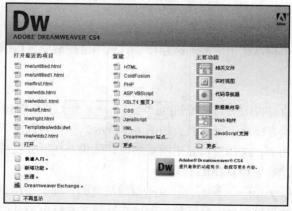

图 6.1　Dreamweaver 的欢迎屏幕

通过 Dreamweaver 的欢迎屏幕，可以完成以下操作。

➢ 如果要打开最近使用过的网页，在"打开最近的项目"列表中单击该网页名称。如果要打开的网页不在列表中，单击列表底部的"打开"按钮 📂 打开…，在"打开"对话框中选择网页。

➢ 在"新建"区域中，选择要创建页面的类型，可新建网页。

➢ 单击屏幕右侧区域的"主要功能"区域，可从中了解 Dreamweaver 的功能。

如果不想在下次启动 Dreamweaver 的时候再次启动"欢迎屏幕"，只需要选中屏幕底部的 ☐ 不再显示 复选框即可。如果要恢复显示，则需选择"编辑"菜单的"首选参数"命令，打开"首选参数"对话框，在"常规"类别中选择"显示欢迎屏幕"选项。

● 主窗口

Dreamweaver 的主窗口，如图 6.2 所示。

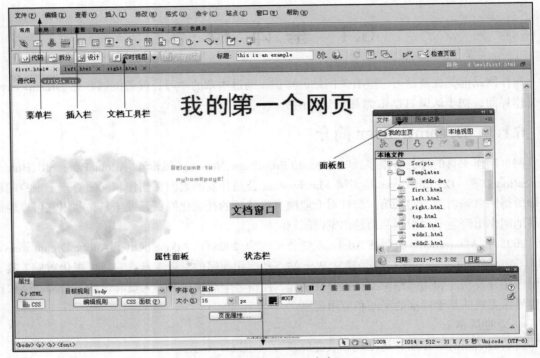

图 6.2　Dream weaver 主窗口

（1）菜单栏

菜单栏集中了 Dreamweaver 中全部的操作命令，利用这些命令可以编辑网页、管理站点及设置操作界面等。

（2）文档工具栏

文档工具栏的最左边是视图的切换按钮 代码 拆分 设计 ，利用按钮可以在"代码"、"拆分"、和"设计"三种视图之间方便地进行切换。如图 6.3 所示，在代码视图下，文档窗口显示网页的 HTML 代码；在设计视图下，文档窗口显示网页的设计效果；在拆分视图下，文档窗口分为两部分，同时显示网页的设计效果和 HTML 代码。

在标题文本框中 标题: this is an example 显示当前网页的标题。当浏览网页时，该标题将显示在浏览器的标题栏中。如果该网页没有标题，则可在标题文本框中为其设置标题。

图 6.3　代码、设计和拆分视图

在工具栏的右边显示一些常用的工具按钮：文件管理 ，在浏览器中预览调试 ，刷新设计视图 ，视图选项 ，可视化助理 ，验证标记 ，检查浏览器兼容性 。

（3）文档窗口

文档窗口是 Dreamweaver 进行网页制作的主要区域。

当文档窗口处于最大化状态时（默认状态），顶部会显示选项卡，如图 6.4 所示，上面显示所有打开的文档的文件名。若要切换到某个文档，单击它的选项卡。如果某文档尚未保存所做的更改，则 Dreamweaver 会在文件名后显示一个星号。

Dreamweaver 还会在文档的选项卡下（如果在单独窗口中查看文档，则在文档标题栏下）显示"相关文件"工具栏。相关文档指与当前文件关联的文档，如 CSS 文件或 JavaScript 文件。单击文件名，便可打开相关文件。

（4）插入栏

插入栏如图 6.5 所示，包括"常用"、"布局"、"表单"等 8 个标签。单击某个标签选项，在面板下显示相关的工具按钮，单击这个按钮，就在编辑窗口插入相应的对象。某些类别具有带弹出菜单的按钮，从弹出菜单中选择一个选项时，该选项将成为该按钮的默认操作。例如，如果从"图像"按钮的弹出菜单中选择"图像占位符"，下次单击"图像"按钮时，Dreamweaver 会插入一个图像占位符。

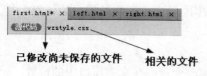

图 6.4　文档窗口的顶部

图 6.5　插入栏

（5）属性面板

默认情况下，属性面板位于工作区的底部边缘中。

属性面板可以检查和编辑当前选定页面元素的属性。可以在"文档"窗口或"代码"检查器中选取页面元素，然后在相应的属性面板中进行编辑。属性面板的内容根据所选定的元素会有所不同。例如，若选择的是图像，如图 6.6 所示，"属性"检查器显示该图像的属性：图像的文件路径、宽度和高度、周围的边框等。若选择的是文本，则"属性"检查器显示该文本的属性：字体、大小、颜色等。

图 6.6　属性面板

271

图 6.7　面板组

（6）面板组

面板组如图 6.7 所示，它是相关面板的集合，默认放在 Dreamweaver 工作区域的右侧。

单击面板组顶部的面板名称，可在不同面板之间相互切换。在面板名称上右击，可通过快捷菜单来关闭、最小化、折叠或展开面板。如果需要的面板没有显示出来，可以通过"窗口"菜单下的命令来打开相应的面板。

单击面板组左侧的"折叠为图标"按钮 <span></span>，即可将所有面板组隐藏为图标。再次单击该按钮，可显示隐藏的面板。

根据自身需要，用户可以对 Dreamweaver 的面板进行拆分或者合并。例如，将鼠标移动到属性面板的面板名称上，将其拖曳到面板组的面板名称旁，则将其合并到面板组中。反之，将鼠标移动到面板组的文件面板的面板名称上，将其拖曳到面板组范围之外，则将其拆分为独立的面板。

- 状态栏

"文档"窗口底部的状态栏如图 6.8 所示，它提供与正在创建的文档有关的其他信息。

图 6.8　状态栏

（1）标签选择器：显示环绕当前选定内容的标签的层次结构。单击该层次结构中的任何标签，可选择该标签及其全部内容。

（2）选取工具：选取页面对象。

（3）手形工具：当页面大于文档窗口时，通过拖动鼠标可改变页面在文档窗口中的位置。

（4）缩放工具：可以放大和缩小文档。

（5）设置缩放比例：可以为文档设置缩放比例。

（6）窗口大小弹出菜单：将文档窗口的大小调整到预定义或自定义的尺寸。

（7）下载指示器：显示文档的大小以及下载该文档所需要的时间。

（8）编码指示器：显示当前文档的文本编码。

6.1.2　HTML 简介

网页的实质是一个用 HTML 描述的纯文本文件。HTML 的英文全称是 Hyper Text Markup Language，中文叫做"超文本标识语言"。

HTML 是通过对文档的格式、特性进行描述的标记来控制数据显示的。HTML 标记是一种用小于号"<"和大于号">"括起来的短语和符号。标记大多数是成对使用的，即由"开始标记"和"结束标记"两部分构成，其语法是：

<标记名称>内容</标记名称>。

其中，"开始标记"告诉浏览器开始执行该标记所表示的功能，"结束标记"标志着该功能的结束，"内容"部分就是被这对标记施加作用的部分。例如，<title>我的主页</title>，表示网页的标题是"我的主页"。

此外，在许多开始标记内还可以包含一些属性，扩展标记的功能，其格式为：

〈标记名称 属性1 属性2 属性3〉

例如，<font color="#0000FF" size="7">欢迎来到我的主页! </font>表示将文字的颜色设为蓝色，文字的字号设为 7 号。

例如，用户在浏览器中看到的网页如图 6.9 所示，它所对应的代码及注释如下所示。

图 6.9　浏览器中的网页

```
<html>                <! 表示网页开始>
<head>                <! 表示页头开始>
<title>我的主页</title>
        <! 网页标题,显示在浏览器的标题栏上>
</head>               <! 表示页头结束>
<body>                <! 表示主体开始>
<p><font color="#0000FF" size="7">欢迎来到
我的主页! </font></p>
                      <! 以蓝色7号字显示
欢迎来到我的主页!>
<p><img border="0" src="images/me.gif" width="136" height="191"></p>
                <! 插入图像 image 文件夹下的 me.gif，图像宽度 136 像素，高度 191 像素>
</body>                        <! 表示主体结束>
</html>                        <! 表示网页结束>
```

- HTML 文档的基本结构

HTML 文件包含文件头和文件体两部分。文件头对文件的有关信息，如文件标题、编码方式、是不是索引等进行了定义，这些信息一般不会作为文件本身的一部分显示在浏览器窗口中。文件则体包含了文件的所有信息和格式信息。

HTML 文件的最基本的结构如下：

```
<HTML>    文件开始
<HEAD>    文件头开始
<META>
<TITLE>网页标题</TITLE>
</HEAD>    文件头结束
<BODY>    文件体开始
正文部分，即在浏览器上显示的内容
</BODY>    文件体结束
</HTML>    文件结束
```

6.2　网页制作基础

6.2.1　案例分析

本实例示范在 Dreamweaver 中建立站点和网页，使用 HTML 代码来编辑网页。编辑网页中的文本，在网页中插入图像和多媒体，建立表格来布局网页，通过超级链接在网页间跳转。

设计要求：

（1）建立站点；

（2）建立网页，编辑 HTML 代码；

（3）将文字复制到网页；

（4）输入文本及设置格式；

（5）插入换行符和空格；

（6）插入水平线；

（7）设置项目符号和列表符号；

（8）插入图像；

（9）设置图像格式；

（10）设置页面背景；

（11）插入视频文件；

（12）插入到音频文件的链接；

（13）插入表格；

（14）编辑单元格；

（15）建立锚记；

（16）建立页面间的链接。

6.2.2　设计步骤

1. 建立站点

具体要求：在 Dreamweaver 中建立站点，该站点的名称为"我的大学"，存放在 D 盘的 me 文件夹，并且在该站点文件夹下建立一个 images 子文件夹。

步骤 1　执行菜单命令"站点"|"新建站点…"，打开如图 6.10 所示的对话框。

步骤 2　在对话框的"高级"标签中，在"站点名称"文本框中输入"我的大学"，在"本地根文件夹"文本框中输入"d:\me"。

单击"确定"按钮后，本地站点建立完毕，随之自动打开文件面板，如图 6.11 所示。

文件夹命名

　　文件夹不要使用中文名称。如果此文件夹不存在，系统建立站点后，将自动建立该文件夹。如果此文件夹事先已经建立，可以直接输入文件夹的路径，也可以使用右边的浏览按钮定位到此文件夹。

步骤 3　在文件面板中选定站点名称，单击鼠标右键，在弹出的快捷菜单中选择　"新建文件

夹"命令。在该站点下出现一个文件夹图标，默认名称为"untitled"，将其改名为"images"

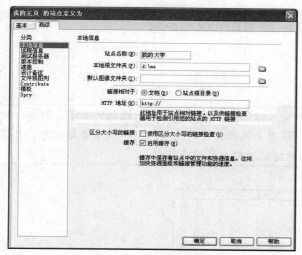

图 6.10　新建站点对话框

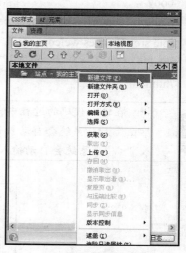

图 6.11　文件面板

文件夹结构

　　建站资料准备好后，可以根据网站的栏目建立一个合理的文件结构。对于内容较多，需要经常更新的栏目可以建立独立的子目录。而一些内容简单，不需要经常更新的栏目，可以合并放在一个统一的目录下。

　　网站用到的素材文件，通常也会建立子目录来存放。例如，图片文件通常存放在 images 子文件夹。

2. 建立网页，编辑 HTML 代码

具体要求：在站点"我的大学"中建立网页"first"，网页标题为"example"。网页内容如图 6.12 所示，其中图片是 images 文件夹下的图片文件"welcome.gif"。使用 HTML 代码来编辑此网页。

　　步骤 1　在文件面板中选定站点名称，单击鼠标右键，在快捷菜单中选择"新建文件"命令。在该站点下出现一个文件图标，将其改名为"first"。

　　步骤 2　双击"first"网页文件图标，编辑此网页。

图 6.12　浏览器中的 first 网页

　　步骤 3　单击文档工具栏中的 代码 按钮，切换到网页的代码视图，修改代码如下，然后保存网页。

```
<head>
<meta http-equiv="Content-Type" content="text/html; charset=utf-8" />
```

```
<title>this is an example</title>
</head>
<body>
<p align="center"><b><font size=8>我的第一个网页</font></b></p>
<img src="images/welcome.gif" >
</body>
</html>
```

　　在输入代码的过程中，当用户输入标记时，系统会自动出现相关提示。例如，输入
"<p "后，系统会自动打开列表，供用户选择需要的选项。当输入结束标记时，只需输入"</"，系统会自动输入与前面的标记所呼应的结束标记。

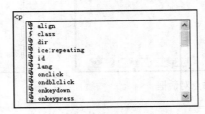

HTML 中图像的引入

　　HTML 中插入图像的标记是<IMG>，其语法是：<IMG SRC="图像文件地址">。SRC 属性在〈IMG〉标记中不可缺少，且必须赋值，其值就是图像文件所在的路径和文件名。

　　此路径可以是相对路径，所谓相对路径是指所要嵌入到当前 HTML 文件的图像文件与当前 HTML 文件的相对位置所形成的路径。假设当前的 HTML 文件与图像文件（文件名为 me.gif）是在同一个目录下，则可以将代码写成<img src="me.gif">。假设图像文件位于当前 HTML 文件所在目录的一个子目录（假设子目录名是 image 下，则代码应为<img src="images/me.gif">。假设图像文件位于所嵌入的 HTML 文件的上级目录的 image 子目录下，则代码为<img src="../images/me.gif">，其中"../"表示上级目录。

　　步骤 4　单击文档工具栏中的 ▣设计 按钮，切换到网页的设计视图，可查看网页在浏览时的效果。

　　也可直接选择菜单"文件"|"在浏览器中预览"或按功能键 F12，在浏览器中查看此网页。

3. 将文字复制到网页

　　具体要求：建立网页"xg"，并将文本文件"校歌"的文字复制到网页中。

　　步骤 1　在文件面板中选定站点名称，单击鼠标右键，在快捷菜单中选择"新建文件"命令。在该站点下出现一个文件图标，将其改名为"xg"。

　　步骤 2　双击"xg"网页文件图标，编辑此网页。

　　步骤 3　打开文本文件"校歌"，选中所有文字，选择"编辑"|"复制"命令。切换到新建的网页，选择"编辑"|"粘贴"命令。

4. 输入文本及设置格式

　　具体要求：在网页"xg"开始处插入文字"湖南大学校歌"，并设置其为黑体，36 号，红色，居中。

步骤 1 将鼠标定位到网页"xg"的开始处，输入"湖南大学校歌"，按回车键。

步骤 2 选中文字"湖南大学校歌"，在文本属性面板单击 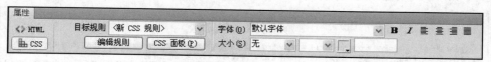 CSS 按钮，如图 6.13 所示。单击
≣ 按钮实现居中对齐，在"字体"列表中选择黑体。

图 6.13 文本属性面板的 CSS 选项

若该列表中没有黑体，则选择主菜单"格式"|"字体"|"编辑字体列表"命令，打开"编辑
字体列表"对话框，如图 6.14 所示。

"可用字体"列表框中列举了本地计算机上可用的字体库，选择要增加的字体，如黑体，然
后单击≪按钮，这时黑体会出现在选择的字体列表中。

完成上述操作后，在文本属性面板的字体列表中，可以看到并使用刚加入的字体。

步骤 3 在文本属性面板的"大小"列表中选择"36"，在"颜色"面板的文本框中输入#ff0000。

在选择新的样式时，系统会打开"新建 CSS 规则"对话框，如图 6.15 所示。在"选择器名
称"列表中输入"bt1"，单击"确定"按钮，则新设置的格式保存在"bt1"样式中。

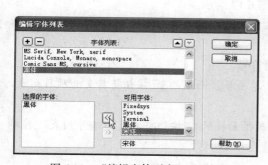

图 6.14 "编辑字体列表"对话框

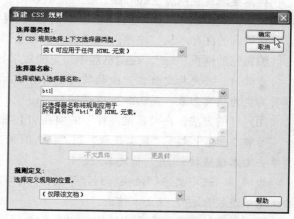

图 6.15 "新建 CSS 规则"对话框

5. 插入换行符和空格

具体要求： 在网页"xg"中第一句的结尾处（萧友梅先生作曲）加上换行符。

在第一句和第二句的开头处各插入 4 个空格。

步骤 1 将光标定位在第一句的结尾处（萧友梅先生作曲），按下键盘的 Shift+Enter 组合键，
或选择"插入栏"的"文本"类的"字符"按钮 BR▾菜单下的 ₿₽ 换行符 (Shift + Enter)，可以插入换
行符。

换行

在可视化编辑窗口输入文字的长度超过了 Dreamweave 窗口的显示范围，文字将自
动换到下一行。

如果按 Enter 键换行，则将对文本进行分段，换行的行距较大。而在文本中插入换
行符，文本的行距为正常行距。

步骤 2 将光标定位在第一句的起始处，单击 4 次"插入栏"的"文本类"的"字符"按钮

下的 ![图标] **不换行空格**，插入 4 个连续的空格。或切换到中文输入状态，设置为全角输入状态，再按空格键。

同样，在第二句的起始处，进行同样的操作。编辑完成的标题和第一、第二句如图 6.16 所示。

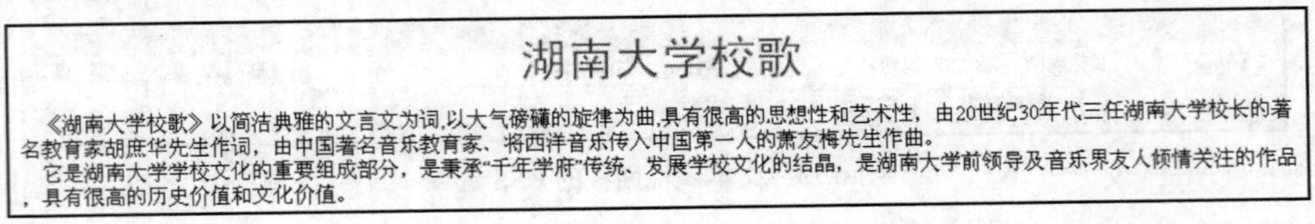

湖南大学校歌

《湖南大学校歌》以简洁典雅的文言文为词，以大气磅礴的旋律为曲，具有很高的思想性和艺术性，由20世纪30年代三任湖南大学校长的著名教育家胡庶华先生作词，由中国著名音乐教育家、将西洋音乐传入中国第一人的萧友梅先生作曲。

它是湖南大学学校文化的重要组成部分，是秉承"千年学府"传统、发展学校文化的结晶，是湖南大学前领导及音乐界友人倾情关注的作品，具有很高的历史价值和文化价值。

图 6.16 标题和第一、第二句编辑完成的效果

6．插入水平线

具体要求：在网页"xg"的"校歌歌词"和"歌词注释"前插入水平线。

步骤 1 将光标定位在第二句的后面（文化价值），按 Enter 键插入分段符。

步骤 2 单击插入面板的常用选项的水平线按钮 ![图标]，插入一水平线。

步骤 3 用同样的方法，在"扬我国光"的后面插入水平线。

7．插入项目符号和列表符号

具体要求：在网页"xg"中，在"校歌歌词"和"歌词注释"前面设置项目符号，在校歌的歌词（从"麓山巍巍"到"扬我国光"）前加入项目符号，并设置文本缩进一层。

在歌词的注释（从"泱泱"到"治国平天下"）前加入列表符号，并设置文本缩进一层。

编辑完的网页"xg"，在浏览器中预览的效果如图 6.17 所示。

步骤 1 将光标定位在"校歌歌词"的前面，在文本的"属性"面板单击 ![<>HTML]，单击 ![图标] 按钮将其变为项目列表，前面加上项目符号。

用同样的方法，在"歌词注释"的前面加上项目符号。

步骤 2 选中文字"麓山巍巍"到"扬我国光"，单击属性面板的 ![图标] 按钮将其变为项目列表，再单击文本缩进按钮 ![图标]，使文本缩进。

步骤 3 选中文字"泱泱"到"平天下"，单击属性面板的 ![图标] 按钮将其变为编号列表，再单击文本缩进按钮 ![图标]，使文本缩进。

网页后面的段落编辑完成的效果如图 6.17 所示。

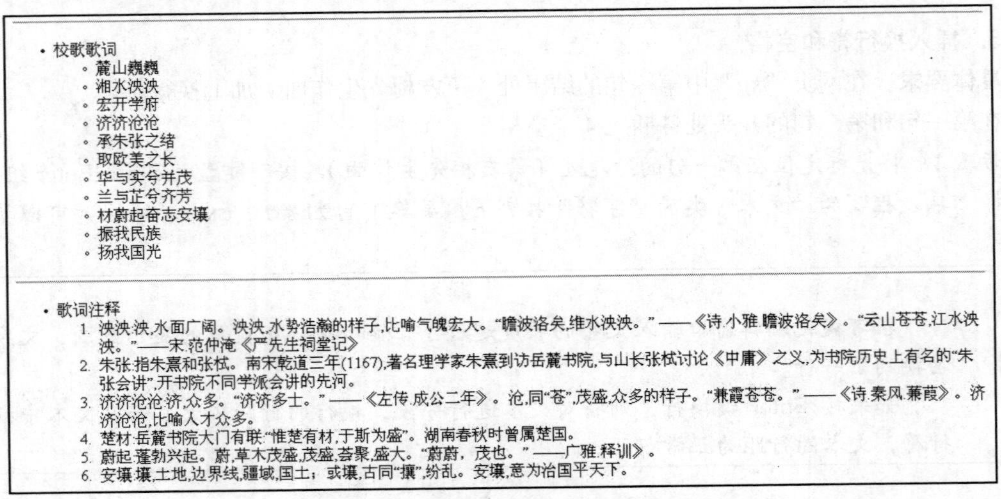

- 校歌歌词
  · 麓山巍巍
  · 湘水泱泱
  · 宏开学府
  · 济济沧沧
  · 承朱张之绪
  · 取欧美之长
  · 华与实兮并茂
  · 兰与芷兮齐芳
  · 材蔚起兮奋志安攘
  · 振我民族
  · 扬我国光

- 歌词注释
  1. 泱泱：泱，水面广阔。泱泱，水势浩瀚的样子，比喻气魄宏大。"瞻彼洛矣，维水泱泱。"——《诗·小雅·瞻彼洛矣》。"云山苍苍，江水泱泱。"——宋·范仲淹《严先生祠堂记》
  2. 朱张：指朱熹和张栻。南宋乾道三年(1167)，著名理学家朱熹到访岳麓书院，与山长张栻讨论《中庸》之义，为书院历史上有名的"朱张会讲"，开书院不同学派会讲的先河。
  3. 济济沧沧：济，众多。"济济多士。"——《左传·成公二年》。沧，同"苍"，茂盛、众多的样子。"兼葭苍苍。"——《诗·秦风·蒹葭》。济济沧沧，比喻人才众多。
  4. 楚材：岳麓书院大门有联"惟楚有材，于斯为盛"。湖南春秋时曾属楚国。
  5. 蔚起：蓬勃兴起。蔚，草木茂盛、茂盛，荟聚，盛大。"蔚蔚，茂也。"——《广雅·释训》。
  6. 安攘：攘，土地，边界线，疆域，国土；或攘，古同"攘"，纷乱。安攘，意为治国平天下。

图 6.17 后面段落编辑完成的效果

8. 插入图像

具体要求：在"歌词注释"旁插入图像文件"hndx.jpg"。

步骤 1 将光标定位到"歌词注释"的右边，选择"插入"|"图像"命令，打开"选择图像源文件"对话框，或单击"插入栏"中"常用类"的"图像"按钮，打开"选择图像源文件"对话框，如图 6.18 所示。

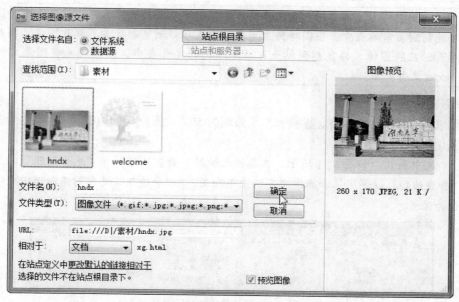

图 6.18 "选择图像源文件"对话框

步骤 2 在"选择图像源文件"对话框中，选择素材文件夹下的"hndx"文件。由于图像没有存放在站点所在的文件夹下，在"选择图像源文件"对话框的"URL"文本框中，显示的是本地计算机硬盘中的绝对路径。

步骤 3 单击"确定"按钮，打开对话框如图 6.19 所示，询问是否将图片文件复制到站点所在的文件夹。单击"是"按钮，系统打开"复制文件为"对话框，如图 6.20 所示，指定图片文件复制到站点文件夹的 images 子文件夹中。

此外，将文件面板中的图像文件名直接拖动到编辑窗口中，也可以将此图像文件插入到网页中。

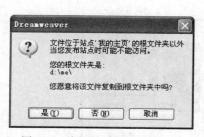

图 6.19 询问是否复制图片文件

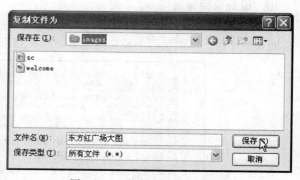

图 6.20 "复制文件为"对话框

网页中的图像

网页中的图像分为正文图像和装饰图像。正文图像一般是照片，尺寸较大，是网页内容的一部分。装饰图像用于提供网页的美化效果，如边框、艺术字、小点缀，作为页面或局部的背景，在页面上面起导航作用，制作时应避免使用过大的图像。Dreamweaver和大多数浏览器一样，支持使用 JPG、PNG、GIF 格式的图像。

网页中的图像不是保存在网页文件中，而是单独的图像文件。倘若没有将图像源文件复制到当前站点中，在因特网上发布该站点后，浏览者将看不到此图像。因此，制作网页时应将图像文件复制到站点目录下专门的文件夹中，常见的是将图像文件保存在 images 文件夹中。

9. 设置图像格式

具体要求：设置图像右对齐，垂直和水平边距为50。设置图像的边框为3，颜色为蓝色。设置图像的锐化值为5。

步骤1　选中图片，如图 6.21 所示，在属性面板的"垂直边距"和"水平边距"的文本框中输入50。"垂直边距"设置图像和周围文字的上下距离，"水平边距"设置图像和周围文字的水平距离，单位为像素。

图 6.21　图片的属性对话框

步骤2　在"对齐"下拉列表中选择"右对齐"，表示图像与浏览器右边对齐。

步骤3　在属性面板的"边框"的文本框中输入3，选择"格式"|"颜色"命令，在"颜色"对话框中选择蓝色，单击"确定"按钮。

在设置新的格式后，系统会打开"新建 CSS 规则"对话框，在"选择器名称"列表中输入新的样式名"bk"。

步骤4　单击"属性"面板中的"锐化"按钮△，打开"锐化"对话框，如图 6.22 所示，输入数值为"5"。通过锐化图像功能，可提高图像的清晰度。

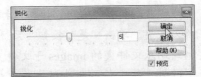

图 6.22　锐化对话框

10. 设置页面背景

具体要求：设置页面的背景图像为"bj.gif"。

插入图片后，在浏览器中预览的效果如图 6.23 所示。

图 6.23　插入图像后的"xg"网页

操作步骤：选择"修改"|"页面属性"命令，打开"页面属性"对话框如图 6.24 所示。在"背景图像"文本框中，输入作为背景图片文件的路径和文件名，或单击"浏览"按钮，在"选择图像源文件"对话框中选择图片。

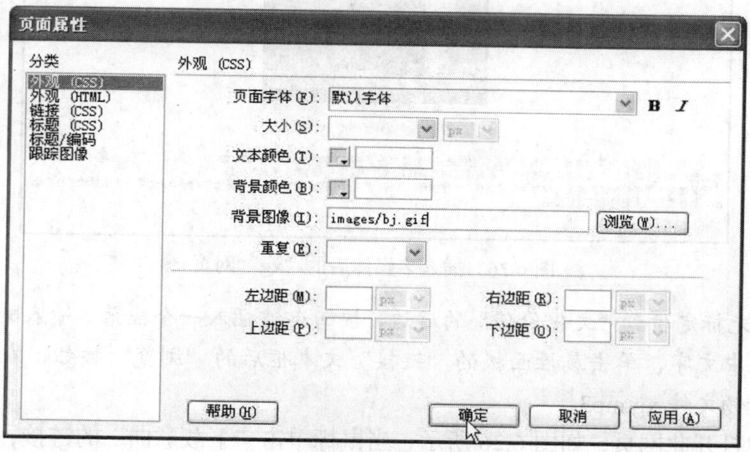

图 6.24　页面属性对话框

11. 插入视频文件

具体要求：在标题的下面插入视频文件"xg.asf"，设置其宽度为 320，高度为 240。

步骤 1　将光标定位到标题"湖南大学校歌"的后边，按回车键插入一个段落。

步骤 2　选择"插入栏"的"常用类"的"媒体"下的"插件"按钮 ，在弹出的"选择文件"对话框中选择要插入的视频文件"xg.asf"。

步骤 3　当插入插件对象后，Dreamweaver 会显示一个通用的插件占位符。选中插件对象，在"属性"面板中，将其"宽"设置为 320，"高"设置为 240，如图 6.25 所示。

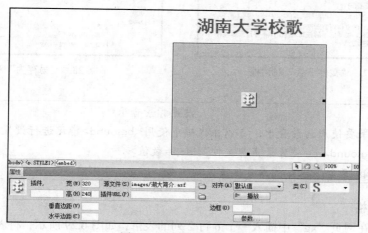

图 6.25　插件的属性面板

步骤 4　在浏览器中打开此网页，自动播放视频文件，如图 6.26 所示。注意，只有在浏览器具有所选视频文件的播放器插件时，视频才可以播放。

12. 插入到音频文件的链接

具体要求：在第二句的后面插入新的段落，输入文字"下载歌曲"，并链接到音频文件

"xg.mp3"。在浏览器中预览的效果如图6.26所示。

图 6.26   插入多媒体后的"xg"网页

步骤 1   将光标定位到"文化价值"的后边，按回车键插入一个段落，输入文字"下载歌曲"。

步骤 2   选中文字，单击属性面板的"链接"文本框后的"浏览"按钮，在"选择文件"对话框中定位到音频文件 xg.mp3。

在浏览器中打开此网页，如图6.26所示，当鼠标单击"下载歌曲"的链接，系统打开"文件下载"对话框。如图6.27所示。单击"保存"按钮，则打开"另存为"对话框，如图6.28所示，用户可将此文件下载到本机上。

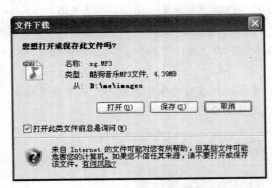

图 6.27   "文件下载"对话框

图 6.28   "另存为"对话框

设置背景音乐

如果要使用背景音乐，可以在代码中使用<bgsound>标记进行设置。其语法是：

<bgsound src="背景声音文件" loop=数值>

loop=正整数表示背景音乐重复的次数，loop=-1 则表示无限重复。

13. 插入表格

具体要求： 在网页"xg"中插入一个 6 行 2 列的表格，如图6.29所示，将表格第一行、第二行、第三行、第五行的单元格分别合并。将表格第四行第一列的单元格拆分为上下两个单元格，再将下面的单元格拆分为左右两个单元格。

设置表格的宽度为 800，边框为 0，对齐方式为居中对齐。

表格在网页制作的用途主要有两个方面，一是显示表格式数据，二是对网页中的文本、图像、视频等网页元素进行布局。

步骤 1　将光标定位到最前面，选择主菜单"插入"|"表格"菜单项，在"表格"对话框中，设置行数为 6，列数为 2。

步骤 2　选择第一行的两个单元格，选择主菜单"修改"|"表格"|"合并单元格"命令，将其并为一个单元格。

同样，将第二行、第三行、第五行的两个单元格合并为一个单元格。

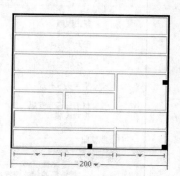

步骤 3　选择第四行第一列的单元格，选择主菜单"修改"|"表格"|"拆分单元格"命令，在"拆分单元格"对话框中设置拆分为"2 行"。

选择拆分后下面的那个单元格，选择主菜单"修改"|"表格"|"拆分单元格"命令，在"拆分单元格"对话框中设置拆分为"2 列"。设置完成后，表格如图 6.29 所示。

图 6.29　插入的表格

步骤 4　选择整个表格，在属性面板中设置宽度为 800，边框为 0，对齐方式为居中对齐，如图 6.30 所示。

图 6.30　表格属性面板

选择表格

用下列方法可选择表格，选中的表格会在表格右侧和下侧显示 3 个黑色的锚点。

- 单击表格的下侧或右侧外边框。
- 单击表格内单元格边框。
- 单击表格某个单元格，然后在"文档"窗口左下角中选择<table>标签。
- 单击表格某个单元格，然后选择主菜单"修改"|"表格"|"选择表格"菜单项。

---

14. 编辑单元格

具体要求：如图 6.31 所示，将文字、图片、插件、水平线移动到对应的单元格。

设置图片对象的垂直和水平边距为 0，对齐方式为默认。

调整单元格的宽度和高度。

设置"下载歌曲"和图片所在的单元格的水平对齐方式为居中。

步骤 1　将网页中原来的文字、图片、插件、水平线移动到相应的单元格。

在选择文字对象的时候，应将鼠标定位到窗口最左边的选择区，当鼠标指针变为向左的箭头时来选择对象。这样，可保持文字原来的格式设置。

步骤 2　调整单元格大小可通过鼠标拖动来实现。将鼠标指针置于单元格的边框线，如果鼠标指针显示为双向箭头，按住鼠标左键拖动，可改变单元格的高度和宽度。

或选择需要改变大小的单元格，设置单元格属性面板中属性"宽"和"高"的值也可改变单元格大小。

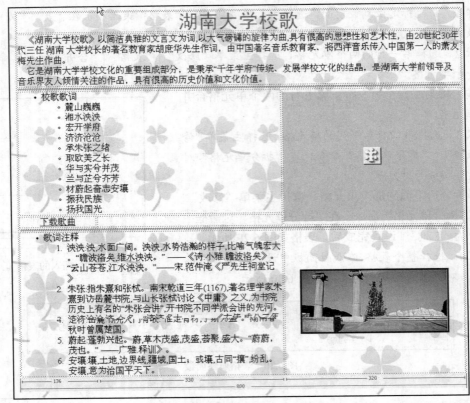

图 6.31　网页"xg"编辑单元格后的效果

步骤 3　将光标定位在"下载歌曲"所在的单元格，在单元格的属性面板中设置水平对齐方式为"居中对齐"。同样，将图片所在的单元格也设为水平居中。

15. 建立锚记链接

具体要求：打开网页"xyfg"，建立命名锚记链接，实现页面跳转，如图 6.32 所示。

（1）在表格第一行的"美丽校园"处插入名为"top"的命名锚记。

（2）在图片➲上插入到"top"的链接。

（3）在文字"南校区风光"处插入"nxq"锚记，文字"北校区风光"处插入"bxq"锚记，文字"岳麓书院风光"处插入"ylsy"锚记。

在表格的第一行文字上插入到对应锚记的链接，"南校区"链接到"nxq"，"北校区"链接到"bxq"，"岳麓书院"链接到"ylsy"。

<hr>

超级链接

超级链接（Hyperlink）简称超链接、链接，是指从一个网页指向一个目标的连接关系。这个目标可以是另一个网页，也可以是相同网页上的不同位置，还可以是一个图片，一个电子邮件地址，一个文件，甚至是一个应用程序。而在一个网页中用来超链接的对象，可以是一段文本或者是一个图片。当浏览者单击已经建立链接的文字或图片后，浏览器将根据目标的类型来打开链接目标。

当浏览大量信息内容的网页时，滚动条变得很长，使用鼠标很不方便。使用命名锚记链接，可以很好地解决这一问题。当单击它时，可以跳到页面中指定的位置。

命名锚记链接的制作过程通常可以分为两大步骤：创建命名锚记和链接命名锚记。

步骤 1　在文件面板中双击"xyfg"网页文件图标，编辑此网页。

步骤 2　将光标定位到"美丽校园"文字的右边，选择主菜单"插入"|"命名锚记"命令，打开"命名锚记"对话框，在"锚记名称"文本框中输入"top"。

在"美丽校园"文字的右边出现一个锚记符号: 。

步骤 3　选中图片 ，在属性面板的"链接"文本框中输入"#top"，则建立了指向锚记 top 的链接。

在浏览网页时，单击此图片，就会跳转到"美丽校园"所在的位置。

步骤 4　在表格第九行和第十三行的图片 上建立相同的链接。

步骤 5　将光标定位到表格第二行的"南校区风光"文字的右边，选择主菜单"插入"|"命名锚记"命令，打开"命名锚记"对话框，在"锚记名称"文本框中输入"nxq"。

用同样的方式，在文字"北校区风光"处插入"bxq"锚记，在文字"岳麓书院风光"处插入"ylsy"锚记。

步骤 6　选中表格的第一行文字"南校区"，在属性面板的"链接"文本框中输入"#nxq"。同样，在文字"北校区"上插入链接到"bxq"，在"岳麓书院"上插入链接到"ylsy"。

在浏览网页时，如图 6.32 所示，单击这些文字，就能跳转到相应的锚记所在的位置。

图 6.32　在网页"xyfg"上建立命名锚记链接

16. 建立页面间的链接

具体要求： 打开网页"wddx"，如图 6.33 所示，在文字"校园风光"处插入链接，链接到本站点的网页"xyfg"，要求在新的窗口中打开网页。在文字"大学校歌"处插入链接，链接到本站点的网页"xg"，要求在当前窗口中打开网页。

打开网页"xg"，输入文字"返回"，在文字上建立到网页"wddx"的链接。

链接目标

设置完超级链接后，当浏览网页时，若鼠标指向链接的文字，鼠标指针就会变成手掌的图标。单击这些文字，就会跳转到链接目标。

在属性栏的"目标"下拉列表中，若选择的是_blank，将在新的窗口中打开链接的网页，原来的浏览窗口仍然存在。若选择的是_self，则在当前窗口中打开链接网页。

步骤 1 在文件面板中双击"wddx"网页文件图标，编辑此网页，如图 6.33 所示。

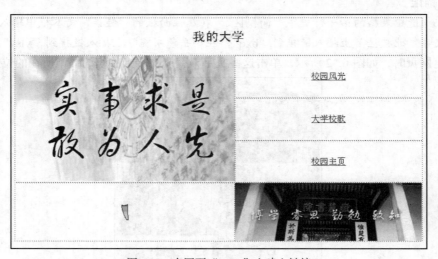

图 6.33　在网页"wddx"上建立链接

步骤 2 选中文字"校园风光"，在属性面板的"链接"文本框中输入"xyfg.html"，在"目标"下拉列表中选择"_blank"，如图 6.34 所示。

或单击文本框旁的"浏览文件"按钮 📁，在弹出的对话框中定位到链接的文件。

也可以单击文本框旁的"指向文件"按钮 ⊕，将鼠标指向文件面板的链接目标，如图 6.35 所示。

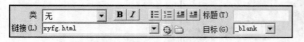

图 6.34　在属性面板设置链接

图 6.35　在属性面板设置链接

步骤 3 选中文字"大学校歌"，在属性面板的"链接"文本框中输入"xg.html"，在"目标"下拉列表中选择"_self"。

步骤 4 选中文字"校园主页"，在属性面板的"链接"文本框中输入 http://www.hnu.cn。

步骤 5 选中图片 ▮，在属性面板的"链接"文本框中输入 mailto:cj7428@163.com。

步骤 6　在文件面板中双击"xg"网页文件图标，将表格的第一行拆分，在后一列的单元格中输入文字"返回"。

步骤 7　选中文字"返回"，在属性面板的"链接"文本框中输入 wddx.html。编辑完成后，如图 6.36 所示。

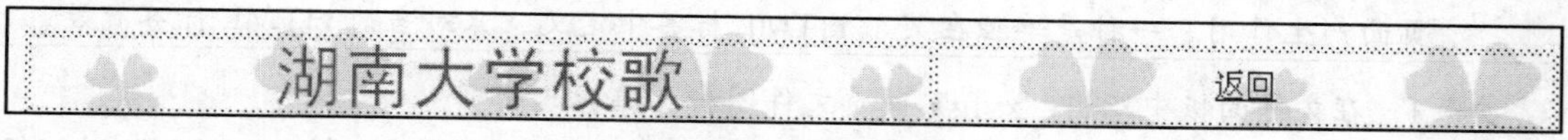

湖南大学校歌　　　　　　　　　返回

图 6.36　在网页"校歌"上建立链接

6.3　网页制作高级技术

6.3.1　案例分析

本实例示范在 Dreamweaver 中使用样式表快速地统一网页格式。使用框架将页面分成不同的区域，在每个区域中分别显示不同的网页。使用模板和库项目，将重复的元素插入到多个网页中。设置层和行为实现用户和网页的交互。

设计要求：

（1）建立并应用扩展样式；

（2）修改扩展样式；

（3）新建样式文件；

（4）将样式文件应用于网页；

（5）修改样式文件；

（6）建立框架网页；

（7）设置框架的源文件；

（8）设置框架链接目标；

（9）建立模板；

（10）根据模板新建网页；

（11）修改模板；

（12）建立库项；

（13）将库项插入到网页中；

（14）实现网页地图。

6.3.2　设计步骤

1.　建立并应用扩展样式

具体要求：建立名为 image1 的扩展样式，使用模糊的滤镜效果。将 image1 样式应用到网页的图片上，并在浏览器中查看图片。

样式表

CSS 的英文全称是 Cascading Style Sheets，即层叠样式表单，通常都称它为样式表。它是一系列格式设置规则。样式表相当于一个模板，通过它可以快速地统一格式，如字体、颜色、字型、对齐方式等，使页面达到统一。有了样式表，就不必一个个地设置格式属性了。

CSS 可分为内联样式表和外部样式表。内联样式表是若干组包括在 HTML 文档中的 CSS 规则。一种是在 HTML 文档的头部标签<head></head>中定义，对当前整个 HTML 页面产生作用。一种是单独在某个 HTML 标签中定义，只对当前 HTML 标签有效。

步骤 1　在文件面板中双击"xyfg"网页文件图标，编辑此网页。

步骤 2　选择主菜单"格式"|"CSS 样式"|"新建"命令，打开"新建 CSS 规则"对话框，如图 6.37 所示。在选择器类型中选择"类"，在选择器名称中输入".image1"，在规则定义中选择"仅限该文档"，单击"确定"按钮。

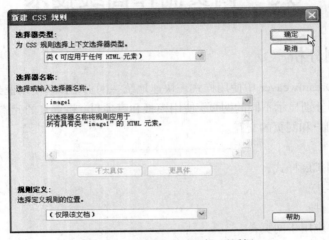

图 6.37　"新建 CSS 规则"对话框

步骤 3　系统打开".image1 的 CSS 规则定义"对话框，如图 6.38 所示。在分类中选择"扩展"，在 Filter 下拉列表中设置参数为"Blur（Add=true,Direction=45,Strength=30）"。

步骤 4　选择网页中的图片，在属性面板的类下拉列表中选择 image1 [类(C) image1 无 image1]。在浏览器中浏览该网页，注意观察应用了新样式的图片的外观。

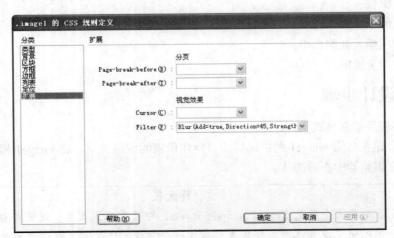

图 6.38　".image1 的 CSS 规则定义"对话框

2. 修改扩展样式

具体要求：修改 image1 样式为波动的滤镜效果，在浏览器中观察图片的变化。

步骤 1　在 CSS 面板中选择 image1 样式，如图 6.39 所示，将 Filetr 参数改为"Wave(Add=false, Freq=5, LightStrength=10, Phase=0, Strength=5)"。

图 6.39　CSS 样式

步骤 2　再次浏览该网页，修改了样式后，所有应用该样式的图片的外观相应地发生了变化。

当样式表被修改后，所有应用该样式表的文档格式都会自动更新。

3. 新建样式文件

具体要求：新建一个样式文件 style1，在此文件中新建样式，将链接的格式设置为加粗，颜色设为 063，中间画线。

外部样式表

外部样式表是存储在一个单独的外部 CSS（.css）文件中的若干组 CSS 规则。在网页文档的文档头部分通过链接或@import 规则对这个 CSS 文件加以应用即可。当外部样式表被更改时，各个引用该样式表的 HTML 页面风格也会随之发生变化，而不需要一个个地去改变。

步骤 1　选择主菜单"文件"|"新建"命令，在"新建文档"对话框中选择页面类型为 CSS，单击"确定"按钮。

步骤 2　选择主菜单"格式"|"CSS 样式"|"新建"命令，打开"新建 CSS 规则"对话框，如图 6.40 所示。在选择器类型中选择"复合内容"，在选择器名称中选择"a:link"，在规则定义中选择"仅限该文档"，单击"确定"按钮。

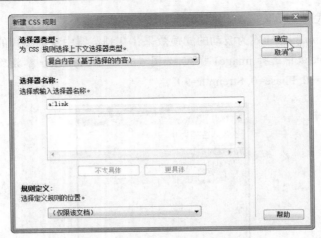

图 6.40 "新建 CSS 规则"对话框

步骤 3 系统打开 "a:link 的 CSS 规则定义"对话框，如图 6.41 所示，在 "Font-weight"列表中选择 "bolder"，在 "Color"文本框中输入 "063"，选中 "line-through"复选框。

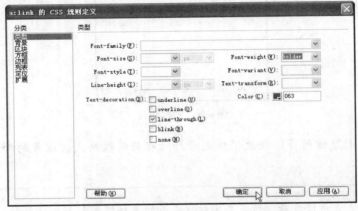

图 6.41 "a:link 的 CSS 规则定义"对话框

步骤 4 保存该文件，在 "另存为"对话框中指定文件名为 "style1"。

4. 将样式文件应用于网页

具体要求：将样式文件应用于网页 "wddx"和 "xyfg"。

步骤 1 在文件面板中双击 "wddx"网页文件图标，打开此网页。

步骤 2 选择主菜单 "格式" | "CSS 样式" | "附加样式表"命令，在 "链接外部样式表"对话框的 "文件/URL"下拉列表中输入 "style1.css"，如图 6.42 所示。单击 "确定"按钮，则 "wddx"网页中相应的格式发生了改变。

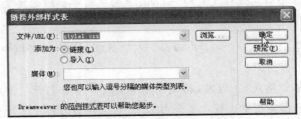

图 6.42 "链接外部样式表"对话框

步骤 3　用同样的方式，对"xyfg"网页附加样式文件 style1。

5. 修改样式文件

具体要求： 在样式文件 style1 中新建一个样式，将区块的字母间距设为 5 像素。

步骤 1　在文件面板中双击"style1.css"文件图标，打开此样式文件。

步骤 2　选择主菜单"格式"|"CSS 样式"|"新建"命令，打开"新建 CSS 规则"对话框，如图 6.43 所示。在选择器类型中选择"标签"，在选择器名称中选择"body"，在规则定义中选择"仅限该文档"，单击"确定"按钮。

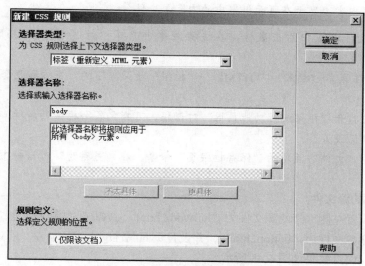

图 6.43　"新建 CSS 规则"对话框

步骤 3　"body 的 CSS 规则定义"对话框如图 6.44 所示，在"分类"中选择"区块"，在"letter-spacing"文本框中输入"5"，在其后的列表中选择"px"（像素）。

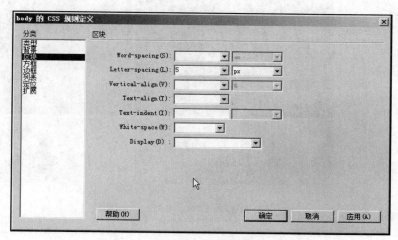

图 6.44　"body 的 CSS 规则定义"对话框

步骤 4　保存该文件，再打开网页"wddx"和"xyfg"，可看到文字之间的距离增加了。

6. 建立框架网页

具体要求： 建立网页"wddxkj"，插入下方和嵌套的左侧框架。

框架

框架是网页技术中常用的技术，利用这项技术可将页面分成不同的区域，在每个区域中可以分别显示不同的网页。

知识点

框架由两个部分组成，框架集和单个框架。框架集是在一个文档内定义一组框架结构的 HTML 网页。它定义了网页的框架数、框架的大小、载入框架的网页源、其他可定义的属性等。单个框架是指在框架集中被组织和显示的每一个文档。

如果一个页面划分成两个框，那实际上包含了 3 个独立的文件：一个框架集文件和两个框架内容（显示在页面框架中的内容）文件。

步骤 1 在文件面板中右击鼠标，在快捷菜单中选择"新建文件"，将网页文件命名为"wddxkj"。

步骤 2 选择主菜单"插入"｜"HTML"｜"框架"子菜单下的"下方和嵌套的左侧框架"命令，插入框架集。

步骤 3 系统打开"框架属性功能属性"对话框，可指定各个框架的名称。单击"确定"按钮，使用系统的默认设置。

步骤 4 选择"文件"菜单的"保存框架页"命令，在"另存为"对话框中指定框架页名称为"wddxkj"。

7. 设置框架的源文件

具体要求： 设置左侧框架的源文件为"leftwddx.html"，主框架的源文件为"xyfg.html"，设置底部框架源文件为"bottom.html"，并设置页面属性的上、下、左、右边距为 0。设置完成后，网页效果如图 6.45 所示。

图 6.45 框架网页"wddxkj"预览效果

步骤 1 在框架面板中选择左侧框架，在属性面板中设置源文件为"leftwddx.html"，如图 6.46 所示。

步骤 2 将鼠标放置在左侧框架的边框线上，拖曳鼠标调整框架的宽度。

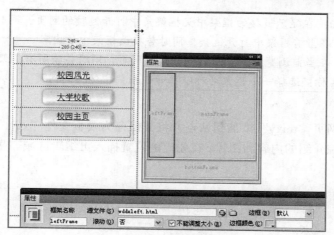

图 6.46　设置左侧框架的属性

步骤 3　在框架面板中选择主框架，在属性面板中设置源文件为 "xyfg.html"。

步骤 4　在框架面板中选择底部框架，在属性面板中设置源文件为 "bottom.html"。

步骤 5　将鼠标定位到底部框架中，在属性面板中单击 "页面属性" 按钮，打开 "页面属性" 对话框。

步骤 6　在 "页面属性" 对话框中的在 "左边距"、"右边距"、"上边距" 和 "下边距" 中输入 "0"，如图 6.47 所示。

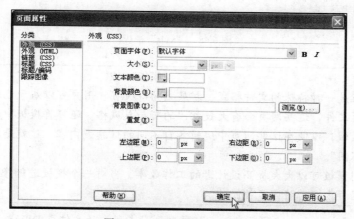

图 6.47　"页面属性" 对话框

8. 设置框架链接目标

具体要求：设置 "leftwddx.html" 网页中链接的目标为 "mainframe"。

操作步骤：选择左侧框架中的链接文字 "校园风光"，在属性面板的 "目标" 下拉列表中选择 "mainframe"。

同样，将左侧框架中另外两个链接的目标也设为 "mainframe"。

知识点

框架链接目标

框架中通常会放置超级链接。通过链接对象属性面板的 "目标" 下拉列表，可指定链接的网页在哪一个框架中打开。

_blank：在新的浏览器窗口中打开链接的网页，同时保持当前窗口不变。

_parent：在显示链接的框架中父框架集中打开链接的网页，同时替换整个框架集。

_self：在当前框架中打开链接，同时替换该框架中的内容。

_top：在当前浏览器窗口中打开链接的网页，同时替换所有框架。

框架名称：选择一个框架名称以打开改框架中链接的网页。

9. 建立模板

具体要求：将网页"tmxy"添加到站点，将其保存为模板文件"xyjs"。在模板文件中删除学院的名称，学院介绍的内容和图片，在相应的位置插入可编辑区域。模板编辑后如图6.48所示。

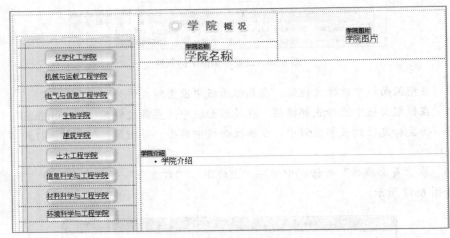

图6.48　"xyjs"模板

模板

知识点

　　模板是一种特殊的文件格式，扩展名为DWT。用户可以基于已有的模板来创建若干个网页文件，这些网页会有大致相同的布局或风格。还可将模板中的指定区域设置为可编辑区域，以便在这些网页中编辑各自不同的信息或内容。这就是所谓的"大致相同又有所不同"。

　　使用模板可以大大提高设计者的工作效率，当对一个模板进行修改后，所有使用该模板的网页内容都将同步被修改。

步骤1　在我的电脑中，将网页"tmxy"复制到站点所在的文件夹D:\me。

步骤2　在文件面板中双击"xyfg"网页文件图标，打开此网页。

步骤3　选择主菜单"文件"|"另存为模板"命令，系统打开"另存模板"对话框，如图6.49所示。在"另存为"文本框中输入"xyjs"，单击"保存"按钮。系统打开对话框询问是否更新链接，选择"是"。模板文件xyjs.dwt就将存放站点根目录下的Templates文件夹中。

步骤4　在模板文件中，将光标定位在学院名称的单元格中，删除学院的名称。

步骤5　选择主菜单"插入"|"模板对象"|"可编辑区域"命令，打开"新建可编辑区域"对话框，如图6.50所示。

步骤6　在"新建可编辑区域"对话框中，输入名称"学院名称"，单击"确定"按钮。

图 6.49　"另存模板"对话框

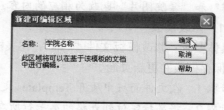

图 6.50　"新建可编辑区域"对话框

步骤 7　选择可编辑区域"学院名称"中的文本，在属性面板的类的下拉列表中选择"bt"。

步骤 8　同样，在模板文件中删除单元格中的图片，插入一个可编辑区域"学院图片"。

步骤 9　删除单元格中关于学院的介绍，插入一个可编辑区域"学院介绍"，并设置"学院介绍"的格式为项目列表格式。

设置完成后的模板文件如图 6.48 所示，保存该文件。

10.　根据模板建立网页

具体要求：根据模板文件建立网页"dqxy"和"hgxy"，将可编辑区域的内容替换为相应的文字和图片。

步骤 1　选择"文件"|"新建"命令，在"新建文档"对话框中，选择"模板中的页"选项，在"站点"列表中选择"我的大学"，在"站点的模板"列表中选择"xyjs"，如图 6.51 所示。单击"创建"按钮，即可根据模板新建网页。

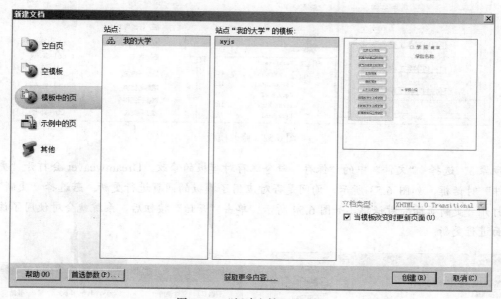

图 6.51　"新建文档"对话框

步骤 2　在新建网页中，选中可编辑区域"学院名称"中的文本，将其改为"电气与信息工程学院"。

步骤 3　删除可编辑区域"学院介绍"中的文本，将其改为文本文件"dqxy"中的内容。

步骤 4　删除可编辑区域"学院图片"中的文本，在其中插入图片文件"dqxy"。

步骤 5　保存此网页，将其命名为"dqxy"。

步骤6　用同样的方法建立网页"hgxy"，将"学院名称"中的文本改为"化工学院"。将"学院介绍"和"学院图片"也改为相应的内容。

11. 修改模板

具体要求：修改模板文件"xyjs"，在表格的第七行下面增加一行，添加文字"经济与贸易学院"，保存模板并更新页面。

步骤1　在文件面板中展开 Templates 文件夹，双击"xyjs.dwt"文件图标，打开此模板文件。

步骤2　将鼠标定位到表格的第七行所在的单元格，选择主菜单"修改"中的"表格"的"插入行"命令，在表格中插入一空行。如图 6.52 所示，在此单元格中输入"经济与贸易学院"。

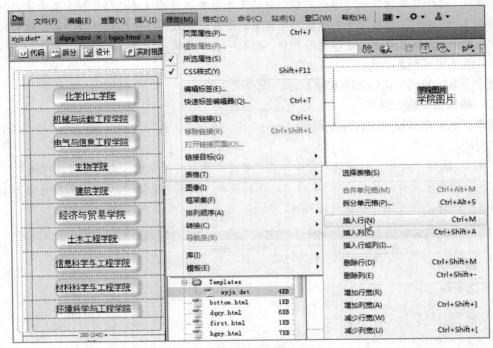

图 6.52　修改模板

步骤3　选择"文件"中的"保存"命令保存对模板的修改。Dreamweaver 会打开"更新模板文件"对话框，如图 6.53 所示，询问是否对应用了模板的网页进行更新。若选择"更新"，系统会打开"更新页面"对话框，如图 6.54 所示。单击"开始"按钮后，系统就会对使用了该模板的页面进行更新。

图 6.53　"更新模板文件"对话框

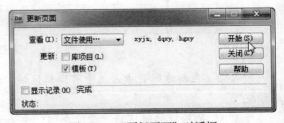

图 6.54　"更新页面"对话框

更新页面后，网页"dqxy"和"hgxy"作了相应的改变。由于网页"tmxy"并不是基于模板的，并不会发生改变。

12. 建立库项

具体要求：将网页"bottom"中的表格保存到库项 xh 中。

步骤 1　在文件面板中双击"bottom"网页文件图标，打开此网页。

步骤 2　选中网页中的表格，选择"窗口"|"资源"命令，打开"资源"面板，选择其中的库项目 分类。

步骤 3　在面板的右下部右击，如图 6.55 所示，在弹出的快捷菜单中选择"新建库项"命令。

步骤 4　系统将此表格保存为库项目，在项目的名称框中输入"xh"，如图 6.56 所示。

图 6.55　新建库项

图 6.56　命名库项

库

在进行大量的网页制作中，很多页面会用到同样的图像、文字、动画等元素。为避免机械地重复，可以使用 Dreamweaver 提供的库。

库将网站中常用的构成元素保存在扩展名为 lib 的库文件中，存储在站点目录下 Library 文件夹。当页面需要用到这些元素时，可调用库中的项目。每当更改某个库项目的内容时，可以更新所有使用过该项目的页面。

13. 将库项插入到网页中

具体要求：打开网页"first"，插入库项"xh"。

操作步骤：打开网页"first"，将光标定位在需要插入库项目的位置。

在"库"面板中选择库项目"xh"，单击"库"面板底部的"插入"按钮，即可将选定的库项目表格复制到网页中。

14. 实现网页地图

具体要求：在网页"xydt"上实现以下功能：当用户将鼠标移到地图的某一区域，在图片上显示相关地区的图片，如图 6.57 所示。

要实现网页地图，需采取以下步骤。

图 6.57　"xydt"网页在浏览器中的效果

（1）在地图上建立热点。

热点

图像地图链接是在一张图像上建立多个热点，每个热点指向一个链接目标。图像地图链接又称为热点链接或热区链接。

（2）在地图上建立 AP DIV 元素，在元素中插入图片。

AP DIV

AP DIV 是 Absolute Position DIV，是一种是绝对定位的 DIV 层。

层就像网页中一块透明的浮动区域，在其中可以插入所有的网页元素。

层最主要的特性是可以在网页中任意浮动，可以在网页中任意改变层的位置。

所以，要控制网页内容在页面中的位置，最方便的方法就是将它们放入层中，然后对层进行定位操作。

（3）对热点定义行为：当鼠标移到热点上显示相对应的 AP DIV 元素，当鼠标离开热点时隐藏相对应的 AP DIV 元素。

行为

行为是事件和由该事件触发的动作的组合。

事件是用户对网页所做的事情，共有32种。例如，On Mouse Down：当浏览者按下鼠标时发生。On Mouse Out：当鼠标从特定的对象上移出时发生。On Mouse Over：鼠标指向特定对象时发生。On Click：当单击指定的对象时发生。

一个事件总是针对页面元素或标记而言的。

例如：当用户单击或将鼠标移到一个页面元素上，浏览器就会为这个页面元素产生一个事件。然后浏览器会检查：当事件产生时，是否有一些 JavaScript 代码需要调用。如果有，就执行这些代码，这就是行为。

动作由 HTML 和 JavaScript 代码组成，利用这些代码可以完成相应的任务，如打开浏览器窗口、显示或隐藏层、播放声音或停止播放声音或影片。

步骤1　在文件面板中双击"xydt"网页文件图标，打开此网页。

步骤2　选中网页中的图片，在属性面板中单击"热点工具" □，如图 6.58 所示，鼠标指针变为十字形状，在地图的"第十学生公寓"处拖曳鼠标以建立热点。

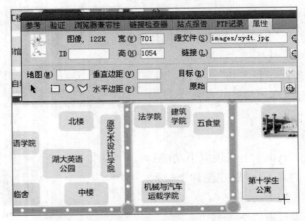

图 6.58　在图片上建立热点

步骤 3 单击"插入栏"的"布局类"下的"绘制 AP Div"按钮 ，鼠标指针变为十字形状。在地图"第十学生公寓"的上边拖曳鼠标，绘制出一个 AP 元素，如图 6.59 所示。

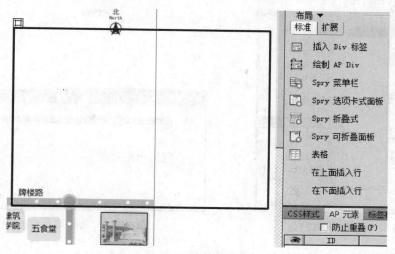

图 6.59 绘制 AP Div

步骤 4 将鼠标定位在 AP 元素中，选择"插入"|"图像"命令，在"选择图像源文件"对话框中选择图片"xsgy"，将其插入 AP 元素，如图 6.60 所示。

步骤 5 选择"窗口"|"AP 元素"命令，打开"AP 元素"面板。如图 6.61 所示。单击 apDiv1 前的眼睛列，显示图标 ，隐藏该 AP 元素。

图 6.60 在 AP 中插入图片

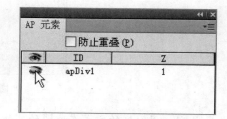

图 6.61 AP 元素面板

步骤 6 选中图片上的热点，选择"窗口"|"行为"命令，打开"行为"面板。如图 6.62 所示，单击添加行为按钮 +，选择"显示-隐藏元素"，打开"显示-隐藏元素"对话框，如图 6.63 所示。

步骤 7 在"显示-隐藏元素"对话框中，选择"div apDiv1"元素，单击"显示"按钮，再单击"确定"按钮，在"行为"面板中出现一个 OnMouseOver 行为。

图 6.62　为热点添加行为

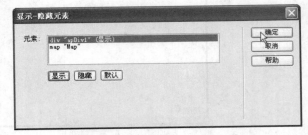

图 6.63　"显示-隐藏元素"对话框

步骤 8　再次单击添加行为按钮 **+.**，选择"显示-隐藏元素"，打开"显示-隐藏元素"对话框。

步骤 9　在"显示-隐藏元素"对话框中，选择"div apDiv1"元素，单击"隐藏"按钮，再单击"确定"按钮。

步骤 10　在"行为"面板中又出现一个行为，将新增的行为改为"OnMouseOut"，如图 6.64 所示。

图 6.64　行为面板

步骤 11　用同样的方式在地图的其他位置加上热点和 AP 元素。

6.4　操　作　练　习

1. 在 Dreamweaver 中建立站点，该站点的名称为"巴黎之旅"，存放在 D 盘的 paris 文件夹。并且在该站点文件夹下建立一个 images 子文件夹。

2. 在站点下建立网页"jd"，如图 6.65 所示，编辑以下内容。

（1）将文本文件"巴黎景点"的文字复制到网页中。

（2）在网页"jd"开始处插入文字"景点介绍"，在景点介绍 4 个字之间插入空格。

（3）在各景点的名称前插入水平线。

（4）在各景点的名称后插入换行符。

（5）设置样式如下所示，将其套用于指定的文字。

样 式 名 称	设 置 内 容	套 用 内 容
Head1	16 点，粗体，颜色：#990000	景点介绍
Head2	14 点，粗体，颜色：#996600	各景点名称
Head3	12 点，粗体	重要参观景点
normal	12 点	正文

（6）在每个景点的各重要参观景点前加入编号列表。

（7）将素材文件夹下的图片复制到 image 文件夹，在各景点前插入对应的图片。要求设置图片右对齐，边框为 1，水平和垂直边距为 20。

（8）在景点标题处建立命名锚记，在页面开始处各个景点的名字上建立到各个锚记的链接。

（9）在每个景点后插入图片 top，链接到页面的开始处。

图 6.65　"jd" 网页

3. 将网页"info"添加到网站"巴黎之旅"，如图6.66所示，并编辑以下内容。

（1）在相关信息后面插入8行2列的表格如下，设置表格的宽度为800，间距为1，填充为5。单元格的高度为40，背景颜色为#cccc99。

景　　点	网　　址
一、凯旋门	http://www.paris.org/Monuments/Arc/
二、艾菲尔铁塔	http://www.tour-eiffel.fr/
三、奥塞美术馆	http://www.musee-orsay.fr
四、罗浮宫	http://www.louvre.fr/
五、庞毕度中心	http://www.cnac-gp.fr/
六、圣母院	http://ndparis.free.fr/
七、圣心堂	http://ndparis.free.fr/

（2）在上述表格的网址上建立到对应页面的链接，目标为新窗口。

（3）在表格的右边插入一列，将该列的所有单元格合并，插入视频文件paris。

（4）将最右边一列的单元格拆分为上下两行，在下行的单元格里输入文字"视频下载"，链接到视频文件paris。

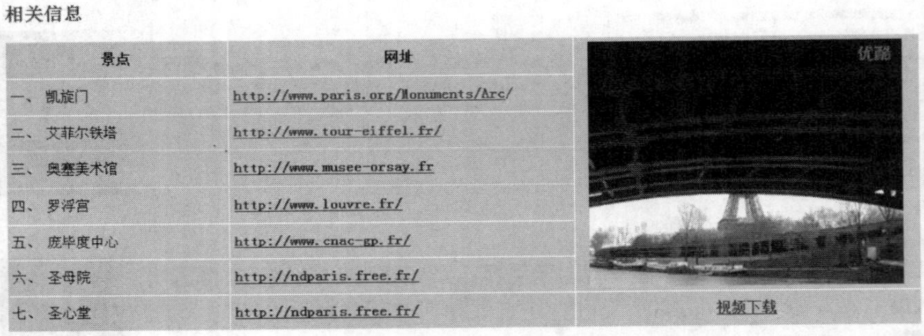

图6.66　"info"网页

4. 新建一个样式文件style1，在此文件中新建样式，将链接的格式设置为加粗，颜色设为#600。将该样式文件用于网页jd和info。

5. 新建网页map，在网页上插入图片map，如图6.67所示，实现以下功能：当用户将鼠标移到地图的某一区域，在图片上显示相关地区的图片

图6.67　"map"网页

6. 模板文件。

（1）建立模板文件"lygl"，插入表格和嵌套表格，模板编辑后如图 6.68 所示。其中，蓝色的为可编辑区域，凯旋门、埃菲尔铁塔等为插入的图片 tp01~tp06。

（2）根据模板文件，建立网页"kxm"，如图 6.69 所示。

（3）再根据模板文件，建立其他景点的网页。

（4）建立所有景点的网页后，在模板中修改各个图片的链接。

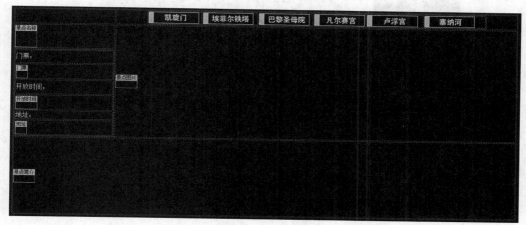

图 6.68　"lygl"模板

图 6.69　"kxm"网页

7. 框架网页。

（1）建立网页"top"，设置网页背景颜色为黑色，插入图片"bar"。

（2）建立网页"left"，设置网页背景为图片"paristp"，插入 4 行 1 列的表格，在各个单元格中分别插入图片 tpa、tpb、tpc、tpd。

（3）建立网页"blkj"，插入上方和嵌套的左侧框架，如图 6.70 所示。设置顶部框架源文件为"top.html"，左侧框架的源文件为"left.html"，主框架的源文件为"map.html"。

（4）设置"left.html"网页中链接的目标为对应的网页。旅游地图链接的网页为 map，相关信息链接的目标为网页 info，景点介绍链接的目标为网页 jd，景点攻略链接的目标为网页 kxm。其中，前 3 个链接的目标为主框架，最后一个链接的目标为空白。

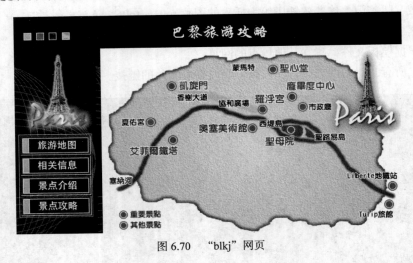

图 6.70　"blkj"网页